21世纪教育技术学系列教材

校园网组建与维护

孟玲玲　编著

中国人民大学出版社
·北京·

总　序

目前，我国在教育技术学科领域发展迅速，越来越多的各类高校都建立了教育技术学专业，通过 20 多年的建设，该专业已基本形成了从本科、硕士到博士的完整的培养体系。但是，随着新技术与信息通信技术不断发展并已渗透到了教育领域的各个方面，尤其是随之而来的各种新的教育思想与理念、方法与手段的涌现，教育技术学面临了极大的挑战。为了使该专业学生的培养适应这一变化，在课程的设置与相关教材的建设方面有所变化显得尤为重要。近些年来，国内各类高校都针对自己的实际需要，编写和出版了各种相关的教材，但这些教材通常缺乏系统性和前瞻性，许多教材的题材与内容都比较陈旧，很难适应教育技术学专业迅速发展的需要。华东师范大学教育信息技术学系作为我国最早设立教育技术学专业的院系之一，已积累了从本科生培养到博士生培养的大量经验，在如何兼顾教育技术学的宏观关系与学习理论、综合知识与实际能力的培养、培养目标设定与课程设置以及课程设置与教材建设之间的关系方面亦有许多可借鉴之处，为了将这些经验推广开来，我们萌生了编写一套教育技术学系列教材的想法。

近年来，引进国际一流大学的课程或教材已成为各大学不同学科专业建设的一个热点，教育技术学也不例外。但是，我们认为：引进课程或教材并不能替代或等同于自身课程的变革。学科发展的基础是专业，专业发展的基础是课程，而课程发展的核心是教材。教材的创新、系统化、前瞻性将决定课程体系的创新，也将支撑学科发展以及与知识相关的文化价值体系。为此，在全球教育与本土教育的互动、融合与发展中，必须培育课程创新与教材创新的土壤。坚持引进与自我创新相结合的方式，积极参考享有国际声誉的同类教材，并结合我国的教育实践加以本土化的创新是构建一套与国际同步发展、又符合我国教育实践需求的教育技术学课程与教材体系的必由之路。此外，在这一理念指导下的课程与教材开发过程也是逐步培养一批具有国际学术前沿视野、本土创新意识的优秀教师队伍的过程。

本系列教材是我系积累多年教育技术学专业课程的教学实践、不断参照国内外同专业中优秀教材提炼而成的，涵盖了最新的教育理念、教与学的理论、教学设计、教学模式、研究方法、多媒体与网络教育应用、学习技术、教学技术等主要内容。从课程设置的系统性、先进性、前瞻性与有效性出发，重点考虑使学生在信息通信技术环境下掌握新的教育理念、教育技术的研究方法、基于技术的有效学习方式以及了解各种不同的新的教与学模式，如混合型教与学、研究与探究性学习、协作与自导性学习等。教材强调理论与实践的结合、技术与方法策略的结合、模式与实际案例的结合，力求在理论水平提升、教与学策略掌握、技术手段与方法运用、设计和开发等知识与能力的培养方面对教育技术学专业的学生有全面的引导作用。

本系列教材的编写不仅对我系教育技术学专业本科生的培养，而且对其他各类院校同专业的课程设置与教材建设都具有很好的实际参考价值；对教育技术学学科教师的培养具有较大的借鉴意义；对从事现代远程教育（高校网络学院）和从事成人教育的专业人才的培养也将大有助益。

衷心感谢华东师范大学马和民教授与中国人民大学出版社公管分社对本系列教材的策划，感谢中国人民大学出版社公管分社为本套教材的编辑和出版所做出的努力！

华东师范大学教育信息技术学系
张际平教授/博士生导师
2009 年 7 月

目　录 Contents

第一章

校园网概述

本章提要

本章首先介绍了网络协议、MAC 地址、IP 地址、子网掩码、域名等网络基础知识，然后对校园网在我国的产生、发展进行了梳理，让学生能够了解我国校园网的发展历程，之后介绍了校园网的域名层次结构，校园网的功能和校园网的应用系统，使学生能够对校园网有一个总体的认识。

科学在发展，技术在进步，网络正以神话般的速度向地球各个角落（包括校园）拓展延伸。目前，校园网络已经融入到人类的学习当中，这从根本上改变了传统的信息交流模式，为人类的信息资源共享提供了有利条件，给学校的教学、管理带来了新的方式。如今，校园网已经成为学校教学和管理中不可或缺的一部分。校园网的发展伴着教育走进了一个新时代。搞好校园网络建设，对教学的改革及学习方法的改进十分重要，是教育现代化的重要内容。

一、网络基础

（一）网络协议

两个人之间进行对话，需要借助于一种双方都能理解的语言，例如，双方都讲中文或者都讲英文，才能够让彼此理解对方要表达的是什么意思，这是信息交流的基本条件。网络上的计算机之间互通互联后，相互之间交换信息，也需要有一种“语言”作为计算机之间沟通、交流的桥梁，这就是网络协议。信息交换过程中，通信的双方（例如，不同的工作站之间或者工作站和服务器之间）都必须遵守约定的协议，不同的计算机之间必须使用相同的网络协议才能进行通信。因此，协议是网络中计算机为了进行数据交换，对信息传输速率、传输代码、代码结构、传输控制步骤、出错控制等做出的规定和标准。这些标准来自于多个组织的努力，这些组织开发了许多协议，但是大多数协议由于设计不好、缺乏支持等原因都被淘汰了，只有少数被保留了下来。当今局域网中最常见的三个协议是 TCP/IP、Microsoft 的 NETBEUI 和 Novell 的 IPX/SPX。

1. TCP/IP 协议

大家日常学习、工作中听到最多的可能就是 TCP/IP 协议。TCP/IP 是 transmission control protocol/internet protocol 的简写，中文翻译为“传输控制协议/因特网互联协议”，20 世纪 60 年代由麻省理工学院和一些商业组织为美国国防部开发，即便核攻击破坏了大部分网络，TCP/IP 仍然能够维持网络有效的通信，它是 internet 最基本的协议，是在全球应用最广的网络协议。用户常常在没有意识到的情况下，就在自己的计算机上安装了 TCP/IP。

2. NETBEUI 协议

NETBEUI 是 NetBIOS extend user interface 的简写，中文翻译为“NetBIOS 用户扩展接口”，NETBEUI 协议是 NetBIOS 协议的增强版本，曾经被许多操作系统采用，例如 Windows 9x 系列、Windows NT 等。NETBEUI 协议在许多情形下很有

用，是 Windows 98 之前的操作系统的缺省协议。它是一种短小精悍、通信效率高的广播型协议，安装后不需要进行设置，适用于只有单个网络或整个环境都桥接起来的小工作组环境，特别适合在“网络邻居”中传送数据。

3. IPX/SPX 协议

IPX/SPX 是 internetwork packet exchange/sequence packet exchange 的简写，中文翻译为“互联网分组交换协议/序列分组交换协议”，是 Novell 公司为了适应网络发展而开发的通信协议。其中，IPX 负责数据包的传输，SPX 负责数据包传输的完整性。相比 NETBEUI，IPX/SPX 显得比较庞大，但它在复杂环境下具有很强的适应性，安装方便，具有强大的路由功能，适合于大型网络环境或局域网游戏环境。当用户端接入 Novell 公司的 NetWare 服务器时，IPX/SPX 及其兼容协议是最好的选择。但在非 Novell 网络环境中，一般不使用 IPX/SPX。

（二）MAC 地址

在我国，公民是通过身份证号码来进行唯一标识的，在一个学校，学生是通过学号来进行唯一标识的，那么在计算机网络中，是如何来唯一标识每台计算机的呢？

为了区别网络中不同的计算机，每台计算机都有一个唯一标识号码，这个号码就是 MAC 地址。MAC 是 media access control 的简写，也叫硬件地址或物理地址，用来定义网络设备的位置，识别网络用户的身份，通常固定在网卡中，每张网卡的 MAC 地址都不一样。网卡在制作过程中，厂家会在它的可擦除可编程 ROM（erasable programmable ROM，EPROM）里面烧录上一组 48 位二进制数字，通常分成 6 段，每段 8 位，这就是 MAC 地址，它显示给用户的时候，通常以十六进制的形式表示。例如，某计算机的 MAC 地址是：00－1F－C6－E5－D1－BC。这组数字，每张网卡都不相同，因此，MAC 地址具有唯一性。

如果想查看自己计算机的 MAC 地址，可以在“开始”菜单中，选择“运行”，输入“cmd”，确定后弹出对话框，输入“ipconfig/all”，回车。显示结果中的 physical address 即是 MAC 地址。

（三）IP 地址

由于计算机网络采用的技术不同，寻址方式不同等，相互连接在一起的计算机彼此之间进行通信，需要进行非常复杂的硬件地址转换工作，IP 地址的出现解决了这一难题。利用 IP 地址，可以屏蔽掉所有的网络细节，把整个因特网看成一个单一的、抽象的网络，可以通过 IP 地址进行路由选择，然后运用相应的协议（例如 ARP 协议），将 IP 地址映射成相应的 MAC 地址，从而知道是哪台计算机发送的数据，或该把数据发送给哪台计算机。

IP 地址用二进制来表示，每个 IP 地址长 32bit，即 32 位不同的 0、1 比特组合。8 个比特是一个字节，那么 32 个比特就是 4 个字节。例如：某计算机的 IP 地址是：

11011011 11100100 10010111 00111011。

这么长的一串二进制数字，无论记忆还是书写都是一件麻烦的事。为了方便用户的使用，需要将 IP 地址转化成人们比较熟悉的、符合人类生活习惯的十进制形式。具体转换方法为：

将 32 位的 IP 地址分为 4 段，每段 8 位，用十进制数字表示，段与段之间用点隔开，这种方法叫做点分十进制方法。运用这种方法，该计算机 IP 地址就是：219. 228. 151. 59（对应上面的 11011011 11100100 10010111 00111011）（见图 1—1）。

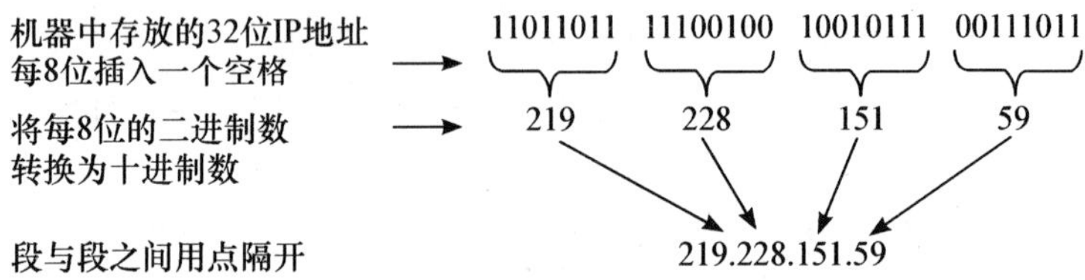

图 1—1　IP 地址用点分十进制来表示

大家知道，8 位二进制数字转换成十进制数字，当 8 位的二进制数都是 0 时，转换后的十进制数最小，是 0；当 8 位的二进制数都是 1 时，转换后的十进制数最大，是 255，因此每段十进制数范围为 0 ~ 255。

互联网是由许多小型网络相互连接在一起构成的，每个网络上都有许多主机，这样便构成了一个层级结构。IP 地址在设计时充分考虑到这一点，也采用了层级结构，由网络号和主机号两部分构成。也就是说，32 位的 IP 地址，一部分用作网络号，一部分用作主机号。网络号表示该主机位于哪个网络上，主机号表示特定网络上的某个主机。不难看出，同一网络上的主机具有相同的网络号。两台计算机相互发送数据时，根据 IP 地址，先找到目的主机所在的网络，然后再把信息传送给目的主机。

根据不同的网络号、主机号位数，IP 地址可以分成 5 类，分别叫做 A 类、B 类、C 类、D 类、E 类（见图 1—2）。

A 类地址：网络号占 8 位，且最高位固定为 0，主机号占 24 位。

B 类地址：网络号占 16 位，且最高位固定为 10，主机号占 16 位。

C 类地址：网络号占 24 位，且最高位固定为 110，主机号占 8 位。

D 类地址：最高位固定为 1110。

E 类地址：最高位固定为 1111。

所有的 IP 地址都由互联网信息中心（Network Information Center，NIC）负责统一分配，目前全世界共有三个这样的网络信息中心。

（1）InterNIC：国际互联网络信息中心，负责美国及其他地区。

（2）ENIC：欧洲互联网络信息中心，负责欧洲地区。

（3）APNIC：亚太互联网络信息中心，负责亚太地区。

我国申请 IP 地址要通过 APNIC，APNIC 的总部原来设置在日本东京，1998 年迁到澳大利亚布里斯班。

我国国内 IP 地址的申请和管理主要由中国互联网络信息中心（China Internet Network Information Center，CNNIC）负责。

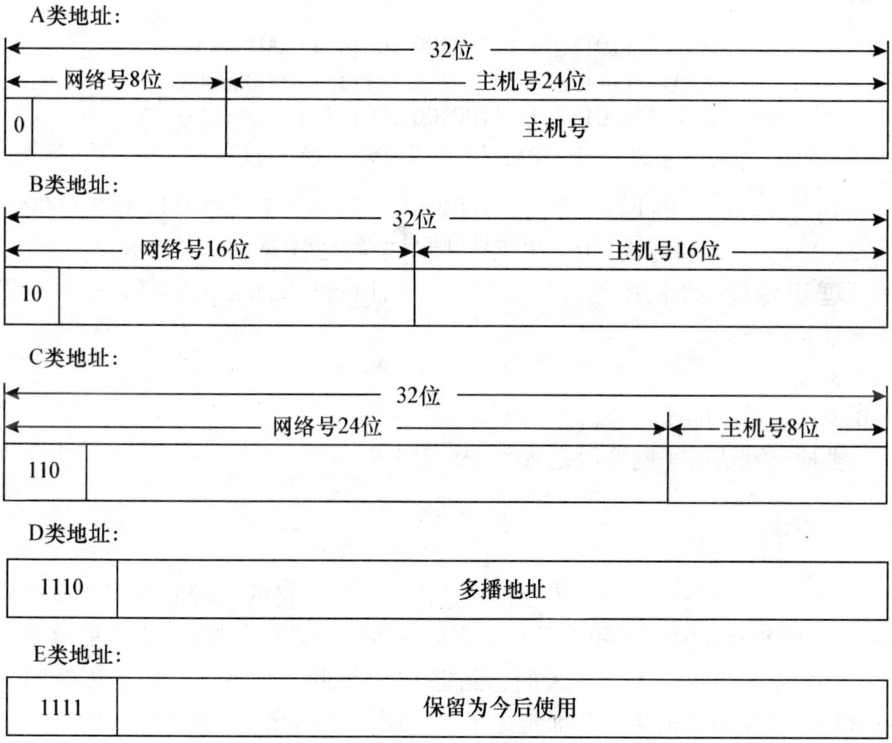

A类地址：
32位
网络号8位　主机号24位
0　主机号

B类地址：
32位
网络号16位　主机号16位
10

C类地址：
32位
网络号24位　主机号8位
110

D类地址：
1110　多播地址

E类地址：
1111　保留为今后使用

图 1—2　IP 地址分类

（四）子网掩码

子网掩码（subnet mask）又叫网络掩码、地址掩码，它不能单独存在，必须结合 IP 地址一起使用。子网掩码的长度与 IP 地址相同，也是 32 位，用二进制数字“1”和“0”表示，即由一连串的“1”和一连串的“0”构成，“0”、“1”不能相互交错，即：类似于“11101111 10011111 11111111 00000000”这样的子网掩码是不合法的，而“11111111 11111111 00000000 00000000”这样的子网掩码才合法。

通过子网掩码和 IP 地址进行与（and）运算，从而得出一个 IP 地址的网络号。例如，计算机 A 的子网掩码为：11111111 11111111 11111111 00000000，表示为十进制数字为：255. 255. 255. 0。将其 IP 地址 219. 228. 151. 59 和子网掩码进行与运算，就是：

219. 228. 151. 59 AND 255. 255. 255. 0，结果见图 1—3。

```
     11011011 11100100 10010111 00111011
AND  11111111 11111111 11111111 00000000
     -----------------------------------
     11011011 11100100 10010111 00000000
```

图 1—3　IP 地址和子网掩码进行与运算

得到计算机 A 的网络号为：11011011 11100100 10010111 00000000，即 219. 228. 151. 0，主机号为：0. 0. 0. 59。网络中其他计算机给计算机 A 发送数据时，通过 IP 地址和子网掩码的与运算，找到计算机 A 所在的网络，然后再将数据发给计算机 A。

A 类地址默认的子网掩码是 255. 0. 0. 0。

B 类地址默认的子网掩码是 255. 255. 0. 0。

C 类地址默认的子网掩码是 255. 255. 255. 0。

（五）域名

通过点分十进制的方法，可以把一连串不容易记忆的二进制数字转换成十进制数字，使 IP 地址的记忆和书写相对容易很多，但是记住连续 12 位的数字，也不是一件轻松的事情。因此，人们想到把 IP 地址映射成名字，由于因特网采用分级管理，使用多级的域，故而把这个名字叫做“域名”。为了便于管理，域名也采用层次树状结构命名方法，域名的结构由若干个分量组成，各分量之间用点隔开，如下所示：

……三级域名. 二级域名. 顶级域名

例如：华东师范大学教育信息技术学系的域名为：deit. ecnu. edu. cn，那么，cn 为顶级域名，edu 为二级域名，ecnu 为三级域名，deit 为四级域名。

在因特网中有很多的域名服务器（domain name server，DNS）来完成域名到 IP 地址的映射，把域名转换为 IP 地址。例如，某同学要访问华东师范大学的主页，在浏览器里输入华东师范大学的域名地址：www. ecnu. edu. cn，DNS 收到 www. ecnu. edu. cn 后，经过查询过程，就把这个域名转换为 IP 地址 202. 120. 95. 235，从而找到华东师范大学的 Web 服务器，显示主页给用户。

（六）OSI 体系结构

计算机网络刚刚诞生时，不同的计算机厂商都有一套自己的网络体系结构标准，彼此之间互不兼容。为了使不同网络体系结构的用户能够互相交换信息，1977 年，国际标准化组织 ISO 成立了一个专门机构，提出了开放系统互联参考模型（open systems interconnection reference model，OSI）。OSI 参考模型将计算机网络通信工作分成七个层次，自底向上依次为：物理层、数据链路层、网络层、运输层、会话层、表示层、应用层。在网络通信过程中，每层完成相应的功能（见图 1—4）。

OSI 体系结构
应用层
表示层
会话层
运输层
网络层
数据链路层
物理层

图 1—4 OSI 体系结构

（七）TCP/IP 体系结构

与 OSI 体系结构不同，TCP/IP 体系结构将计算机网络通信工作分为四层，自底向上分别为：网络接口层、网际层、运输层、应用层。TCP/IP 体系结构是目前网络互联互通事实上的标准。

OSI 体系结构与 TCP/IP 体系结构的对应关系如图 1—5 所示。

OSI 体系结构	TCP/IP 体系结构
应用层	应用层
表示层	
会话层	
运输层	运输层
网络层	网际层
数据链路层	网络接口层
物理层	

图 1—5 OSI 体系结构与 TCP/IP 体系结构的对应关系

无论是 OSI 体系结构还是 TCP/IP 体系结构，两台计算机之间进行相互通信的过程是这样的：

假设计算机 A 要给计算机 B 发送数据，A 的通信进程将数据交给应用层，应用层将数据交给下层的运输层，这样依次向下传递，直至交给最底层的网络接口层或物理层。当然，在这个过程之中，需要进行首部添加、差错检验、路由选择等操作，然后将数据转换成相应的电信号或者光信号，在物理传输媒体上（例如，双绞线或者光纤）进行传播，直至计算机 B。在 B 端，再将电信号或者光信号转换成比特流，由最底层的网络接口层或物理层上交给它的上一层，这样依次上交，直至上交给计算机 B 的应用层，最后由应用层提交给 B 的应用进程。当然，期间要进行首部去除、差错检验等操作。这样，B 就收到了 A 发送过来的数据。

二、认识校园网

（一）校园网概述

究竟什么是校园网？

顾名思义，校园网是校园内部的计算机网络，是局域网的一大分支，但它又不同于企业网、办公网等局域网。校园网有自己的特点和规律，它不仅是硬件系统集成，更是一个集学校教学、科研、管理、网上办公、学生学习等于一体的信息化环境，具有很强的集成性、交互性、专业性，需要有适合自己学校特点的软件系统来支持，以便在学校区域内为全校的教学活动服务。

因此，校园网不仅仅是现代化设备搭建起来的“高速路”，更是体现现代教育思想，发挥一切潜能为学校的教育教学服务，为学校的教书育人服务的综合平台。要把建设校园网的规划与学校的长远发展规划统一起来，同时把服务教学、服务科研、服务管理等作为网络建设的着眼点和落脚点。师生应当能通过校园网进行备课、教学、查阅资料、讨论问题、个别辅导、远程教学等，学校主管部门之间、学校与兄弟学校之间可以互相收发邮件、共享资源、协同工作等。学校的管理者可以通过网络进行学生管理、教务管理、成绩管理、教材管理、总务后勤管理等，行政主管还可以通过校园网进行文件审批、公文流转等，实现办公自动化。可见，校园网中的通信既包括文本传输，也包括语音传输、图像传输、视频传输等各种多媒体信息的传输；既包括校园网内部的通信，也包括与本地学校、外地学校甚至国外学校的交流和沟通。只有充分认识并在日常教学工作中努力做到这一点，校园网才能发挥其应有的作用，才能具备强盛而持久的生命力。

（二）校园网的发展历程

1992 年 12 月底，清华大学校园网（TUNET）建成并投入使用，拉开了国内校园网的序幕。这是中国第一个采用 TCP/IP 体系结构的校园网，主干网首次成功采用 FDDI 技术，在网络规模、技术水平以及网络应用等方面处于当时国内领先水平。从 1996 年开始，全国各高校开始了网络规模化建设的进程。此后，国内各大高校相继建立了校园网。

2000 年 11 月 14 日，教育部发出《关于在中小学实施“校校通”工程的通知》，《通知》决定在全国中小学实施“校校通”工程，力争用 5 ~ 10 年时间，使全国 90% 左右的独立建制的中小学校能够上网，使中小学师生都能共享网上教育资源，提高所有中小学的教育教学质量，使全体教师能普遍接受旨在提高实施素质教育水平和能力的继续教育。自此，校园网如雨后春笋般在中小学建立起来。

目前，校园网的发展已经经历了三代。

1. 第一代校园网

第一代校园网主要采用 10/100Mbps 以太网技术，简单的传输和资源共享是第一代校园网络的典型特征。这为其未来的广泛运用打下了坚实的基础。

2. 第二代校园网

2000 年开始，千兆以太网技术为校园网的建设和发展注入了新的活力，带宽的提高使得网络应用迅速普及，用户可以在校园网上建立虚拟教室，开展网络课程，进行无纸化办公等。

3. 第三代校园网

第三代校园网通常称为服务型校园网。网络自身能够适应不同的应用，满足一卡通、视频会议等更多业务的需求。无论对于网络的使用者还是网络的投资者、管理者，校园网网络都是透明的，都能为之带来满意的体验，让其体会到网络的服务价值。这对于提高教学效力、科研能力，进一步发挥校园网的价值起到了巨大作用。

（三）校园网的域名层次结构

在域名层次上，校园网的顶层从属于中国教育和科研计算机网（China Education and Research Network，CERNET）。CERNET 分四级管理，校园网是 CERNET 的最底层。

清华大学是 CERNET 的全国网络中心，负责运行和维护连接八大地区（华北地区、西北地区、西南地区、华南地区、华中地区、华东北地区、华东南地区、东北地区）网络中心的 CERNET 主干网，负责全网 IP 地址分配、域名注册相应的信息服务以及与其他网络的外部连接等。

全国八大地区的主节点分别设在 10 所高校，具体如下：

华北：清华大学（北京），北京大学（北京、天津、河北），北京邮电大学（北京、山西、内蒙古）；

西北：西安交通大学（陕西、甘肃、宁夏、青海、新疆）；

西南：电子科技大学（四川、重庆、贵州、云南、西藏）；

华南：华南理工大学（广东、广西、海南）；

华中：华中理工大学（湖北、湖南、河南）；

华东北：东南大学（江苏、安徽、山东）；

华东南：上海交通大学（上海、浙江、江西、福建）；

东北：东北大学（辽宁、吉林、黑龙江）。

CERNET 省级节点设在 36 个城市的 38 所大学，分布于全国除台湾外的所有省、市、自治区。校园网通过地区网或者省级网接入主干网，继而接入 CERNET，实现与外界的网络连通（见图 1—6）。

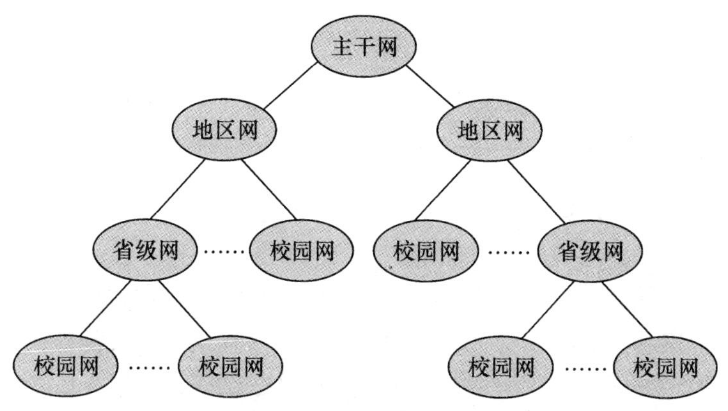

图 1—6　CERNET 网络结构

三、校园网的功能

校园网的出现，大大拓展了教师和学生的视野，有利于培养师生的创造性思维，提高师生获取信息、分析信息的能力，加速了教育信息化的进程，现在已经成为学校不可缺少的组成部分。

（一）信息传递

信息传递是校园网络最基本的功能，具体表现为：信息发布，信息检索，信息交流。

1. 信息发布

管理部门可以将最新的公告、通知、科研信息等发布到校园网上，供校内外用户阅读、下载。教师也可以将上课的讲义、作业等发布到校园网上供学生参阅。

2. 信息检索

用户登录校园网可以查询课程信息、教师信息、科研信息，通过校园网，可以浏览互联网上的信息，运用搜索引擎查阅资料等。

3. 信息交流

校园网也是校内外用户之间进行信息交流的渠道。校内用户通过 BBS、聊天软件可以与分散在校园内不同地点的用户、因特网上的用户进行信息交流、学术讨论等。

（二）资源共享

在校园网络环境中，用户除了使用本地资源外，还可以使用其他计算机上的资源。资源共享是校园网的主体功能，主要表现为硬件资源和软件资源的共享。

1. 硬件资源的共享

通过校园网络，用户不仅可以使用自己的计算机硬件，还可以访问其他用户的硬件资源。比如用户可以使用其他用户的打印机、CD-ROM 及硬盘等硬件资源。一个用户安装了这些设备，校园网络中其他没有该硬件设备的用户只要具有使用权限，无论在何处登录网络，都可以使用这些设备，就像自己也安装了这些硬件设备一样，从而节约了硬件投入费用。

2. 软件资源的共享

学校可以建立网络教学资源库，如多媒体素材库、案例库、课件库、试题库、学科专题资料库等，实现资源共享，为教师备课、授课，学生学习提供帮助。校园网内的各用户也可以互通信息资源，将自己的部分文件、资料等设置成共享文件，与大家共同分享。此外，用户通过校园网还可以享受网络服务器上的相关数据、程序以及因特网上取之不尽、用之不竭的巨大信息资源。通过 internet，校内用户可以与世界上任何地方连接到因特网上的任何用户互通信息资源。在资源使用的过程中，对于用户来说，不需要知道资源的具体位置；而对于共享资源来说，也不需要知道用户的位置。用户只要了解到网络中有自己所需要的资源，并且有资源的使用权限，就可以使用该资源。资源共享极大地方便了用户，也有效地促进了资源利用。

（三）服务教学科研

校园网促进了教学内容与教学方法的变革，促进了学校教育与社会教育的发展，改变了学校与社会、理论与实践、知识与技能的质量。利用校园网可以进行图、文、声并茂的多媒体教学，可以利用大量现成的教学软件，提供一个良好的教学环境，可以利用课件点播等对社会人员进行培训，发展继续教育。学生通过留言板、blog、BBS 等可以向老师或其他同学提问，进行交流，可以上传作业，可以做虚拟实验，可以做网上练习等。教师可以在网上答疑辅导，可以组织学生就作业进行网上自评、互评、他评，可以与学生在网上在线讨论和交流，可以对学生进行在线考试，可以实时了解各教室的教学情况，便于监控和评估等。此外，校园网不但可以在校内进行网络教学，还可以连接到 internet 上，形成更大范围的网络交互学习环境。这些都是以往任何教学手段所不能达到的。

（四）服务管理

校园网可以为学校的办公提供简单、高效、便捷的理想环境，学校通过校园网可以建立自己的网络管理体系，如学生管理系统、教务管理系统、财务管理系统、后勤管理系统等。领导以及各级行政部门可以通过校园网审批文件，学生可以通过校园网选修课程、查询成绩等，从而实现学校办公管理的网络化、无纸化，这对教育的现代化和信息化起到了巨大的推动作用。

（五）拓展图书馆

利用校园网，管理者可以将图书馆中的书籍进行自动编目供师生检索，学校师生通过图书检索系统可以查阅到每本图书具体的物理存放位置，还可以进行预约、续借。同时图书资料还可以数字化的形式存储在光盘或磁盘上，降低学校拥有图书的成本。此外，学校还可以购买国内外的数字化图书数据库、论文数据库等，供全校师生在线浏览、参阅，有条件的学校可建立本校的论文数据库，方便师生的查询、借阅。

四、校园网应用系统

校园网的应用是整个校园网建设的出发点和归宿。校园网建设是一个综合的系统工程，需要很大的投入，建设校园网最根本的目的是推进信息技术在教学、科研与管理中的应用，使网络产生相应的效益。因此校园网络建设在注重设备、技术的同时，应更注重应用软件的开发，完善校园网应用系统的建设。

各个学校根据自己的实际情况开发建设的校园网应用系统不尽相同，但都有一些基本的子网系统，例如，综合办公子网系统、教学子网系统、教育资源子网系统、图书馆子网系统等。

（一）综合办公子网系统

综合办公子网系统是校园信息化的应用平台，能为学校师生提供一个网络化、数字化、智能化的方便快捷的办公环境，是一个以计算机为工具对学校管理信息进行处理的人机系统。它能及时准确地反映学校各项工作的当前状态，能从全局出发，辅助学校各职能部门以及校长管理学校，大大提高学校管理人员的工作效率，减轻劳动强度，实现政务公开，网上办公，实现网上信息发布、查询，文件下载，公文流转功能。综合办公子网系统一般包括校园门户网站，学校党群办公子系统，如党务管理、团务管理、工会事务、干部管理等，各级行政部门办公事务子系统，如学生管理、师资管理、招生管理、就业管理、财务管理、科研管理等。校内外用户可以通过门户网站了解学校发布的各类信息，提交各类文件，递交申请，相应负责人可以对申请进行批复；科研部门可以发布项目信息，对项目进展情况进行管理，对科研成果进行管理；教师和学生可以提交项目计划，项目总结；等等。

（二）教学子网系统

教学子网系统是校园网的一个非常重要的应用系统，能为全校师生提供一个网络化、数字化的教学环境，同时也改变了传统的教学方式，提供了一种全新的教与学模式。教师可以将每门课程的教学计划、学分、基本介绍、主要内容以及自己的讲义等发布到教学网站上供学生参考；考试结束可以将成绩发布到平台上供学生查询；可以将教学讲义、课程视频等上传到校园网上，供学生进行 VOD 点播，进行异步教学；可以搭建自己的网络课程平台，辅助课堂教学以及进行在线答疑、在线考试等。学校相应职能部门可以将每学期全校的开课计划及时公布，方便学生选修；还可以在教室安装多媒体计算机、投影机和音响系统，利用校园网在多个校区或者多个教室进行同时异地教学。

（三）教育资源子网系统

教育资源建设是现代教育的核心内容，教育资源可以是文字、图片、声音、视频等。教育资源要用先进的数字化视音频技术，实现文字、图形、图像、声音、视频的同步传输，并要符合网络标准，有较好的交互控制。学校可以建立各门课程的学习资源库，包括课程讲稿、视频和音频讲义、题库、精品课程库、课件库等，学生通过校园网络利用这些资源能够进行课前预习，课后复习，教师利用这些资源可以丰富自己的课程内容。

（四）图书馆子网系统

图书馆子网系统是校园网的重要组成部分。图书资料经制作可以数字化的形式存储在光盘或磁盘上。这样做的好处在于：第一，降低了学校拥有图书的成本。第二，利用数据库技术，实现图书馆资料的高效检索查询。学生可以通过浏览器方便地查阅图书资料，教师和学生还可以通过校园网络，随时随地远程访问电子图书馆的电子图书，即使图书馆没有开放也能够查到需要的图书。第三，可简单有效地管理图书的借阅工作。第四，学校通过购买，可以建立并逐步扩充数字化图书馆，有效实现全文图书资料存储、检索和访问，彻底改变传统图书馆的模式，使图书馆成为一个网络信息库。目前，很多高校、中小学、职业院校都不同程度地购买了国内外多种领域很多优秀的电子图书以及期刊数据库，供全校师生使用。有的学校甚至不惜重金，开发建立了很多适合自己单位发展需要的电子资源，例如高校的博士、硕士论文数据库，中小学的教师教研论文数据库，中小学的历年各种考卷数据库，历年的中高考试题数据库等。

校园网的应用系统非常多，每个学校可以根据自己学校的实际需要建立，例如，有的学校，尤其是中小学，还可以建立多媒体课件制作系统，多媒体素材采编系统，多媒体素材管理系统等。通过这些系统，教师可以将课程内容制成图文声像并茂的交互式多媒体课件，同时可制作并管理各种可重复使用的教学构件，如教学模板、课程素材、动画素材等，使得学生能在最短的时间内学到更多、更丰富的内容。有的学校还可以建立后勤子系统，对学校的食堂、宿舍等进行统一管理和分配。学生可以查询到自己宿舍每周的卫生检查情况；室内物品发生损坏，可以在网络上登记报修；还可以查询到每周的菜谱、菜价等；有条件的学校可以建立自己的邮件系统。

小结

校园网是教育信息化的基础设施。本章首先介绍了网络协议、MAC 地址、IP 地址、域名等网络基础知识。然后讨论了我国校园网的发展历程，历经了第一代、第二代、第三代三个发展阶段。校园网在域名层次上，顶层从属于 CERNET，CERNET 分四级管理，校园网是 CERNET 的最底层。概述了高等院校校园网以及中小学校园网的发展现状。讨论了校园网的信息传递、资源共享、服务教学科研、服务管理以及拓展图书馆等功能。最后介绍了校园网的应用，使得学生对校园网有个初步的认识。

思考题

1. 你所在的学校有校园网吗？网络覆盖范围有多大？具有哪些功能？你平时都用校园网做些什么？

2. CERNET 省级节点设在 36 个城市的 38 所大学，请查阅相关资料，说明是哪 36 个城市？哪 38 所大学？

3. 请查阅相关资料，说明什么是 CERNET？它的建设历程是怎样的？它的总体结构是怎样设计的？主干网络的拓扑结构是如何考虑的？

4. CERNET 受理每个学校 IP 地址的申请、分配工作，请问你所在的学校拥有的 IP 地址在哪个范围内？

5. 大家经常会听到数字化校园的概念，你能详细地介绍一下什么是数字化校园吗？请查阅相关资料进行说明。

6. 国际互联网名称和地址分配组织（The Internet Corporation for Assigned Names and Numbers，ICANN）成立于 1998 年 10 月。请查阅相关资料，说明 ICANN 的职能是什么？与 NIC 具有什么关系？

7. 判断以下的子网掩码是否合法：

（1）255. 192. 0. 0

（2）255. 240. 0. 0

（3）224. 0. 0. 0

（4）255. 255. 0. 255

（5）224. 255. 0. 0

（6）255. 255. 248. 0

8. 你所在的学校在校园网上运行了哪些应用系统？

9. 在你自己的计算机上，运行 ipconfig/all 命令，查看一下该计算机的 IP 地址、MAC 地址、子网掩码各是多少？

注：运行结果中的 IP Address 表示 IP 地址，physical address 表示 MAC 地址，subnet mask 表示子网掩码。

10. 你所在学校校园网的域名是什么？

11. OSI 体系结构与 TCP/IP 体系结构有什么区别？二者是怎样对应的？现在用的互联网采用的是哪种体系结构？

12. 请查阅资料，说明 OSI 体系结构与 TCP/IP 体系结构的发展历程。

第二章

校园网硬件基础

本章提要

这一章主要讨论了三部分内容。

首先对校园网的系统结构进行了剖析。

然后介绍了校园网中常用的硬件设备，例如服务器、交换机、防火墙的分类，集线器、交换机的工作原理等。

最后对校园网中使用的传输媒体，如双绞线、同轴电缆、光纤等进行了详细介绍。

一、校园网体系结构

校园网的建设是一个复杂的、综合化的系统工程。从整体化、层次化的视角来看，从逻辑上可以将校园网自底向上划分为三个层次（见图 2—1）。

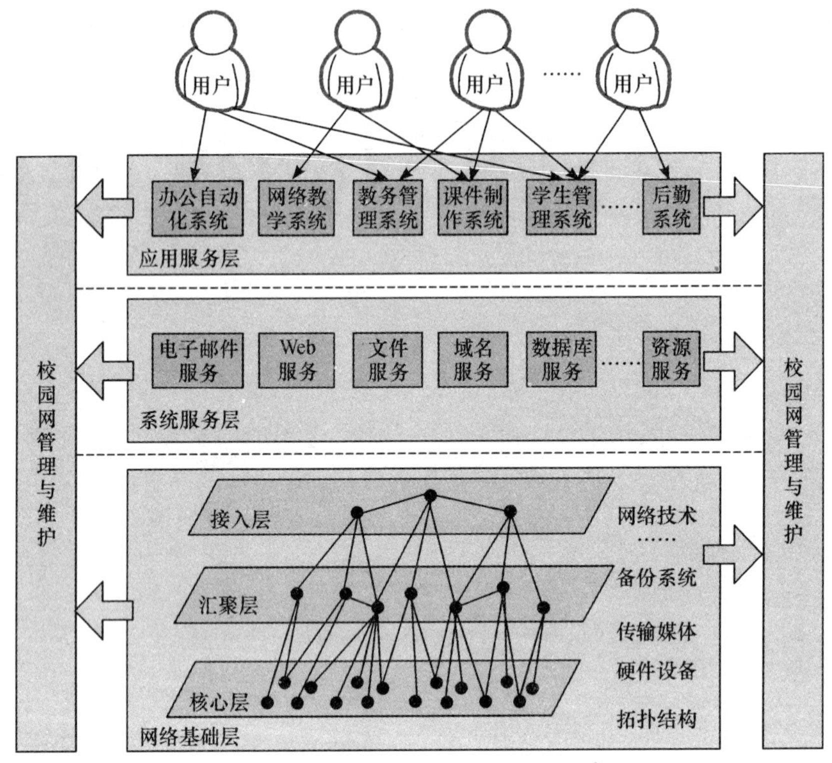

图 2—1 校园网体系结构

（一）网络基础层

这是校园网的基础设施层次，主要指校园网的硬件环境建设，例如，校园网拓扑结构的确定，传输媒体的选择，综合布线的规划，路由器、交换机、防火墙等硬件设备的选型等。在网络基础层，通常采用三层的网络架构设计，即：核心层、汇聚层、接入层。

1. 核心层

核心层是网络的高速交换主干，实现骨干网络之间的优化传输，是整个网络基础设施的核心和枢纽，也是整个网络流量的最终承载者。对该层进行设计时，网络的可靠性、高效性、冗余性、容错性、可管理性、适应性、时延都是主要的考虑因素，尤其是冗余性、可靠性和高效性尤其重要。所以对核心层的设计以及网络设备的要求十分严格，性能要求非常高，通常采用高带宽的千兆以上交换机，采用负载均衡功能等，来改善网络性能。

2. 汇聚层

汇聚层是网络接入层和核心层之间的桥梁，用来连接核心层节点和接入层节点，通常是建筑群的信息汇聚点，为接入层提供数据的汇聚、传输、管理等功能，还可以限制接入层对核心层的访问，保证核心层的安全和稳定。汇聚层采用的设备性能要求也相对较高，通常采用可管理的三层交换机或堆叠交换机，汇聚层设备之间以及汇聚层设备与核心层设备之间多采用光纤互联，以提高系统的传输性能和吞吐量。

3. 接入层

接入层为本地网段提供工作站接入，是用户连接网络的接口，它应该具备即插即用的特性。因此在设计接入层时，主要考虑的因素是网络的功能性、方便性、可维护性等。在设备选择上，性价比、端口数量等都是很重要的考虑因素。

（二）系统服务层

校园网硬件基础设施铺设好以后，软件服务也很关键。系统服务层主要指校园网的软件基础设施建设。

首先，要成功安装网络操作系统来统一管理和调度各种网络资源，协调相应的服务。

其次，要考虑在这些网络硬件基础上，想为用户提供哪些最基本的服务，可以提供哪些服务。例如，是否提供电子邮件服务？是否提供 Web 服务？是否提供文件服务？是否提供域名服务？是否提供数据库服务？是否提供资源服务……根据提供的服务，搭建相应的软件基础平台。例如，需要提供电子邮件服务的，就要在邮件服务器上安装相应的邮件服务软件并进行配置，制定相应的使用规则；需要提供域名服务的，就需要搭建域名服务器，做好域名解析服务。通常这些服务都离不开数据库的支持。因此，数据库的选择、安装和设置非常重要，尤其是与数据安全相关的内容。

最后，要考虑应用服务的支持。校园网建设的最终目的，是为了方便用户在学习、教学、科研等各方面的使用，因此应用服务的支持是一个核心内容。系统服务层的建设要考虑为用户提供哪些应用服务，例如，是否提供办公自动化系统？是否提供网络教学系统？是否提供管理信息化支撑平台？要根据需要，做好相应系统的安装、调试工作。

（三）应用服务层

应用服务层是校园网体系结构的高层，面向实际应用，并与用户（例如教师、学生）直接打交道。该层次主要处理业务逻辑，将各类数据按照业务的逻辑规范管理、组织起来。用户无须关心网络硬件设施和软件工作的细节，只需通过相应的访问接口，使用网络提供的各种应用系统，例如，办公自动化系统、网络教学系统、教务管理系统、后勤系统等，即可完成自己的学习、工作或者信息交流，从而改善学习效果，优化工作流程，提高工作效率。

校园网管理与维护是对校园网的保障。通过相应的软、硬件管理功能，对校园网的软、硬件平台进行统一管理，及时发现网络故障，定期备份网络数据等，以保障校园网的正常运行。

二、校园网的硬件设备

校园网硬件环境是校园网建设中最基础的部分，硬件配置的合理与否直接影响到校园网的性能。硬件设备主要包括网络服务器、集线器、交换机、路由器、防火墙等。

（一）网络服务器

1. 网络服务器概述

服务器（server）这个词似乎并不陌生，经常听到有人说："这台机器是服务器。"这里的服务器指的是硬件。尽管在理论上这种说法并不严格（服务器是指软件，即网络中提供服务的应用进程），但是人们更习惯将这些运行服务器进程的机器（硬件）称为服务器。服务器作为硬件是指一种高性能计算机，为网上用户提供信息资源共享和各种服务，例如 web 服务器、FTP 服务器、email 服务器等。本章要讨论的网络服务器指的是硬件。

服务器的硬件结构与平常所用的普通计算机有很多相似之处，诸如有 CPU、内存、硬盘、各种总线等，只不过服务器的 CPU 速度快一点，颗数多一点，内存大一点，主板性能好一点。服务器能够提供各种共享服务，例如网页应用、打印机共享以及其他方面的高性能应用，一般放在安全性好，不容易被攻击，不会随意断电，温度也是恒温的机房。服务器和普通计算机相比，外观看起来似乎差别不大，但是服务器硬件中包含着专门的服务器技术，这些专门的技术保证了服务器能够承担更高的负载，具有更高的稳定性和扩展能力。

服务器与普通计算机在处理能力、稳定性、可靠性、安全性、可扩展性、可管理性等方面差异非常大，比如说，在多用户多任务环境下的可靠性上，普通计算机的设计不考虑多用户多任务环境下的可靠性，因此，用普通计算机当服务器的用户遇到因突然的宕机、意外的网络中断而丢失存储数据的情况就是很正常的事情。而对于服务器来说，极高的可靠性与稳定性是至关重要的，因为它所面对的是整个网络，需要 24 小时不间断工作，一旦发生严重故障，将会带来巨大的经济损失。因此，服务器须保证长时间连续运行，那么多长的时间算长时间呢？

不同的服务器有不同的标准：

（1）一般来说，对工作组级服务器的要求是在工作时间内没有故障，即每天 8 小时，每周 5 天；

（2）对部门级服务器的要求是每天 24 小时，每周 5 天内没有故障；

（3）对企业级服务器的要求是最高的，要求全年 365 天，每天 24 小时都要保证没有故障，也就是说，服务器随时可用，甚至有些关键领域的服务器从开始运行到报废可能只开一次机。

为了满足这些要求，服务器采用插入大量高速内存，安装多颗 CPU 来保证工作。服务器所用 CPU 与普通计算机的 CPU 不同，是厂商专门为服务器开发生产的。内存方面当然也不一样，无论是在内存容量，还是在性能、技术等方面都有根本的不同。另外，服务器还采用了冗余技术、系统备份、在线诊断技术、故障预报警技术、内存纠错技术、热插拔技术和远程诊断技术等来保证可靠性，使绝大多数故障能够在不停机的情况下得到及时的修复，这就要求服务器具备极高的稳定性，这是普通计算机无法达到的（见表 2—1）。

表 2—1　　服务器和普通计算机的性能比较

设备 / 指标	服务器	普通计算机
处理器性能	支持多处理，一般采用多 CPU 对称处理技术，多颗 CPU 共同进行数据运算，具有更大的二级缓存，高端的服务器处理器，甚至集成了远远大于普通计算机的三级缓存，性能高。	一般不支持多处理，单颗 CPU，性能低。如果用普通计算机充当服务器，在多媒体教学中会经常发生宕机、停滞或启动很慢等现象。

续前表

指标 \ 设备	服务器	普通计算机
I/O（输入/输出）性能	强大，服务器上采用的冗余电源、SCSI 卡、RAID 卡、高速网卡、内存中继器等设备，大大提高了服务器 I/O 能力。	无须提供额外的网络服务，很少使用高性能的 I/O 技术，和服务器相比其 I/O 性能相差甚远。
可管理性	可管理性高。主板上集成的传感器可以检测服务器上的硬件设备，使网络管理员对服务器系统进行及时有效的管理。管理软件可以远程检测服务器主板上的传感器记录的信号，对服务器进行远程的监测和资源分配。	可管理性相对低，配置简单，应用场合相对简单，没有完善的硬件管理系统。
可靠性	可靠性非常高。采用 RAID 技术、热插拔技术、冗余电源、冗余风扇等方法使服务器具备容错能力、安全保护能力，可保证长时间连续运行。	可靠性相对低。普通计算机是针对个人用户而设计的，在安全、可靠性方面要远远低于服务器。如果用普通计算机作为服务器，在教学应用中出现数据丢失的现象是不可避免的。
扩展性	扩展性非常强，具备较多的扩展插槽，如 PCI-E、PCI-X 等，较多的驱动器支架，较大的硬盘，较强的内存扩展能力。	扩展性相对弱，一般扩展内存的较多。

2. 网络服务器的分类

（1）按照服务器的处理器架构划分，即服务器 CPU 所采用的指令系统的不同，把服务器分为 CISC 架构服务器、RISC 架构服务器和 VLIW 架构服务器三种。

- CISC 架构服务器。

CISC 的英文全称为“complex instruction set computer”，中文翻译为“复杂指令集计算机”，也叫 Intel 架构（intel architecture，IA）服务器、PC 服务器，它是基于 PC 机体系结构，使用 Intel 或与其兼容的处理器芯片的服务器。在 CISC 微处理器中，程序的各条指令是按顺序串行执行的，每条指令中的各个操作也是按顺序串行执行的。优点是控制简单，价格便宜、兼容性好。缺点是计算机各部分的利用率不高，执行速度慢，稳定性差，不安全。CISC 架构服务器通常在局域网内更多地完成文件服务、打印服务、web 服务、电子邮件服务等，一般应用在中小校园网中。

• RISC 架构服务器。

RISC 的英文全称为“reduced instruction set computer”，中文翻译为“精简指令集计算机”。顾名思义，它的指令系统相对简单，只要求硬件执行最常用的那部分命令，大部分复杂的操作使用成熟的编译技术，由简单指令合成，完全采用了与普通 CPU 不同的结构。这种 RISC 型号的 CPU 在日常使用的计算机中很少看到，目前主要用在中高档服务器中，这类服务器通常价格都很昂贵，但是稳定性好，性能强，一般应用在大型校园网中，作为网络的中枢神经。

• VLIW 架构服务器。

VLIW 是英文“very long instruction word”的缩写，中文翻译为“超长指令字结构”，也叫做“IA-64 架构”。VLIW 架构采用清晰并行指令计算（explicitly parallel instruction computing，EPIC）设计。VLIW 简化了处理器结构，删除了处理器内部许多复杂的控制电路，使其芯片制造成本降低，性能提高，比 CISC 和 RISC 强大得多。每时钟周期，如果 CISC 能运行 1～3 条指令，RISC 能运行 4 条指令，VLIW 可运行 20 条指令。

（2）服务器按照应用层次划分为入门级服务器、工作组级服务器、部门级服务器和企业级服务器四类。

• 入门级服务器。

入门级服务器通常只使用 1～2 颗 CPU，运行 Windows 2000/2003 Server、NetWare 等网络操作系统，并根据需要配置相应的内存，如 4G 内存，和大容量硬盘，必要时也会采用 RAID（redundant arrays of inexpensive disks，简称磁盘列阵）技术来保证数据的可靠性和可恢复性。在校园网中，它主要用来提供文件共享服务、打印服务、数据处理服务、internet 接入服务，小范围内也可以完成 web 服务、DNS 服务、email 服务等。

• 工作组级服务器。

工作组级服务器一般支持 2～4 颗 CPU，可支持大容量的 ECC 内存（ECC 是“error checking and correcting”的简写，中文名称是“错误检查和纠正”，是一种内存技术），采用小型计算机系统接口（small computer system interface，SCSI）总线的 I/O 系统，对称多处理（symmetrical multi-processing，SMP）结构，支持热插拔硬盘，热插拔电源等，功能全面，具有很强的可管理性，维护起来也比较容易，在中小型校园网中，主要用来提供 web、email 等服务或者进行多媒体教室的建设等。

• 部门级服务器。

部门级服务器通常可以支持 4～8 颗 CPU，集成了大量的监测及管理电路，具有全面的服务器管理能力，可监测温度、电压、风扇、机箱等状态参数，通过服务器管理软件，可以使网络管理者及时了解服务器的工作状况，具有较高的可靠性、可用性、可管理性和可扩展性。它使用户在业务量迅速增大时能够及时在线升级系统，适合中型校园网的数据库服务器、web 服务器、DNS 服务器、email 服务器等各种网络应用。

- 企业级服务器。

企业级服务器属于高档服务器，可支持多个 CPU 处理器，拥有独立的双 PCI 通道和内存扩展板设计，具有高内存带宽，大容量热插拔硬盘和热插拔电源，具有超强的数据处理能力、高度的容错能力、优异的扩展性能和系统性能、极长的系统连续运行时间，适合做大中型校园网的数据库服务器。

（3）服务器按用途划分为通用型服务器和专用型服务器两类。

- 通用型服务器。

通用型服务器不是为某一特定功能专门设计的，在设计时要兼顾多方面的应用需要，服务器的结构相对较为复杂，性能较高，可以提供各种服务功能，当前大多数服务器是通用型服务器。

- 专用型服务器。

专用型服务器也叫“功能型”服务器，是专门为某一种或某几种特定功能专门设计的服务器，例如文件服务器、email 服务器、数据库服务器、FTP 服务器、web 服务器、打印服务器、目录服务器、流媒体服务器等。专用型服务器在某些方面与通用型服务器不同，在服务器性能上只需要具有相应的功能，只需要满足某些特定的功能应用即可。例如光盘镜像服务器需要配备大容量、高速的硬盘以及光盘镜像软件。FTP 服务器主要用于在网上传输文件，要求硬盘具有较好的稳定性、较快的存取速度。email 服务器则要配置高速宽带上网工具和大容量硬盘。因此，这些功能型的服务器的结构比较简单，性能要求较低，在稳定性、扩展性等方面要求不高，价格也便宜许多。

（4）服务器按机箱结构划分为台式服务器、机架式服务器/机柜式服务器、刀片式服务器三类。

- 台式服务器。

台式服务器也称为塔式服务器。有的台式服务器采用大小与普通立式计算机大致相当的机箱，有的采用大容量的机箱，像个大柜子。低档服务器由于功能较弱，要求不高，整个服务器的内部结构比较简单，所以机箱不大，基本都采用台式机箱结构（见图 2—2）。

图 2—2　台式服务器

• 机架式服务器/机柜式服务器。

一些高档服务器内部结构复杂，有时需要把许多不同的设备单元或几个服务器都放在一个机柜中。机柜是用来安装服务器和网络设备的硬件设备，宽度一般是600mm，加宽机柜的宽度是800mm。高度以U（Unit的缩略语）为单位，1U是一个基本高度单元。机架和机柜差不多，都是放置服务器的硬件设备。只是机柜的前后左右有门，机架则是开放的，一般情况下机柜与机架是不作区别的。因此，“机架式服务器”和“机柜式服务器”都是指安装尺寸符合机架安装标准，带有机架安装附件（导轨等）的服务器。机架式服务器有多种规格，例如1U（44.45mm高）、2U、4U、6U、8U等。通常1U的机架式服务器最节省空间，但性能和可扩展性较差，适合一些业务相对固定的使用领域。4U以上的产品性能较高，可扩展性好，一般支持4个以上的高性能处理器和大量的标准热插拔部件，管理也十分方便，厂商通常提供相应的管理和监控工具，适合大访问量的关键应用，但体积较大，空间利用率不高。通过机柜安装服务器可以使管理、布线更为方便整洁，也可以使服务器和其他网络设备的连接更加便捷（见图2—3）。

图2—3 机柜式服务器

• 刀片式服务器。

刀片式服务器是一种高可用高密度（high availability high density，HAHD）

的低成本服务器平台，每一块“刀片”都是一块系统母板，类似于一个独立的服务器，每一块母板都运行自己的系统，服务于指定的不同用户群，相互之间没有关联，不过可以使用系统软件将这些母板集合成一个服务器集群。在集群模式下，所有的母板可以连接起来提供高速的网络环境，提供共享资源，为相同的用户群服务。刀片式服务器的最大好处是密度高，节省空间，并且灵活性好（见图2—4、图2—5）。

图 2—4　单个刀片式服务器单元

图 2—5　安装在机柜中的刀片式服务器

（二）集线器

集线器俗称 HUB，就是中心、主干的意思，是各分支的汇集点。因此，顾名思义，集线器可以理解为将网线集中到一个中心的机器，由此将多台主机和其他设备连接到一起，实现对网络的集中管理，并对接收到的信号进行同步放大和中转，以扩大网络的传输距离。它工作在 OSI 参考模型的物理层（见图 2—6）。

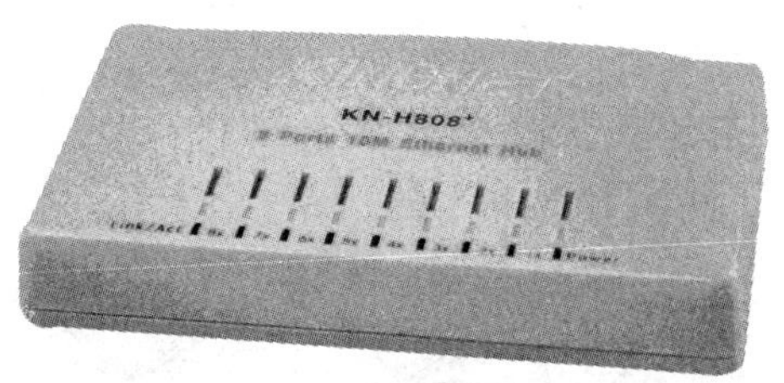

图 2—6 集线器

集线器本身不能识别目的地址。它把一个端口接收的信号向所有端口分发，也就是说集线器的某个端口工作的时候，其他所有端口都能够收听到信息，并通过验证数据包头的地址信息来判断是不是发给自己的数据包，如果是发给自己的数据包，则收下并做出响应，如果不是发给自己的数据包，则不予理会，自动丢弃该数据包。通常把集线器的这种工作模式叫做广播。在广播工作模式下，多个端口同时共享网络带宽，同一时刻网络上只能传输一组数据包，如果有两组以上的数据包在同时发送，那么将会发生碰撞，导致失败而都要被重新发送。

为了便于理解，可以打一个比方：20 世纪八九十年代初期的高校，学生宿舍没有电话。每次有家长来看望自己的子女，只能在宿舍楼下喊自己孩子的名字，例如："萧红，妈妈来看你来了。"假设家长为了省力，叫子女时，都拿个喇叭，这一喊，整幢宿舍楼的同学都听见了（广播）。被叫的同学听到以后就赶紧来到楼下（响应），其他同学听见不是找自己的，就不予理会（丢弃数据包）。如果另外一位同学的家长恰巧也来看自己的子女，同时在楼下喊自己孩子的名字，那么整幢楼的人都听不清在喊谁了（冲突）。

假设有 A、B、C、D、E 五台主机通过一台集线器相连。这时主机 B 向主机 A 发送一条数据，内容为"主机 A 在哪"，那么主机 A、主机 C、主机 D、主机 E 都将收到这个信息。主机 C、D、E 收到这个数据包以后，检查发现不是发给自己的信息，便不接收该信息，直接将其丢弃，只有主机 A 将该数据包收下，并做出回应："主机 A 在这。"

在集线器的这种广播工作模式下，因为所有端口都能收到数据包，因此安全性很差。当校园网中的某个网络设备或某个工作站的网卡损坏后，集线器会不停地发送数据包，还会产生广播风暴，使网络通信陷于瘫痪（见图 2—7）。

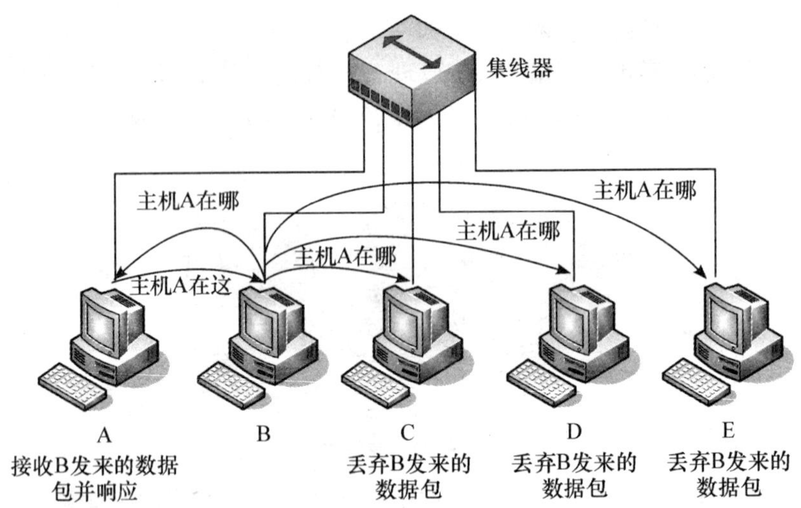

图 2—7　集线器工作原理图

此外，在计算机网络中，集线器是一种共享设备，若有 N 个端口，那么这 N 个端口将共享该网络带宽，每个端口得到的带宽相当于只有总带宽的 1/N。例如，在宿舍中，4 位同学通过一个集线器上网，网络带宽是 1Mbps，那么就是 4 位同学共享 1Mbps 的网络带宽，相当于每位同学使用的平均带宽是 0. 25Mbps。

一般来说，集线器多用于校园网内小型局域网组网，例如宿舍内几位同学的计算机连接成的局域网。目前主流集线器主要有 8 口、16 口和 24 口等，有的集线器还会有一个 uplink 端口，专门用来连接其他网络设备，如交换机、路由器。

随着技术的发展带来交换机的价格逐渐下降，集线器的整体性价比越来越低，用得越来越少了。

（三）交换机

1. 交换机概述

交换机（见图 2—8）一般用如图 2—9 所示的几种符号表示。

图 2—8　交换机

图 2—9　交换机表示符号

1990 年，交换机问世，俗称 switch。交换概念的提出是对集线器共享工作模式的改进。和集线器一样，交换机也是一种在通信系统中完成信息交换功能的设备，它工作在 OSI 参考模型的数据链路层。和集线器不同，交换机的工作方式不再是广播，而是实现个性化的单播。也就是说，在同一时刻，多个端口对之间都可以进行数据传输。每一端口都作为独立的网段，连接在其上的网络设备之间不再需要竞争使用共享的带宽资源，每个设备都独占全部的带宽。

假设主机 A、B、C、D、E 通过 10Mbps 的交换机相连。当主机 B 向主机 A 发送数据包时，主机 D 可同时向主机 E 发送数据包，不再会发生碰撞冲突，并且这两个传输都享有网络的全部带宽 10Mbps。该交换机这时的总流通量就等于 2×10Mbps = 20Mbps。也就是说，用户在通信时是独占而不是和其他网络用户共享传输媒体的带宽，因此，扩充了系统的容量（见图 2—10）。

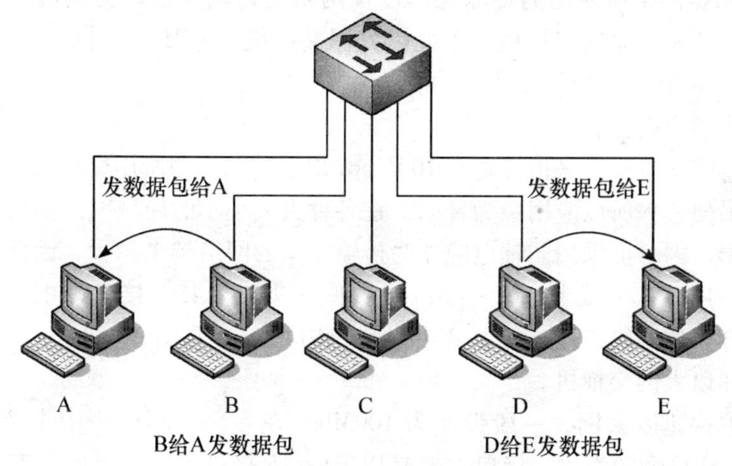

图 2—10　交换机工作原理

在交换机内，具有一条很高带宽的背部总线和内部交换矩阵。交换矩阵是交换机的核心。交换机的所有的端口都和这条背部总线相连接。当交换机收到数据包以后，会自动查找地址表，以确定目的 MAC 地址，即网卡的硬件地址，来判断具有该 MAC 地址的网卡连接在哪个端口上，然后迅速将数据包转发给目的端口。在数据包的“始发者”和“目标接收者”之间建立一条临时交换的路径，使得数据包可以从“始发者”直接到达“目标接收者”。若地址表中找不到相应的目的 MAC 地址，交换机会进行广播来查找，此时，该网段内的所有主机都将收到该广播数据包，除了目的主机做出回应外，其他主机都会自动将该数据包丢弃。交换机接收到相应端口的回应后，将新地址加入自己的地址表中。

2. 交换机的分类

(1) 根据交换机端口结构来进行划分，一般分为固定端口交换机和模块化交换机两种。

顾名思义，固定端口交换机就是它所带的端口是固定的，常见的有 4 端口，8 端口，16 端口，24 端口等，不具备扩展功能。8 端口交换机只能有 8 个端口，24 端口交换机只能有 24 个端口，不能再添加。目前这种固定端口的交换机价格便宜，主要应用于学生机房、实验室或者办公室组成的小型局域网。

模块化交换机具有不同数量、不同速率、不同接口类型的模块供用户选择，以适应不同用户、不同网络的需求，因此，具有很强的灵活性和可扩展性，价格要比固定端口交换机昂贵得多，一般应用于大中型校园网。

(2) 根据网络所使用的传输媒体以及网络的传输速度，交换机可分为以太网交换机、快速以太网交换机、千兆以太网交换机、ATM 交换机、FDDI 交换机和令牌环交换机。

• 以太网交换机。

以太网交换机一般是指带宽在 100Mbps 以下的以太网所用交换机，因为目前它的价格最便宜，所以应用最为普遍，在各种大大小小的局域网内都可以见到它工作的身影。因目前采用同轴电缆作为传输媒体的网络越来越少，因此，交换机很少全部采用 BNC① 或者 AUI② 接口，一般是以 RJ－45③ 接口为主，同时兼顾同轴电缆介质的网络连接，配上 BNC 或者 AUI 接口（见图 2—11）。

• 快速以太网交换机。

这里的快速以太网，一般带宽为 100Mbps 左右，实际应用中主要是以 10/100Mbps 自适应型的为主，接口主要是以 RJ－45 接口为主，有的留有少数的光纤接口。

• 千兆以太网交换机。

千兆以太网，也叫“吉比特（GB）以太网”，它的带宽最高可达 1 000Mbps，

---

① BNC，全称是 Bayonet Nut Connector，翻译成中文是刺刀螺母连接器，是细同轴电缆的接口。

② AUI 端口是用来与粗同轴电缆连接的接口。

③ RJ－45 通常用于数据传输，共由八芯组成，最常见的应用为网卡接口。RJ－45 接头俗称水晶头。

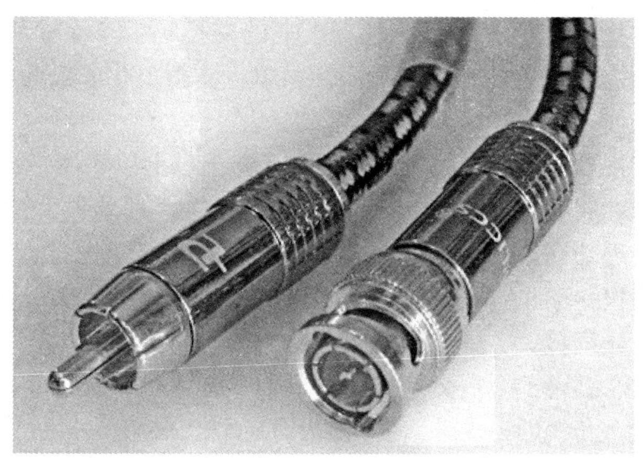

图 2—11　BNC 接口

一般用于大型网络的骨干网段，因此，千兆以太网交换机的接口有 RJ-45 接口和光纤接口两种。

- ATM 交换机。

ATM 交换机主要用于 ATM 网络中，在普通局域网中应用很少，ATM 交换机在市场上也很少看到。它的接口类型一般有两种：以太网 RJ-45 接口和光纤接口，适合与不同类型的网络互联。

- FDDI 交换机。

FDDI 交换机目前用于老式中、小型校园网的快速数据交换网络中，它的接口都为光纤接口。随着快速以太网技术的飞速发展，FDDI 技术逐渐退出了历史舞台，因此，FDDI 交换机也逐渐退出了市场。

- 令牌环交换机。

令牌环交换机主要应用于令牌环网络，目前带宽 100Mbps 左右，由于令牌环网逐渐淡出市场，纯令牌环交换机在市场上也很少见了。

（3）从广义上来看，根据网络所覆盖的网络类型，交换机可以分为两种：广域网交换机和局域网交换机。

顾名思义，广域网交换机主要应用于广域网络，如广域网接入，为电信领域提供通信用的基础平台。

局域网交换机在生活中很是常见，应用于局域网络，一般用于连接终端设备，如工作站、服务器、集线器、网络打印机等网络设备。

（4）根据交换机的应用规模，分为企业级交换机、部门级交换机和工作组级交换机。

对于此类别的划分，目前还没有一个明确的标准，因每个厂商的划分尺度不同而不同。通常认为支持500个信息点以上的交换机属于企业级交换机；支持100～300个信息点的交换机属于部门级交换机；支持100个信息点以内的交换机属于工作组级交换机。

企业级交换机属于高端交换机，一般用于千兆以上以太网，采用的端口都是光纤接口，无论在带宽、传输速率还是背板容量上，都要比普通交换机高出许多，具有网络管理功能。

部门级交换机一般也作为主干交换机，主要面向中型网络，接口是RJ－45接口，同时带有光纤接口，具有网络管理功能。

工作组级交换机属于低端交换机，用于小型局域网（如一个办公室内的局域网），一般用来替代传统的集线器。它一般为固定配置，配有一定数目的10BASE-T①或100BASE-TX②的以太网口，如8端口、16端口等，接口通常都是RJ－45接口。

（5）根据交换机工作协议层，可以划分为二层交换机、三层交换机和四层交换机。

根据OSI参考模型，网络设备都工作在这一模型中相应的网络层次上，顾名思义，二层交换机对应于OSI参考模型的第二层——数据链路层，依赖链路层中的信息（如MAC地址）完成不同端口间数据的线速交换。二层交换机是最初的数据交换产品，它功能简单，主要包括物理编址、错误校验、帧序列以及数据流控制等，但是价格便宜，又符合中小型局域网的功能需求，目前二层交换机主要用于中小型的局域网络。

三层交换机工作在OSI参考模型的第三层——网络层，比二层交换机功能强大，且具有路由功能，它最重要的功能是加快大型局域网络内部数据的快速转发，加入路由功能也是为这个目的服务的。它支持虚拟局域网（Virtual local area network，VLAN）技术，以减少广播风暴。端口通常是灵活配置端口，即模块化结构，主要应用于大中型网络。一般来说，在内网数据流量大，要求快速转发响应的网络中，如果由三层交换机来做全部工作，会造成三层交换机负担过重，响应速度受影响，但如果网间的路由工作交给路由器去完成，就能够充分发挥不同设备的优点，这是个不错的选择。

四层交换机工作于OSI参考模型的第四层——运输层，直接面对具体应用，支持多种协议，如HTTP、FTP、telnet、SSL等。

---

① 10BASE-T：10表示数据的传输速率是10Mbps，BASE表示基带传输，T表示采用双绞线，线缆最大长度是100m。

② 100BASE-TX：使用的是两对阻抗为100Ω的5类非屏蔽双绞线，最大传输距离是100m。其中一对用于发送数据，另一对用于接收数据。

3. 交换机的数据交换方式

目前交换机在传送数据包时通常采用以下三种数据包交换方式：存储转发式、直通式和碎片隔离式。碎片隔离式实际上是对“直通式”数据交换的变形。存储转发式和直通式数据交换都是基于目的 MAC 地址的转发策略，它们之间的最大不同在于转发时间的不同，也就是何时去转发的问题，或者说是交换机如何去处理数据包的接收进程和转发进程的关系问题。

（1）存储转发式（store and forward）。

存储转发式是一种传统的数据包转发方式，也是计算机网络领域使用最早、应用最为广泛的方式。假设有一个数据帧[①]（见图 2—12），数据按照从左到右的顺序进入交换机，这时，交换机启动接收进程如图 2—13 所示。

……	目的地址字段	源地址字段	……	帧检验序列 FCS	……

图 2—12　数据帧样例

接收数据帧的第一个 bit，把它自动缓存起来。 接收数据帧的第二个 bit，把它自动缓存起来。 …… 接收好目的地址字段，把它都自动缓存起来。 接收好源地址字段，把它都自动缓存起来。 …… 接收帧检验序列 FCS，这时，交换机开始进行错误校验，把已经接收到的数据进行 CRC（循环冗余码校验）计算，计算出来的结果同接收到的 CRC 字段的值进行比较，如果两者相同，则说明数据没有被损坏，如果不同，说明数据已经被损坏。 对错误的数据包进行处理，如丢弃……

图 2—13　交换机采用存储转发方式接收数据帧流程

交换机全部收取一个数据帧，并判断没有损坏后，就取出数据帧的目的地址，启动转发进程（见图 2—14）。

判断目的 MAC 地址是否在交换机的 MAC 地址表中； 如果在，根据地址表，将该数据帧转发到相应的端口； 如果不在，广播到所有的端口。

图 2—14　交换机采用存储转发方式转发数据帧流程

---

①　帧英文为 frame，包英文为 packet。在局域网里，“包”是包含在帧里的。二者关系好似在邮局邮寄产品，产品包装盒相当于数据包，邮局指定的专用纸箱为数据帧。

从这个过程可以看出，存储转发技术所能提供的接收转发服务很完善，它要求交换机在接收了全部数据包后再决定如何转发。这样一来，交换机可以在转发之前检查数据包的完整性和正确性，不会有残缺数据包转发，这个过程有利于网络性能的提高。但是也要看到，存储转发有一个致命的弱点就是速度问题。转发帧的时候先存储，进行处理之后才能放到转发队列中，这样烦琐的过程会影响响应速度，也就造成了高时延的现象。

（2）直通式（cut through）。

为了解决存储转发的高时延问题，直通转发方式应运而生。前面已经讨论过，二层交换机的转发策略是基于 MAC 地址的，更具体地说是基于目的 MAC（DMAC）的。因此，交换机没有必要等一个完整的帧收取之后再转发，理论上最快只需要等收到目的 MAC 之后就可以开启转发进程，这样就可以大大缩短时延，提高转发速度。

还以图 2—12 所示的那个数据帧为例。交换机检测数据帧的帧头，启动接收进程（见图 2—15）。

接收数据帧的第一个 bit。 接收数据帧的第二个 bit。 …… 接收好目的地址字段。 交换机启动转发进程。 判断目的 MAC 地址是否在交换机的 MAC 地址表中。 如果在，根据地址表，将该数据帧转发到相应的端口。 如果不在，广播到所有的端口。 边接收边转发。

图 2—15　交换机采用直通式处理数据帧流程

由此可见，交换机只检查数据帧的帧头，一旦解读到数据帧目的地址，就启动转发进程查找转发表，找到相应的输出端口，就开始向目的端口发送数据帧，把数据帧直通到相应的端口，实现交换功能。

通常理论上，交换机在接收到数据帧的前 6 个字节时，就已经知道目的地址，从而可以决定向哪个端口转发这个数据帧。因不需要存储，所以时延小、交换速度快，提高了网络的整体吞吐率。但是，因为交换机是边接收边转发，数据帧内容并没有被以太网交换机进行缓存而保存下来，所以无法检查所传送的数据帧的正确性，不能提供错误检测能力。这样，在通信质量不高的环境下，交换机会转发所有正确的数据帧和错误的数据帧，会给整个交换网络带来许多垃圾帧，交换机会被误解为发生了广播风暴，而且容易造成数据帧丢失。

因此，直通式数据交换适用于网络链路质量比较好、错误数据帧较少的网络环境。

（3）碎片隔离式（fragment free）。

这是介于直通式和存储转发式之间的一种数据交换解决方案，也叫做“无碎片转发”。实际上，这种转发方式是和直通转发一样的，是直通转发的一种变形，只是比直通转发收取了更多的信息之后再进行转发。它在转发前先检查数据帧的长度是否够 64 个字节（512 bit），也就是收取 64 字节后才开始转发。如果小于 64 字节，说明数据帧不完整，是残帧，也可以叫假包，则丢弃该数据帧；如果大于等于 64 字节，则发送该数据帧。由此避免了残帧在网络中转发，减少了转发出错的几率，很大程度上提高了网络的传输效率。该方式的数据处理速度比存储转发方式快，但比直通式慢，一般被广泛应用于低档交换机中。

细心的读者可能会问，为什么要把 64 字节当做一个“坎”呢？

因为，以太网取 51.2μs 为争用期①长度，对于 10Mbps 以太网，在争用期内可发送 512bit，即 64 字节。因此，以太网在发送数据时，如果前 64 字节没有发生冲突，那么后续的数据就不可能发生冲突。故以太网中，最短有效帧为 64 字节。通常认为，在一个设计正确的网络中，冲突会在发送方发送 64 个字节之前被发现，当出现冲突之后发送方会停止继续发送。凡长度小于 64 字节的帧都是由于冲突而异常中止的无效帧。虽然这一段小于 64 字节的不完整帧已经被发送出去了，但它是没有意义的，所以在检查前 64 字节的时候就可以把这些“碎片”帧删除掉，这也是“无碎片转发”名字的由来。

不过，由于现在网络速度的日益加快和内部 CPU 处理能力的不断增强，直通式和碎片隔离式的速度优势已经不那么明显了，但它们在检验错误上的弱点却逐渐凸显。

（四）路由器

1. 路由器概述

为了解决远程的、不同网段的互联互通，20 世纪 80 年代中期 Cisco 推出了业界第一台路由器。进入 20 世纪 90 年代后，随着技术的发展，计算机越来越普及，网络技术迅速崛起，各单位内部网络越来越庞大，这些变化直接导致了交换

---

① 最先发送数据帧的站，在发送数据帧后至多经过多长时间就可知道发送的数据帧是否遭受了碰撞，这个时间叫做争用期，通常取端到端的往返时延。

机的出现、路由器的升级换代以及路由器和交换机的融合。现在，路由器是网络中进行网间连接的核心设备和枢纽，路由器系统构成了校园网的骨架。那么什么是路由器？首先来看看什么是路由。

所谓路由，就是通过网络，选择一条合适的路径，把数据从一个地方传送到另外一个地方。路由器，顾名思义，就是执行路由的机器。在路由过程中，数据会经过一个或多个中间节点，中间节点能将不同网络或网段之间的数据信息进行“翻译”，使它们能够相互“读懂”对方的数据，从而构成一个更大的网络，而各互联子网仍保持各自独立，每个子网可以采用不同的拓扑结构、传输媒体和网络协议，网络结构层次分明。还有的路由器具有 VLAN 管理功能。通过路由器与互联网相连，则可完全屏蔽公司内部网络，起到一个防火墙的作用，因此使用路由器上网还可确保内部网络的安全。

路由器的表示符号如图 2—16 所示。

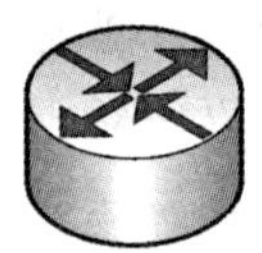

图 2—16　路由器的表示符号

可以这样理解，网络的传输线路是一条公路，组成互联网的各个局域网络相当于分布于公路上的各个城市，在这条信息公路上，跑的车辆就是信息或者数据包，假设所有的车辆去哪里都必须由警察来安排，那么路由器就是守卫在公路上和城市大门口的交通警察，它负责在公路上为车辆指引道路，以及在大门口安排车辆进出。说得通俗些，路由器就是告诉数据包如何走才能到达目的地。当面临多个选择时，也会告诉数据包走哪条路代价最小，当一条路上出现交通事故或者堵车的时候，它会根据当时的情况，自动给数据包再选择一条最优的道路。因此，路由器在网络中具有举足轻重的地位，它的处理速度是网络通信的主要瓶颈之一，它的可靠性则直接影响着网络互联的质量。路由器和集线器、交换机不同，它工作在网络层，能够跨越不同的物理网络类型，如以太网、FDDI 等，能够支持各种局域网、广域网接口，实现不同网络相互通信。此外，它能够在逻辑上将整个互联网络分割成独立的网络单位，使网络具有一定的逻辑结构。

因此，路由器的一个作用是连通不同的网络，另一个作用是选择信息传送的线路。它选择通畅快捷的近路，大大提高通信速度，减轻网络系统通信负荷，节约网络系统资源，提高网络系统畅通率，从而让网络系统发挥出更大的效益来。

为了完成“路由”的工作，在路由器中保存着各种传输路径的相关数据信息，叫做路由表（routing table），供路由选择时使用。路由表中保存着子网的标志信息、网上路由器的个数和下一个路由器的名字等内容。路由表可以是由系统管理员固定设置好的，也可以由系统动态修改；可以由路由器自动调整，也可以由主机控制。路由表既可以是静态的，也可以是动态的，即存在静态路由表和动态路由表两种。由系统管理员事先设置好的固定的路由表称之为静态（static）路由表，一般是在系统安装时就根据网络的配置情况预先设定的，它不会随未来网络拓扑结构的改变而改变。路由器根据网络系统的运行情况而自动调整的路由表，叫做动态（dynamic）路由表。路由器根据路由选择协议（routing protocol）提供的功能，自动学习和记忆网络运行情况，在需要时自动计算数据传输的最佳路径。此外，路由器还具有包过滤、网络管理等功能，如配置管理、性能管理、容错管理、流量控制等。

2. 三层交换机与路由器

三层交换机也具有“路由”功能，与传统路由器的路由总体功能是一致的，但是三层交换机与路由器在本质上区别还是很大的。

（1）功能定位不同。

三层交换机通常具有两种功能，即数据交换和路由转发，主要功能还是数据交换。

路由器只具有路由转发的功能，不具备数据交换的功能，主要功能是路由选择，而且功能非常强大。尽管有些宽带路由器提供了交换机端口、硬件防火墙等功能，但这些只不过是附加功能，其目的是使设备适用面更广、实用性更强而已。

（2）适用环境不同。

三层交换机主要服务的对象是大中型局域网，以提供快速的数据交换，来满足局域网数据交换频繁的应用要求，通常只具备同类型的局域网接口。

路由器的主要服务对象是互联网，它最初就是为了满足不同类型的网络连接而设计的，例如不同局域网直接的互联，局域网与广域网之间的互联，使用不同协议的网络之间的互联等。它的路由功能非常强大，接口类型也非常丰富。

实际上，如果把路由器，尤其是高档路由器用于局域网中，从某种程度上说，是对其强大路由功能的浪费，而且还不能很好地满足局域网通信性能需求，影响子网间的正常通信。

（3）数据包交换的技术不同。

路由器和三层交换机在数据包交换操作的具体技术上存在着明显区别。

三层交换机通过硬件执行数据包交换，数据包转发效率高，成本低。

路由器一般由基于微处理器的软件路由引擎执行数据包交换，实现复杂，转发效率低。

综上所述，在局域网中进行多子网连接，特别是在不同子网数据交换频繁的环境中，最好选用三层交换机。一方面可以确保子网间的通信性能需求，另一方面省去了另外购买交换机的投资。如果子网间的通信不是很频繁，采用路由器也可以，具体要根据实际需求来定。

（五）防火墙

1. 防火墙概述

说到防火墙，大家马上可能会想到天网防火墙，诺顿防火墙等。没错，这些都是防火墙，通常称之为软件防火墙。还有一种防火墙，是相对于软件防火墙而言的，叫做硬件防火墙（见图 2—17）。无论是软件防火墙还是硬件防火墙，实际上都是一种数据隔离技术，提供了一种将内网和外网分开的方法，在其界面上构建了一个保护屏障，从而在两个网络通信时，执行一种访问控制尺度。这种尺度可以是“允许”，也可以是“拒绝”。根据用户的设置，能够让你“允许”的人和数据进入你的网络，同时将你“拒绝”的人和数据拒之门外，最大限度地阻止网络中的黑客来访问你的网络，保护内部网络免受非法用户的侵害。通常认为，防火墙内的网络是安全的，可信赖的，防火墙外的网络是不安全的，不可信赖的。在网络的世界里，要由防火墙过滤的就是承载通信数据的数据包。

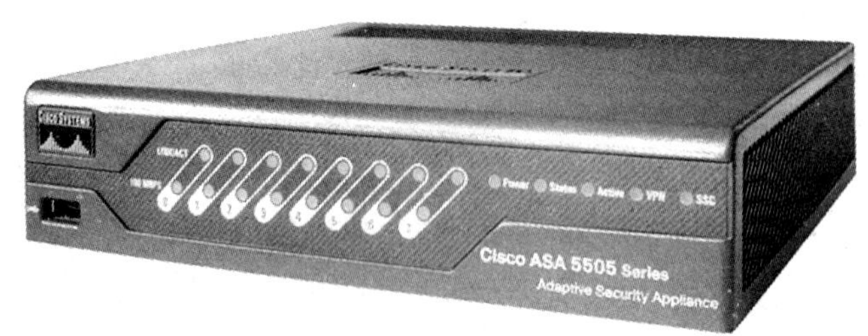

图 2—17　硬件防火墙

硬件防火墙的表示符号如图 2—18 所示。

图 2—18　硬件防火墙表示符号

防火墙具有很好的保护作用，是网络安全的屏障。外来者必须首先穿越防火墙的安全防线，才能接触内部网络，接触到目标计算机。首先，防火墙可以对流经它的网络通信进行扫描，只有经过精心选择的服务才能通过防火墙，一些不安全的服务被滤掉，以此来降低风险；其次，它可以对端口进行设定，禁止特定端口的流出通信，关闭不使用的端口，封锁特洛伊木马；最后，它还可以禁止来自特殊站点的访问，防止来自不明入侵者的所有通信，从而大大提高一个内部网络的安全性。

用户可以根据自己的需要，将防火墙配置成不同的保护级别，一般分为高级、中级、低级三个档次。对于大多数用户而言，推荐将防火墙设置成中级即可，尽量不要设置成低级，低级提供的保护最小。高级提供的保护最大，一般用在安全情况复杂的网络环境中。但是，高级别的保护可能会禁止一些服务，如视频流，用户可以根据自己的需要选择合适的保护级别。

2. 防火墙的发展史

（1）根据防火墙功能的不断完善以及采用的技术，防火墙的发展可分为如下六个阶段：

- 第一代防火墙。

20 世纪 80 年代末，出现第一代防火墙技术，当时的防火墙采用包过滤（packet filter）技术，防火墙功能的实现依附于路由器的包过滤功能。随着网络安全重要性和性能要求的提高，防火墙渐渐发展为一个有独立结构、专门功能的设备。

- 第二代防火墙。

1989 年，贝尔实验室推出了第二代防火墙，即电路层防火墙。

- 第三代防火墙。

20 世纪 90 年代初，贝尔实验室提出了第三代防火墙——应用层防火墙（也叫代理防火墙）的初步结构。

- 第四代防火墙 。

1992 年，美国南加州大学信息科学院开发出了基于动态包过滤技术的第四代防火墙。1994 年，以色列的 CheckPoint 公司开发出了第一个采用这种技术的商业化的产品。

- 第五代防火墙。

1998 年，NAI 公司推出了一种自适应代理技术，并在其产品 gauntlet firewall for NT 中得以实现，即第五代防火墙。

- 一体化安全网关 UTM。

UTM 是 unified threat management 的缩写，中文翻译为统一威胁管理，是将防病毒、入侵检测和防火墙安全设备划归统一威胁管理。随着万兆 UTM 的出现，UTM 代替防火墙的趋势不可逆转。

（2）根据防火墙功能的实现方式划分，可分为如下四个阶段：

- 第一代防火墙：基于路由器的防火墙。

由于多数路由器本身就包含分组过滤功能，因此网络访问控制可通过路由控制来实现，从而使具有分组过滤功能的路由器成为第一代防火墙产品。

- 第二代防火墙：用户化的防火墙。

第二代防火墙将过滤功能从路由器中独立出来，加上审计和告警功能，并针对用户需求，提供模块化的软件包，是纯软件产品。

- 第三代防火墙：建立在通用操作系统上的防火墙。

近年来在市场上广泛使用的就是这一代产品，包括分组过滤和代理功能。第三代防火墙有以纯软件实现的，也有以硬件方式实现的。

- 第四代防火墙：具有安全操作系统的防火墙。

具有安全操作系统的防火墙本身就是一个操作系统，因而在安全性上得到提高。

三、校园网的传输媒体

校园网的传输媒体很多，通常分成两大类，一类是导向传输媒体，另外一类是非导向传输媒体。双绞线、同轴电缆、光纤属于导向传输媒体。无线电波，卫星等属于非导向传输媒体。由于本书只讨论有线网络，因此本节相应地只讨论导向传输媒体。

（一）双绞线

1. 双绞线概述

双绞线，大家最熟悉不过了，通常把它叫做网线。网线其实是不严密的说法，它的学名叫做双绞线（见图 2—19）。它是 19 世纪 70 年代由于电话的出现而发明的，之后作为计算机网络的传输线延续使用至今。

图 2—19　双绞线外观

每条双绞线最外面可以看见的部分，是绝缘套管。剖开绝缘套管，可以看到里面是四对绝缘线缆，共有八芯，两两按照一定的规格和密度互相扭绞在一起（见图 2—20）。不同线对具有不同的扭绞长度，一般来说，扭线越密其抗干扰能力越强。

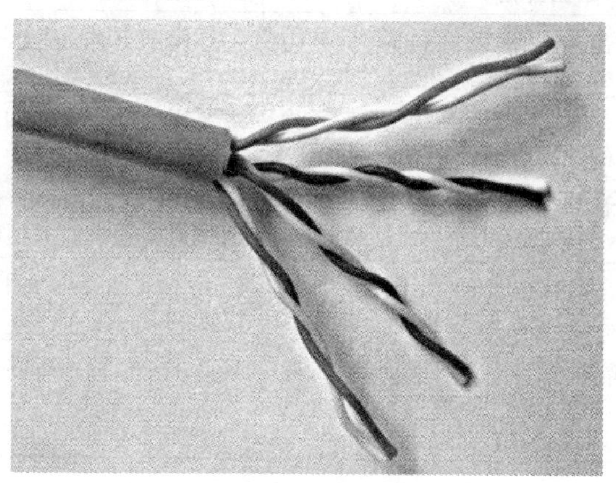

图 2—20　双绞线八条芯线

那么为什么要将线对扭绞在一起呢？

因为双绞线线对中的两条铜线电性能完全相同，保持了平衡。如果外界电磁信号在两条导线上产生的干扰大小相等而相位相反，那么导线扭绞在一起可以抵消相互之间的辐射，降低噪声的干扰，双绞线的名字也就由此而来。

双绞线在传输距离、信道宽度和数据传输速度等方面均受到一定限制，但价格较为低廉。目前，双绞线是综合布线工程中最常用的一种传输媒体。

2. 双绞线的规格型号

美国电子工业协会和美国电信工业协会（EIA/TIA）① 按电气性能，为双绞线定义了如下几种规格：一类线、二类线、三类线、四类线、五类线、超五类线、六类线，前者线径细而后者线径粗。原则上数字越大，版本越新，技术越先进，带宽越宽，价格也越贵（见表2—2）。

在为局域网选购双绞线时，一般选购五类或超五类线，目前，三、四类双绞线已经退出了历史舞台，市场上很少见到了。五类双绞线是大众用户使用的主流，能满足现在流行的100Mbps的以太网。超五类双绞线主要用于千兆网上，现在普通局域网中用得也越来越多，价格方面比五类线稍贵一点。六类线一般用于ATM网络中。

表2—2　　双绞线的规格型号

线缆规格	特点/用途	应用范围
一类线	用于语音传输。	20世纪80年代之前的电话线缆。
二类线	用于语音传输和最高传输速率为4Mbps的数据传输。	常见于使用4Mbps规范令牌传递协议的旧的令牌网。
三类线	用于语音传输和最高传输速率为10Mbps的数据传输。	主要用于10BASE-T。
四类线	用于语音传输和最高传输速率为16Mbps的数据传输。	主要用于基于令牌的局域网与10BASE-T和100BASE-T网络。
五类线	用于语音传输和最高传输速率为100Mbps的数据传输。	主要用于10BASE-T和100BASE-T网络。这是最常用的以太网电缆。
超五类线	衰减小，串扰少，信噪比高，时延误差小。	超五类线主要用于千兆位（1 000Mbps）以太网。
六类线	传输性能远远高于超五类标准，改善了在串扰以及回波损耗方面的性能。	最适用于传输速率高于1Gbps的网络。

① EIA是Electronic Industries Alliance的缩写，是美国电子工业协会。TIA是Telecommunications Industry Association的缩写，是美国电信工业协会。目前两个组织已经合并为EIA，成为一个贸易联盟，致力于标准化发展。

3. 双绞线的外观标志记号

从市场上买回的双绞线，可以看到最外层是一层聚氯乙烯的绝缘护套，一般是灰色、银灰色或者蓝色，上面印刷着双绞线的各种标志记号。认清这些标志记号对于组建网络、综合布线、正确选择不同类型的双绞线，或迅速定位故障会大有帮助的。目前，由于双绞线标志记号尚没有统一标准，因此，不同生产商生产的产品记号可能不同，但一般来说都包括以下一些信息：

（1）双绞线类型。

CAT 5：表示该线缆是五类线。

CAT 5E：表示该线缆是超五类线，也有直接用 chao 5 lei 或者 enhanced category 5 cable 表示的。

CAT 6：表示该线缆是六类线。

（2）认证机构。

• UL 表示双绞线满足美国保险商实验室（Underwriter Laboratories Inc.，UL）的标准要求。UL 成立于 1984 年，是一家非营利的独立组织，致力于产品的安全性测试和认证。

• CUL 表示双绞线满足 CUL 的标准要求。CUL 是用于在加拿大市场上流通产品的 UL 标志。具有此种标志的产品已经经过检定符合加拿大的安全标准，这些标准与 UL 标准大部分相同。

• CSA 表示双绞线满足加拿大标准协会（Canadian Standards Association，CSA）的标准要求。CSA 成立于 1919 年，是加拿大首家专为制订工业标准的非营利性机构。

• GS 表示双绞线满足德国安全（Germany Safety，GS）的标准要求。GS 是德国劳工部授权一些机构颁发的安全认证标志，也是被欧洲广大顾客接受的安全标志。通常 GS 认证的产品销售单价更高而且更加畅销。

• CE 表示双绞线满足欧洲统一（Conformite Europeenne，CE）的标准要求。CE 被视为制造商打开并进入欧洲市场的护照，凡是贴有“CE”标志的产品就可在欧盟各成员国内销售，从而实现了商品在欧盟成员国范围内的自由流通。

（3）防火等级。

这里以 UL 标准为例说明等级。UL 将防火等级分成如下五个级别：

• CMP。

CMP 表示增压级，这是 UL 防火标准中要求最高的电缆。

- CMR。

CMR 表示干线级，这是 UL 标准中商用级电缆。

- CM。

CM 表示商用级，这也是 UL 标准中商用级电缆。

- CMG。

CMG 表示通用级，这是 UL 标准中通用级电缆。

- CMX。

CMX 表示 UL 标准中家居级电缆。

电缆经过测试验证若符合 UL 某种防火等级，便可印上 UL 识别字、防火等级的字样。

（4）长度标志。

长度标志有两种表示方法：一种是表示生产这条双绞线时的长度点，可以找到双绞线的头部和尾部的长度标志相减后即可得出线缆的长度。另外一种是直接表示线缆的长度是多少，头部和尾部的长度标志是相同的数值。有的双绞线以 m（米）为单位，有的以 FT（英尺）为单位，1FT = 0.304 8m。

（5）生产日期。

生产日期通常采取三种表示法：一种用“月/日/年”的方式表示，例如 09/21/06 表示 2006 年 9 月 21 日，第二种直接采用“年/月/日”的方式表示，例如，2009/06/21 表示该双绞线的生产日期是 2009 年 6 月 21 日，第三种采用“哪一年第几个星期”的方式进行表示，例如 9850，表示 1998 年第 50 个星期生产的。

（6）双绞线的生产商和产品号码。

例如，AMP NETCONNECT 表示厂商，1061C +、E138034 1300 等指的是该双绞线的产品号。每个厂商生产的双绞线的产品号码差别很大。

此外，有些线缆通常还有如下标识：

4/24：说明这条双绞线是由 4 对 24 AWG 电线的线对所构成。铜电缆的直径通常用美国线规（American Wire Gauge，AWG）单位来衡量，AWG 数值越小，电线直径越大。通常使用的双绞线均是 24 AWG 。

UTP：说明该双绞线是非屏蔽双绞线。

下面我们来看两个例子，具体了解双绞线的外观标志记号。

[例 1] ANPUGUANGCAI LIANJIE DINLAN CT – 5E CABLE NETWORKING CABLE CAT 5E 4UTP CM 09/21/06 168M

- ANPUGUANGCAI LIANJIE DINLAN：表示该双绞线的生产厂商。
- CT－5E CABLE NETWORKING CABLE：表示该双绞线的型号。
- CAT 5E：表示该双绞线达到超五类标准。
- 4UTP：表示该线缆由 4 对非屏蔽双绞线构成。
- CM：表示防火耐烟等级。
- 09/21/06：表示该双绞线的生产时间是 2006 年 9 月 21 日。
- 168M：表示该双绞线的每卷长度是 168m。

［例 2］ AMP NETCONNECT 116E 4/24 AWG CM CUL VERIFIED UL CAT 5E 22600 FEET 9926

- AMP NETCONNECT：指的是该双绞线的生产厂商。
- 116E：指的是该双绞线的产品号。
- 4/24 AWG：说明这条双绞线是由 4 对 24 AWG 电线的线对所构成。
- CM：表示防火耐烟等级。
- CUL VERIFIED：表示双绞线符合加拿大的标准。
- UL：表示双绞线符合 UL 标准。
- CAT 5E：指该双绞线通过 UL 测试，达到超五类标准。
- 22600 FEET：表示生产这条双绞线时的长度点。
- 9926：表示该双绞线的生产日期是 1999 年第 26 个星期。

4. 双绞线的分类

双绞线可分为非屏蔽双绞线（unshielded twisted pair，UTP）和屏蔽双绞线（shielded twisted pair，STP）（见图 2—21、图 2—22）。

相对于非屏蔽双绞线，屏蔽双绞线电缆的外层包有一层屏蔽用的金属膜，一般采用铝铂，这样可以减少辐射，提高抗干扰性能，但并不能完全消除辐射。一般来说，屏蔽双绞线价格相对较高，安装时要比非屏蔽双绞线困难。

实际使用中，大多数局域网组网时，都采用非屏蔽双绞线。那为什么不采用屏蔽双绞线呢？

因为屏蔽双绞线要求整个系统全部都是屏蔽器件，包括电缆、插座、水晶头和配线架等，同时建筑物需要有良好的地线系统。但是在实际施工时，很难全部完美接地，这就使屏蔽层本身成为最大的干扰源，导致性能差，甚至远不如非屏蔽双绞线。所以，除非有特殊需要，在综合布线系统中通常只采用非屏蔽双绞线。

图 2—21　非屏蔽双绞线

图 2—22　屏蔽双绞线

非屏蔽双绞线具有以下优点：

（1）无屏蔽外套，直径小，重量轻，节省所占用的空间。

（2）易弯曲，易安装。

（3）将串扰减至最少或消除串扰。

（4）具有阻燃性。

（5）具有独立性和灵活性，适用于结构化综合布线。

目前双绞线主要品牌有安普（AMP）、朗讯（Lucent）、丽特（NORDX/CDT）、IBM 等。

5. 真假双绞线的分辨

目前，市场上出售的五类双绞线良莠不齐，双绞线里面 8 根导线，本应都是铜丝，但有的厂商为了降低成本，提高利润，采用的铜原料不纯，添加了其他的金属元素，甚至有的采用 4 根铜丝，4 根铁丝。这样的双绞线在布线后使用一段时间就会出现氧化，接触不良，断线等，另外还容易受到电线或通信线缆的干扰，对网络系统的性能会有非常大的影响。此外，使用期限也不同，正常情况下，真的双绞线使用期在 10 年以上，最长的使用时间能达到 25 年左右。但使用了假线的网络，在 1 到 2 年左右就会出现问题，使得网络经常中断。在布线中，也会因假线线材的柔韧性不良，导致双绞线拉断等情况发生。还有一些不良商家使用三类或四类线冒充五类线，技术人员在选择线材时要注意分辨。

那么如何辨别真假双绞线呢？

（1）观察外观。

一般来说，掺假后的双绞线比正常的明显要硬，不易弯曲，而正常的双绞线铜芯线径都达到或超过国际要求，线缆外观饱满，铜芯材质好，柔韧性好，外面的塑料皮弹性很大。把一段双绞线对折，如果能立即弹回，基本上就可以认定此双绞线为真品。

（2）高温测试。

将双绞线放在高温环境中测试一下，真的双绞线即使在 35℃ 至 40℃ 的高温下，外面的那层胶皮也不会变软，而假的却会变软。

（3）测试抗拉性。

为了保证连接的安全，真的双绞线电缆外包的胶皮具有较强的抗拉性，而假的却没有。

（4）测试抗燃性。

正常的双绞线外面的胶皮还具有抗燃性，而假的则不具有。

（二）同轴电缆

1. 同轴电缆概述

说起同轴电缆（coaxial cable）这个名字，大家也许会比较陌生，但是这种线缆在生活中却一直在使用，有线电视的线缆就是同轴电缆。同轴电缆也是局域网中最常见的传输媒体之一（见图 2—23）。

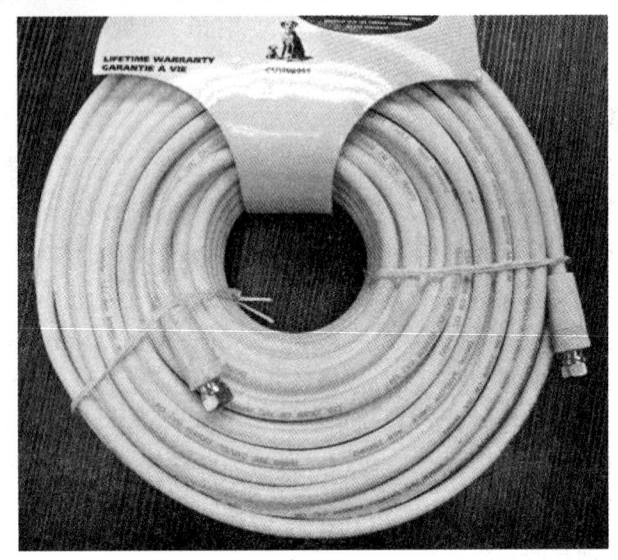

图 2—23　同轴电缆

同轴电缆的名称与它的结构是息息相关的。它采用双导体结构来传递数据，一个叫做内导体，采用铜线，一个叫做外导体，采用铜管，内外导体相互绝缘，外导体套在内导体外面，且外导体、内导体和屏蔽层共用同一轴心，也就是说内外导体是同心导体，整个电缆由聚氯乙烯或特氟纶材料的护套包住，所以叫做同轴电缆。电磁场封闭在内外导体之间，能够防止外部电磁波干扰。这样一来，辐射损耗小，受外界干扰影响小。

2. 同轴电缆的分类

（1）根据直径大小，同轴电缆可以分为：粗同轴电缆与细同轴电缆。

粗同轴电缆标准距离长，可靠性高，安装时不需要切断电缆，可以根据需要灵活调整计算机的入网位置，适用于比较大型的局域网。但粗同轴电缆网络必须安装收发器电缆，安装难度大，所以总体造价高。

细同轴电缆安装比较简单，造价低。但由于安装过程要切断电缆，电缆两头须装上 BNC 接头，然后接在 T 型连接器两端。这样一来，如果接头过多，就会给网络造成隐患，导致网络发生故障。

同轴电缆网络通常适用于机器密集的环境，但是当故障发生时，故障会串联影响到整根缆上的所有机器，故障的诊断和修复都很麻烦。目前同轴电缆基本上被非屏蔽双绞线或光缆所取代，采用同轴电缆作为传输媒体的网络正逐步退出历史舞台。

（2）根据特征阻抗，同轴电缆可以分为：50Ω 和 75Ω 的同轴电缆。

75Ω 同轴电缆，又叫宽带同轴电缆，屏蔽层通常是用铝冲压成的，特征阻抗为 75Ω，例如 RG－59，常用于有线电视网（community antenna television，CATV），故称为 CATV 电缆，传输带宽可达 1GHz，目前常用的 CATV 电缆的传输带宽为 750MHz。

50Ω 同轴电缆，主要用于基带信号传输，又叫基带同轴电缆，屏蔽线用铜做成网状，特征阻抗为 50Ω，例如 RG－8、RG－58 等，传输带宽为 1MHz～20MHz，总线型以太网就是使用 50Ω 同轴电缆的，在以太网中，50Ω 细同轴电缆的最大传输距离为 185m，粗同轴电缆可达 500m。

计算机网络一般选用 RG－8 以太网粗同轴电缆和 RG－58 以太网细同轴电缆，RG－59 用于电视系统。

（三）光纤

1. 光纤概述

光纤是光导纤维的简写，由前香港中文大学校长高锟发明，是一种利用光在玻璃或塑料纤维中的全反射原理而制成的光传导工具。由于光在光导纤维中的传导损耗比电在电线中的传导损耗低得多，因此光纤被用来进行长距离的信息传递。目前，它主要作为主干网络的传输媒体（见图 2—24）。

图 2—24　光导纤维

光纤传输具有如下优点：

（1）频带宽。

多模光纤的频带约几百兆赫，单模光纤频带可达 10GHz 以上。

（2）损耗低。

光导纤维的功率损耗非常低，相比于同轴电缆，只是同轴电缆功率损耗的亿分之一，而且其损耗几乎不随温度的改变而改变，不用担心因环境温度变化而造成干线电平的波动，这些都使其能传输的距离要远得多。

（3）直径小，重量轻。

光纤非常细，单模光纤纤芯直径一般为 8μm ~ 10μm，外径也只有 125μm，即使加上防水层、护套等，用 48 根光纤组成的光缆直径仍比较小。此外，光纤是玻璃纤维，比重小，这使得它还具有重量轻的特点，安装起来十分方便。

（4）抗干扰能力强。

光纤的基本成分是石英，具有只传光，不导电的特性。因而，在光纤中传输的光信号不受电磁场的影响，这对电磁干扰、工业干扰有很强的抵御能力，故在光纤中传输的信号不易被窃听，有利于保密。

（5）保真度高。

光纤传输通常不需要中继放大，故不会引入新的非线性失真，可实现高保真的传输信号。

（6）工作性能可靠。

光纤系统包含的设备数量少，使用寿命长，通常无故障工作时间可达 50 万 ~75 万小时。故一个设计良好、正确安装调试的光纤系统的工作性能是非常可靠的。

（7）成本不断下降。

石英来源十分丰富，故随着技术的进步，光纤成本势必进一步降低，而电缆（如双绞线、同轴电缆）所需的铜原料有限，价格会越来越高。因此，光纤传输在未来将占绝对优势。

2. 光纤与光缆

光纤与光缆两个名词通常会被混淆。多数光纤在使用前必须由几层保护结构包覆，微细的光纤封装在塑料护套中，使得它能够弯曲却不至于断裂，包覆后的缆线即被称为光缆。光纤外层的保护结构可防止周遭环境，如水、火、电击等对光纤的伤害。

光缆的中心是光传播的玻璃芯，又称纤芯。纤芯通常是由石英玻璃制成的横截面积很小的双层同心圆柱体，它质地脆，易断裂，因此需要外加保护层。芯外面包裹着一层折射率比芯低的玻璃封套，以使光纤保持在芯内，玻璃封套外面是一层薄的塑料外套，用来保护封套。光纤通常被扎成束，外面有外壳保护。

在多模光纤中，纤芯的直径是 15μm ~ 50μm，而单模光纤纤芯的直径为 8μm ~10μm。

3. 光纤的分类

（1）按最佳传输频率窗口，光纤可以分为常规型单模光纤和色散位移型单模光纤。

第一，常规型单模光纤。

常规型单模光纤最佳传输频率在 1 310nm 左右，这时光纤的材料色散和波导色散的大小正好相等，取值一正一负，从而总色散为 0。

第二，色散位移型光纤。

色散位移型光纤的传输频率最佳化在两个波长上，如：1 300nm 和 1 550nm。这种光纤可以对色散进行补偿，使光纤的零点色散从 1 300nm 处移动到 1 550nm 处，通常用在通信干线网络中。

（2）按折射率分布情况，光纤可以分为突变型光纤和渐变型光纤。

第一，突变型光纤。

光纤中心纤芯到玻璃包层的折射率是突变的。突变型光纤纤芯的折射率和保护层的折射率都是一个常数。在纤芯和保护层的交界面，折射率呈阶梯形变化。其成本低，模间色散高，适用于短途低速通信。单模光纤由于模间色散很小，所以单模光纤都采用突变型。

第二，渐变型光纤。

光纤中心纤芯到玻璃包层的折射率随着半径的增加逐渐变小，可使高模光按正弦形式传播，这能减少模间色散，提高光纤带宽，增加传输距离，但成本较高，现在的多模光纤多为渐变型光纤。纤芯折射率的变化近似于抛物线。

（3）按光在光纤中的传输模式，光纤可以分为单模光纤和多模光纤。

第一，单模光纤（single-mode fiber，SMF）。

单模光纤中心玻璃芯较细，芯径一般为 8μm ~ 10μm，甚至有的只有 4μm，在给定的工作波长上只能以单一模式传输，传输频带宽，传输容量大。因此，它的传输距离较长，适用于远程通信，对光源的谱宽和稳定性有较高的要求，即谱宽要窄，稳定性要好。一般单模光纤跳线用黄色表示，接头和保护套为蓝色（见图2—25）。

第二，多模光纤（multi-mode fiber，MMF）。

多模光纤的中心玻璃芯较粗，芯径一般为 15μm ~ 62. 5μm，大致与人的头发粗细相当，容许不同模式的光在一根光纤上传输，可使用较为廉价的耦合器及接线器。多模光纤传输的距离比较近，一般只有几公里。与单模光纤相比，多模光纤的传输性能较差。一般多模光纤跳线用橙色表示，也有的用灰色表示，接头和保护套用米色或者黑色（见图 2—26）。

图 2—25　单模光纤跳线

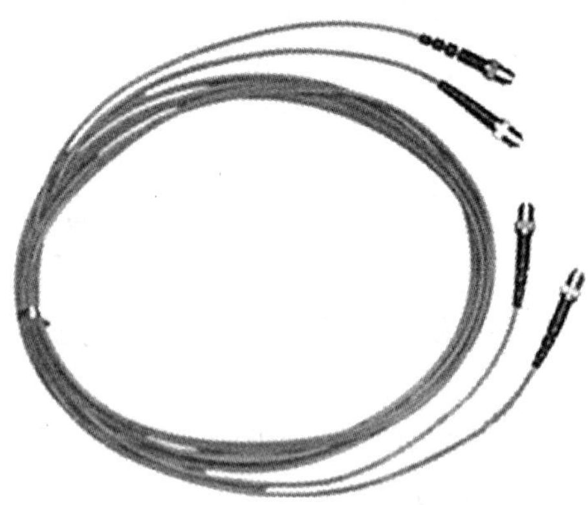

图 2—26　多模光纤跳线

4. 光纤跳线与规格

（1）光纤跳线。

光纤跳线也是光纤，是由一段经过加强外封装的光纤和两端已与光纤连接好的接头构成。两端接头的型号可以一样，也可以不一样，用来做从设备到光纤布线链路的跳接线。光纤跳线有较厚的保护层，一般用于光端机和终端盒之间的连接。由于光纤是单方向传输，即一根光纤只能单向地传输数据，如果在两台计算机之间连接光纤，那么必须至少是两根，一根用于发送数据，另外一根用于接收数据。

一般的光纤又分为 2 芯光纤、4 芯光纤、6 芯光纤、8 芯光纤等。2 芯光纤就是把两根光纤绑在一起做成一根，这是光纤传输媒体的最低要求，4 芯光纤、6 芯光纤、8 芯光纤同理，它们把更多的光纤绑在一起做成一根，可以连接到多个计算机。通常多芯的光纤并不直接连接到计算机的网卡上，而是连接到一种叫做光端机的设备上。光纤跳线两端光模块的收发波长必须一致，也就是说光纤的两端必须是相同波长的光模块，简单的区分方法是光模块的颜色要一致。

（2）光纤软跳线。

光纤软跳线也是光纤，和光纤跳线不同的是，一根光纤软跳线中只含有一根光纤，也就是说只能进行单向的数据传输，用来连接光端机和计算机上的网卡，一台计算机需要两根光纤软跳线，分别用于发送数据和接收数据。这样，同时使用多芯光纤和光纤软跳线，就可以把光纤和计算机连接起来。

光纤软跳线还可以作为交换机之间的连接线路，甚至可以不使用多芯光纤，而直接使用两根光纤软跳线代替 2 芯光纤，这样可以使网络的成本降低，但是网络线路出问题的可能性会变高。

（3）光纤接头类型。

光纤接头有很多种，不同的接头是早期不同企业开发形成的标准，使用效果一样，各有优缺点，常见的有 FC、ST、SC、LC。

第一，FC。

俗称圆头，带螺纹圆形头，有一螺帽拧到适配器上，优点是牢靠、防灰尘，缺点是安装时间稍长。这种接头在配线架上用得最多（见图 2—27）。

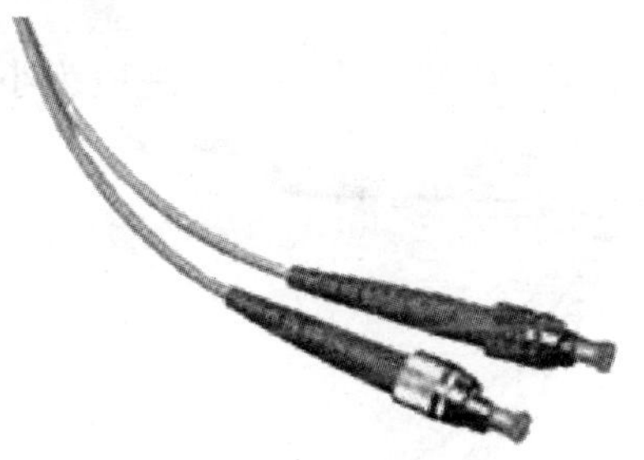

图 2—27　FC 接头

第二，ST。

卡接式圆形接头，插入后旋转半周有一卡口固定，缺点是容易折断（见图 2—28）。

第三，SC。

标准方形接头，10mm 左右，采用工程塑料，具有耐高温，不容易氧化的优点，且可以直接插拔，使用很方便，缺点是容易掉出来。这种接头类型在路由器和较老的交换机上用得最多（见图 2—29）。

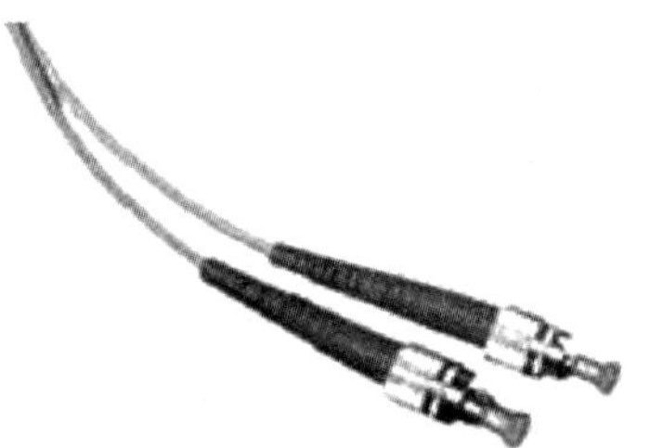

图 2—28　ST 接头

图 2—29　SC 接头

第四，LC。

与 SC 接头形状相似，较 SC 接头小一些，一般为小四方形，5mm 左右（见图 2—30）。

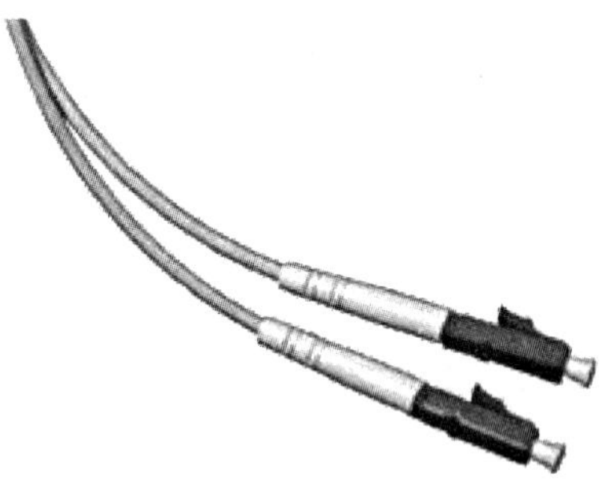

图 2—30　LC 接头

实际使用时，光纤两端既可以采用相同的光纤接头，也可以采用不同的光纤接头（见图 2—31）。例如，在 10BASE－F 网络中，光纤一端采用 ST 光纤接头，另一端采用 FC 光纤接头，用于光纤布线架。

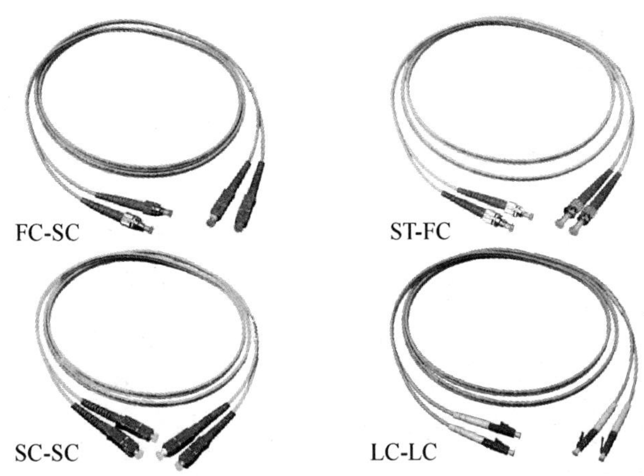

图 2—31 光纤接头

除以上四种常见的光纤接头方式以外，还有 APC、MT-RJ、PC 等接头方式。

小结

本章先从总体结构上，将校园网划分成了三个层次：网络基础层、系统服务层、应用服务层。在网络基础层，通常采用三层的网络架构设计，即：核心层、汇聚层、接入层。然后分别介绍了网络服务器、集线器、交换机、路由器、防火墙五种网络硬件设备，包括各种硬件设备的分类、工作原理。最后详细阐述了双绞线、同轴电缆、光纤三种导向传输媒体的内部结构、分类、外观标志记号的含义等。

思考题

1. 你所在的学校校园网都使用了哪些网络设备？各种设备都选择了什么型号？网络线缆用的是哪一种？

2. 集线器、交换机、路由器的主要功能分别是什么？这三者之间有什么区别？

3. 在双绞线绝缘外皮有下列标识，请解释一下它的含义：

AMP 3081004 4/24 CAT 5E UTP CM UL VERIFIED 87164914FT 2007/05/24

4. 简述双绞线、同轴电缆、光纤三种网络线缆的特点。

5. 双绞线的单个网段最大传输距离是多少米？粗同轴电缆和细同轴电缆单个网段的最大传输距离是多少米？

6. 光纤有哪些分类方式？

7. 光纤的接头都有哪些类型？

8. 什么是防火墙？什么是硬件防火墙？什么是软件防火墙？你能举例说明几种软件防火墙吗？

9. 请查阅相关资料，说明什么是宽带路由器？什么是模块化路由器？什么是非模块化路由器？什么是核心路由器？什么是无线路由器？

10. 请查阅相关资料，说明 CUL 标准、CSA 标准、GS 标准以及 CE 标准对防火测试和级别是如何规定的？

第三章

校园网络操作系统

本章提要

本章主要讨论了四部分内容：第一部分概括介绍了网络操作系统，包括网络操作系统的类型，网络操作系统的功能与特点；第二部分从操作系统历史发展的轨迹入手，讨论了网络操作系统的发展变迁；第三部分介绍了一些常见的网络操作系统；第四部分讨论了如何选择合适的网络操作系统。

一、网络操作系统概述

（一）网络操作系统概述

说到操作系统，大家最熟悉的莫过于Windows，它是我们的老朋友了，从Windows 3.1、Windows 95、Windows 98、Windows XP到Windows Vista、Windows 7，大家几乎每天都在和Windows打交道，Windows是最常见的一种操作系统。

操作系统是一种软件，是一种提供人机交互的软件，用来管理各种软硬件资源，为用户使用计算机提供一个良好稳定的运行环境，是计算机系统中的大管家。网络操作系统（network operating system，NOS）是计算机网络用户和计算机网络之间的接口，是负责管理整个网络资源、方便网络用户使用的软件和协议的集合，可以实现操作系统的所有功能，并且能够对网络中资源进行管理和共享，使网络上各网络节点能方便而有效地共享网络资源和进行数据的传递，是网络的心脏和灵魂。在计算机网络中，双绞线等传输媒体将计算机连接起来之后，用户就可以在网络操作系统平台上，访问网络中任意一台计算机上的共享资源。当然，理论上，网络操作系统可以安装运行在两台或多台计算机上，也可以遍及网络上的所有计算机，不过实际使用中，网络操作系统一般安装运行于网络服务器上，使得其在整个网络系统中占主导地位，指挥和监控整个网络的运转，这种网络操作系统叫做服务器操作系统。网络操作系统可以屏蔽本地资源与网络资源的差异性，为用户提供各种基本网络服务功能，完成网络共享系统资源的管理，并提供网络系统的安全性服务。因此，对于局域网络操作系统，有两个基本要求：第一，允许局域网上的资源被共享，第二，要使现有的计算机操作系统仍能继续运行，而不需要做任何改变。

网络操作系统与运行在工作站上的单用户操作系统或多用户操作系统由于提供的服务类型不同而有差别。一般情况下，网络操作系统是以使网络相关特性最佳为目的的，如共享数据文件、软件应用，以及共享硬盘、打印机、调制解调器、扫描仪和传真机等。一般计算机的操作系统，是用户与计算机硬件之间的接口，以使用户与各种应用程序之间的交互作用最佳为目的，从而使得用户能够方便高效、可靠地使用计算机。

（二）网络操作系统的类型

网络操作系统的分类方式很多，通常采用以下两种分类方式：

（1）根据所实现的任务，网络操作系统一般可以分为两类：面向任务型网络操作系统与通用型网络操作系统。

面向任务型网络操作系统是按某一种特殊网络应用要求设计的。

通用型网络操作系统能提供基本的网络服务功能，支持用户在各个领域应用的需求。

具体说来，通用型网络操作系统也可以分为两类：变形系统与基础级系统。

变形系统是在原有的单机操作系统的基础上增加了网络服务功能。

基础级系统则是以计算机硬件为基础，根据网络服务的特殊要求，直接利用计算机硬件与少量软件资源专门设计的网络操作系统。

（2）按照目前网络操作系统的功能，可以将网络操作系统分成四大阵营，即 Windows 类、NetWare 类、LINUX 类、UNIX 类（见图 3—1）。

图 3—1 网络操作系统的分类

（三）网络操作系统功能与特点

计算机网络操作系统是个“大管家”，管理和控制计算机系统中的硬件和软件资源，并合理地组织计算机工作流程，为用户提供一个功能强大、实用方便的工作界面环境。因此，网络操作系统除了应具有一般操作系统的处理机功能、文件管理功能、存储管理功能和设备管理功能外，还应提供网络管理和操作平台，以便于并行、高效地处理复杂的任务，具体应增加以下功能：

（1）具备多种网络服务能力，例如文件传输服务、远程打印服务、电子邮件服务、网络管理服务等，使得用户在工作站上在自己的权限范围内进行读、写、打印、收发邮件以及其他操作。

（2）网络操作系统应该具有硬件独立性，允许在不同的硬件平台上安装和使用，能够支持各种网络协议和服务。

（3）网络操作系统需要提供必要的网络连接支持，把本网络连接到其他网络上。

（4）具备网络资源管理功能，例如系统备份、安全管理、用户管理、容错等，使得用户可以方便地共享和运用网络资源。

（5）单机操作系统可以是单用户、单任务操作系统，例如 DOS，但是网络操作系统必须支持多用户、多任务，还要支持大内存，使每个应用程序都能更好地在不同的内存空间里运行。

（6）网络操作系统需要具备对称多处理功能，支持多个 CPU，减少事务处理的时间，提高系统性能。

（7）网络操作系统通常要求支持负载均衡，满足多用户并发访问时的需要。

（8）网络操作系统要求支持远程管理，能够使用户通过网络进行远程管理和维护。

二、网络操作系统发展变迁

网络操作系统的发展历程和计算机硬件的发展历程、计算机网络的发展历程密切相关。1946 年第一台电子计算机 ENIAC 诞生，随着硬件的更新换代，计算机的发展相继经历了晶体管计算机、电子管计算机、集成电路计算机、大规模集成电路计算机等。计算机的成本逐渐降低，体积逐渐缩小，容量逐渐增大，性能逐渐提高。同时软件也在发展。计算机刚刚诞生时并没有操作系统，人们通过各种操作按钮来控制计算机。后来出现了汇编语言，操作人员通过有孔的纸带将程序输入电脑进行编译。这些将语言内置的电脑只能由操作人员自己编写程序来运行，不利于设备、程序的共用。为了解决这种问题，操作系统就出现了，它很好地实现了程序的共用，以及对计算机硬件资源的管理。

随着软硬件的发展，计算机的应用越来越灵活，人们的要求也越来越高，慢慢地有了资源共享的需求，一些分散的计算机被连接在一起，做成联机系统，成了最初计算机网络的雏形。1969 年，ARPANET 诞生后，计算机网络迅速发展起来。这也加速了网络操作系统的形成和发展。网络操作系统的发展经历了萌芽期、发育期、成长期三个阶段。

（一）萌芽期——20 世纪六七十年代

20 世纪六七十年代是网络操作系统萌芽的时代，大部分计算机都是采用批处理（batch processing）的方式工作，也就是说，当作业积累到一定数量的时候，计算机才会进行处理。为此，1964 年美国电话电报公司（AT&T）的贝尔实验室、美国麻省理工学院（MIT）及美国通用电气公司（GE）计划合作研发一个多用户、多用途、分时的操作系统，这个操作系统就是 Multics（multiplexed information and computing system）。贝尔实验室中的程序设计人员肯·汤普逊

（Ken Thompson）还曾为 Multics 编写了个游戏，叫做“space travel”。然而，Multics 比较复杂，进展太慢，1969 年 2 月，贝尔实验室退出了这个项目。

贝尔实验室退出 Multics 的研发后，肯·汤普逊为了能继续玩“space travel”游戏，计划研发一个极其简单的操作系统，并同丹尼斯·里奇（Dennis Ritchie）共同开发，这就是后来的 UNIX。此后，UNIX 迅速发展并流行起来。UNIX 的发展史，也是一部网络发展史。1976 年，第一个 UNIX 网络应用程序 UUCP 诞生；1978 年，网络应用程序 CU 随着 UNIX 版本 7 发行，此后几乎每一个 UNIX 系统中都包含它。

UNIX 凭借其开放性和先入为主的优势，在工作站、小型机乃至微机与大中型机上逐步流行，并且系统越来越丰富，终于发展成为一个程序设计的支撑环境，并逐渐形成了自己的国际标准 POSIX。20 世纪 70 年代 UNIX 未来的竞争对手 Windows NT 和 NetWare 尚未诞生，可以说那个时候就是 UNIX 的时代！

（二）发育期——20 世纪 80 年代

随着以太网技术的发展，1980 年 9 月，Bolt、Berknet 和 Newman 与美国国防部的先进项目研究局签订合同在伯克利的 UNIX 上开发了执行 TCP/IP 协议的系统，这个系统于 1983 年 8 月对外发行并得到迅速发展。到 20 世纪 80 年代中期，UNIX system 5 上各种各样的网络软件涌现出来，这些软件一般都支持TCP/IP协议且通常由开发硬件接口的厂商开发。

与此同时，1984 年 Novell 公司推出了基于 MS-DOS 环境的 NetWare V 1.0。随着功能的不断增强，新产品的逐渐推出，NetWare 成为世界流行的网络操作系统，从 1987 年起，其销量位居全球第一，成为全球网络工业界的标准。

（三）成长期——20 世纪 90 年代后

20 世纪 90 年代计算机网络的广泛运用，使得计算机界产生了一次革命性的变革。计算机网络无所不在，从电子邮件、教育教学、办公自动化到各种各样的应用系统，网络无所不能。可以说，网络操作系统已经发展到了“无为”之境，UNIX 加强了对网络方面的深入研究，不断推出新版本，并以此进一步拓展市场，因此 UNIX 也积累了丰富的应用软件财富，成为工作站的标准网络操作系统。

1991 年 Microsoft 公司推出了用于局域网的网络操作系统：LAN manager，它也是一个高性能、多任务的网络操作系统。LAN manager 遏制住了 NetWare 迅猛发展的势头。1993 年，Microsoft 经过精心准备，推出具有 90 年代技术的操作系统——Windows NT，它适用于高档工作站平台、LAN 服务器或者主干计算机，达到了美国政府 C2 级安全标准，它支持对称处理结构、多线程并行，提供性能良好的文件系统，在体系结构上采用客户/服务器模式，在概念上、风格上与传统的操作系统迥异，同时集成了网络技术，可以方便地分布在网络环境下运行。因此，它一问世就受到了人们的喜爱，发展势头相当迅猛。据统计，1994 年，Windows NT 全世界装机总量约为 32 万套，这个数字到 1995 年猛增到约 85 万套，估计当时全世界使用 Windows NT 的人数已超过 500 万人，显示了它巨大的生命力。后来，Windows NT 逐渐淡出了市场，Windows Server 2003、Windows Server 2008 登上了历史舞台。

三、常见的网络操作系统

（一）Windows

1. 网络操作系统 Windows NT Server 系列

图 3—2 显示的是全球最大的软件开发商 Microsoft 公司开发的服务器版本的操作系统 Windows NT Server。

图 3—2 Windows NT Server 操作系统

Windows NT 系列可以说是发展最快的一种操作系统，从 3.1 版、3.50 版、3.51 版，很快发展到 4.0 版。它继承了 Windows 家族统一的图形化界面，所见即所得的操作方式，使得网络组建技术大众化，用户学习、使用起来非常容易，而且 Windows NT 对服务器的硬件配置要求比较低，在更大程度上切合计算机服务器配置需求，因此，过去在中小局域网配置中最为常见，甚至几乎成为中小型局域网的标准操作系统。随着 Windows 的不断升级，Windows NT Server 基本上退出了历史舞台。

2. 网络操作系统 Windows 2000 Server 系列

伴随着21世纪的到来，2000年 Microsoft 公司推出了其新产品 Windows 2000 Server（见图 3—3）。Windows 2000 Server 网络操作系统共有三个版本：即 Windows 2000 Server，Windows 2000 Advanced Server，Windows 2000 Datacenter Server。

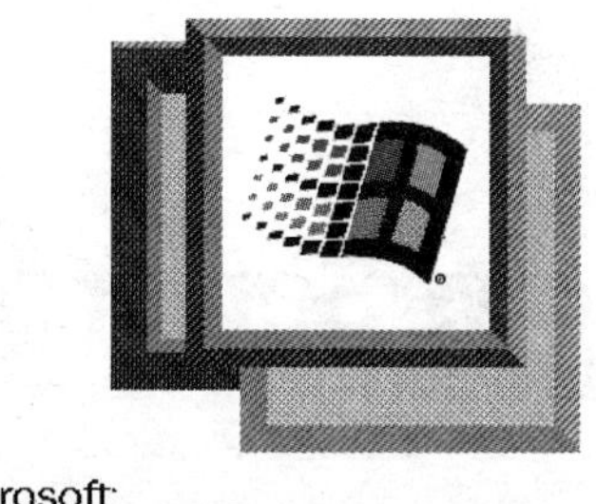

图 3—3　Windows 2000 Server 操作系统

（1）Windows 2000 Server：用于工作组和部门服务器等中小型网络。

（2）Windows 2000 Advanced Server：用于应用程序服务器和功能更强的部门服务器。

（3）Windows 2000 Datacenter Server：用于运行数据中心服务器等大型网络系统。

Windows 2000 Server 为重要的商务解决方案提高了整个系统的可靠性和可扩展性。通过操作系统中内置的增强的容错能力，Windows 2000 Server 提供了信息和服务对用户的可用性。

Windows 2000 Server 对远程管理做了大量改进，例如新的管理员委托授权支持、终端服务、Microsoft 管理控制台等。在文件服务方面，Windows 2000 Server 通过 IIS 5.0 为磁盘分配、动态卷管理、internet 打印以及 web 服务等提供了新的支持，使之成为一个理想的文件服务器。

Windows 2000 Server 允许客户在单一的平台上集成所有的通信基础结构，对虚拟专用网络、电话服务、流式传输的音频/视频服务等提供了更好的支持。

3. 网络操作系统 Windows Server 2003 系列

Microsoft 公司于 2003 年 3 月发布了新的网络操作系统 Windows Server 2003。Windows Server 2003 有四个版本，即：Windows Server 2003 标准版（Standard Edition）（见图 3—4）、Windows Server 2003 企业版（Enterprise Edition）、Windows Server 2003 数据中心版（Datacenter Edition）、Windows Server 2003 Web 版（Web Edition）。

图 3—4　Windows Server 2003 操作系统

（1）Windows Server 2003 标准版：简单可靠，支持文件和打印机共享，允许集中化的桌面应用程序环境。

（2）Windows Server 2003 企业版：是一种全功能的服务器操作系统，最多可支持 8 个处理器，32GB 内存，并且可以集群服务器，以便处理更大的负荷，可用于基于 Intel Itanium 系列的计算机，是为满足各种规模企业的一般用途而设计的。

（3）Windows Server 2003 数据中心版：为运行企业和任务所倚重的应用程序而设计，功能非常强大，提供支持高达 32 路的 SMP 和 64GB 的内存，提供 8 节点群集和负载平衡服务，可用于支持 64 位处理器和 512GB 的内存的 64 位计算平台。

（4）Windows Server 2003 Web 版：用来生成和承载 web 应用程序、web 页面及 XML web 服务，主要是为网页服务器（web hosting）而设计，用于 web 服务和托管。

Windows Server 2003 提供了对. net 技术的完善支持，故该产品最初叫做“Windows. NET Server”，后来改成“Windows. NET Server 2003”，最终才被改成“Windows Server 2003”。

Windows Server 2003 对活动目录、组策略操作和管理、磁盘管理等面向服务器的功能做了较大改进，提供了集成结构，提供了用户需要的网络结构，提供了灵活易用的工具，允许用户部署、管理和使用网络结构以获得最大效率等。

4. 网络操作系统 Windows Server 2008 系列

Windows Server 2008 操作系统（见图 3—5）包括以下七个版本：Windows Server 2008 R2 Foundation，Windows Server 2008 R2 Standard，Windows Server 2008 R2 Enterprise，Windows Server 2008 R2 Datacenter，Windows Web Server 2008 R2，Windows HPC Server 2008，Windows Server 2008 R2 for Itanium-Based Systems。

图 3—5 Windows Server 2008 操作系统

Windows Server 2008，对基本操作系统做出了重大改进，为开发和可靠地承载 Web 应用程序和服务提供了一个安全、易于管理的平台。专业人员对其服务器和网络基础结构的控制能力更强，从而可重点关注关键业务需求。

（二）NetWare

1984 年美国 Novell 公司成功开发了世界上第一个真正的微机局域网操作系统 NetWare，它采用层次结构和字符界面进行工作，在文件服务与目录服务等功能方面做得相当出色，是一个开放的网络服务器平台，可以很方便地对其进行扩展，支持所有的重要台式操作系统，例如 DOS，Windows，OS/2，UNIX 和 Macintosh 以及 IBM SAA 环境，是多用户多任务操作系统，使用开放协议技术，各种协议的结合使不同类型的工作站可与公共服务器通信，可以方便地与各种小型机、中大型机连接通信。NetWare 在 20 世纪 90 年代非常流行，常用于教学网和游戏厅。常用的版本有 3. 11、3. 12、4. 10 、V4. 11、V5. 0、V6. 5 等，目前的主流是 NetWare V6. 5（见图 3—6）。

图 3—6　NetWare V6.5

虽然目前 NetWare 操作系统的市场占有率呈下降趋势，但是它对网络硬件的要求较低，因而仍受到一些设备比较落后的中、小型单位的青睐。

(三) UNIX

UNIX 由 AT&T 贝尔实验室研究人员开发，是当代最著名的多用户、多任务操作系统，也是各单位的主流操作系统。UNIX 操作系统（见图 3—7）采用分页式的内存管理形式，程序的执行采用动态链接方式，支持多种文件系统，具有强大的网络能力，也具有很好的可移植性。对象主要是小型机主机环境，系统的稳定性和安全性非常好，但是它的操作方式完全采用字符界面，这对于初级用户来说是一个不小的挑战，因而小型校园网中基本不采用 UNIX 作为网络操作系统。

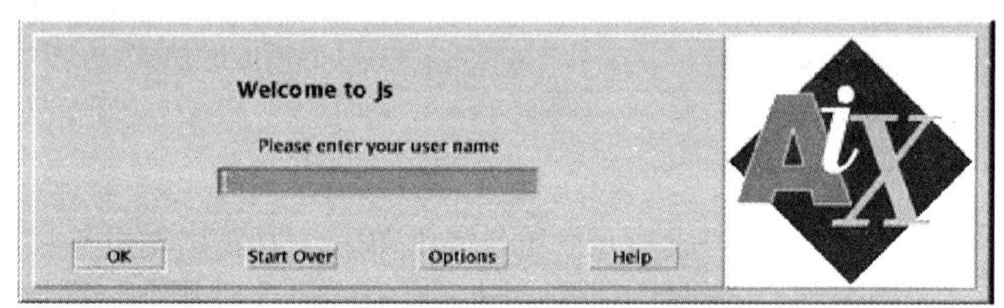

图 3—7　UNIX 操作系统

(四) LINUX

LINUX 起源于芬兰。1991 年 10 月，一位名叫林纳斯·托瓦兹（Linus Torvalds）的大学生编写了 LINUX 的核心程序，拉开了 LINUX 的序幕。LINUX 操作系统与 Windows、UNIX、NetWare 操作系统不同，它不是商业操作系统，也不属于任何公司或者任何个人，它的源代码完全公开，任何人都可以免费索取甚至修改。LINUX 也是多用户多任务操作系统，能够适应多种硬件平台，具有良好的用户界面和强大的网络功能，稳定性非常好。

LINUX 诞生后的发展，主要由互联网上的社团来完成，因而有很多个不同的版本。目前 LINUX 中国的发行版本主要有：Red Hat LINUX，Red Flag LINUX，Xteam LINUX，Turbo LINUX 和 Blue Point LINUX。

1. Red Hat LINUX

1994 年 11 月 3 日，Red Hat 公司发行了 Red Hat LINUX 1.0 版本，后来成为世界上最流行的 LINUX 发行版之一。它具有图像界面工具，无论对普通使用者还是高级技术人员，从安装到日常应用更容易，因而普及程度很高。

网址为 http：//www. redhat. com。

2. Red Flag LINUX

Red Flag LINUX 是对 Red Hat LINUX 进行改进的中文版本，由北京中科红旗软件技术有限公司开发，1998 年 1 月推出了 1.0 版本。

网址为 http：//www. redflag-linux. com。

3. Xteam LINUX

冲浪平台软件集团于 1999 年 3 月发布了全球第一套完整的中文 LINUX 发行版——Xteam LINUX 中文版 1.0。它的用户界面友好，适合初学者使用，安装方法和 Windows 相似，用法也和 Windows 操作系统的常规用法相似。

网址为 http：//www. xteamlinux. com. cn。

4. Turbo LINUX

Turbo LINUX 由 Turbo LINUX 公司发行。该公司于 1992 年成立于美国，早期致力于 LINUX 的国际化工作，1999 年进入中国市场，2001 年 7 月引进中国投资，变更为中方控股的北京拓林思软件有限公司。Turbo LINUX 采用简单易用的图形安装程序，友好的图形桌面界面 KDE、GNOME 等，并具有丰富的软件包支持，国际影响力越来越大，是 Red Hat LINUX 的一个主要竞争对手。

网址为 http：//www. turbolinux. com. cn。

5. Blue Point LINUX

1999 年，深圳信科思公司推出 Blue Point LINUX 1.0 版本。它最主要的特点是内核级的汉化，有许多自己的东西。这是国内厂商在桌面应用领域打破微软垄断的第一次尝试，具有历史性意义。后来 Blue Point 又推出了包含中文化 FreeBSD 的“蓝点双响炮”以及续作 Blue Point LINUX 2.0，但最后都失败了。由于多方面原因，Blue Point绝大部分本地化成果都流失了，深圳信科思公司也不复存在。

LINUX与UNIX的区别

LINUX许多特性是与UNIX相同的，它们之间的最大区别在于以下两点：

（1）UNIX系统大多是与硬件配套的，而LINUX则可运行在多种硬件平台上。

（2）UNIX是商业软件，而LINUX是自由软件，免费，公开源代码的。

LINUX已经进入了成熟阶段，越来越多的人认识到它的价值，并将其广泛应用到从internet服务器到用户的桌面，从图形工作站到PDA的各种领域。目前，LINUX已可以与各种传统的商业操作系统分庭抗礼，占据了市场相当大的份额，但这类操作系统仍主要应用于中、高档服务器中。

四、网络操作系统的选择

网络操作系统是网络的灵魂，与网络的应用密切相关，对网络的性能有着至关重要的影响。在选择网络操作系统时，既要能够实现网络建设的目标，也要满足网络应用的需求，还要考虑系统的效率，今后的发展需要等因素。那么如何选择网络操作系统呢？

网络操作系统的选择通常会随着市场、技术及生产厂商的变化而变化，没有规律可以遵循。应当从网络应用出发，根据实际情况分析网络的特点以及需要提供什么服务，然后分析各种操作系统提供的这些服务的性能与特点，再结合网络的应用规模、应用层次等实际情况选择既适合当前实际应用需要，又能满足今后发展需要的网络操作系统。具体说来，主要考虑三方面的因素：

1. 考虑网络自身的问题

网络的规模怎样？

目标是什么？都具有哪些功能？

网络的使用范围怎样？在机房内使用？在学校内使用？还是在公网上使用？

用户数目有多少？并发量有多少？

是否具有多种计算环境？

系统是否需要较为严格的安全保密性？

…………

2. 考虑操作系统自身的问题

各个网络操作系统的主要功能和优势是什么？

安装、配置与管理方面的难易程度如何？

运行速度、可靠性、容错及可扩展性怎么样？

是否具有多种平台的支持能力？

是否顺应当今网络的发展趋势？

是否具有较长的生命周期？

价格怎么样？

…………

3. 考虑应用服务的需求

需要提供哪些服务？这些服务自身对操作系统有无特殊要求？

某些服务是否需要架设服务器集群？

系统上未来运行的是何种应用程序？是简单短小的，还是庞大复杂的？

某些服务所使用的应用程序、数据库管理系统等与各操作系统的兼容性如何？

操作系统对特定应用服务的使用是否有瓶颈？

…………

通过对以上因素的综合分析比较，再结合自己的实际情况选择最优者。世界上没有十全十美的网络操作系统，适合自己需要的操作系统就是最好的，这是选择网络操作系统的通用准则。当然，在实际选择时，具体问题还须具体分析。例如，在经费有限或网络要求有限的情况下，可选择低档的网络操作系统。这类操作系统价格低廉，不需要专用的服务器，所以能大大节省用户的开支。另外，低档的网络操作系统能将小型工作组成员简易地连接起来，彼此共享文件和打印机。在性能方面，当负载较小时，其速度与高档系统不相上下。

对特定计算环境的支持使得每一个操作系统都有适合于自己的工作场合，例如 Windows 2000/2003 Server 目前较适用于小型的网络，而 UNIX 则适用于大型服务器应用程序。因此，对于不同的网络应用，需要有目的地选择合适的网络操作系统。下面将对目前几种流行产品的特性及优缺点作一些简单分析，使用户对其有大致的了解。

（1）Windows NT/2000/2003 Server。

用户界面友好，简单易用，服务配置灵活，适合初学者使用。通常用于做中小型网络的操作系统，例如学生机房、办公室、宿舍或者实验室几位同学组成的局域网。

（2）NetWare。

当网络用户对服务器上的数据访问较为频繁时，如证券行情查询，选择 NetWare 较好，因为 NetWare 直接对微处理器编程，响应速度较快，是生产企业、证券公司比较理想的操作系统。在 20 世纪八九十年代，大多数学校机房都采用这种联网方式。目前，在校园网中，这种联网方式用得比较少了。

（3）UNIX。

可扩缩能力、集群能力强。此外，UNIX 具有非常好的安全性和实时性，但是，当所建的网络为要求一般的中小型局域网时，建议尽量避开 UNIX，因为系统运转、维护需要比预期更大的管理时间和成本。一般来说，从事计算机工作的公司在运用 UNIX 系统时，要求用户经验比较丰富，否则一旦 UNIX 出现问题就不知道如何处理。UNIX 一般比较适合金融、银行、军事及大型网络，一些高校校园网也采用了 UNIX 操作系统。

（4）LINUX。

具有高的安全性和稳定性，一般用做网站服务器、邮件服务器的操作系统。如果管理者经验比较丰富，用 LINUX 作中小型校园网的网络操作系统也是个不错的选择。

小结

网络操作系统是网络的“大管家”，它要协调网络中各种硬件、各种系统、各种应用服务、各种资源的分配和协调工作等。因此，这是校园网中非常重要的组成部分。目前常见的网络操作系统有四类：Windows、NetWare、UNIX、LINUX。用户具体使用时，可以根据实际情况进行选择。通常 Windows 类操作系统用户界面友好，简单易用，适合做中小局域网的操作系统。NetWare 是直接对微处理器编程的，响应速度较快，20 世纪八九十年代的大学机房通常采用这种联网方式，不过现在用得较少了。UNIX 和 LINUX 都属于多用户多任务操作系统，具有很好的安全性、实时性和稳定性，通常适合做大型校园网的操作系统。

思考题

1. 你所在的学校校园网采用了哪种网络操作系统？为什么采用这种操作

系统?

2. 网络操作系统可以分成哪些类型?

3. 你认为 Windows、NetWare、UNIX、LINUX 有哪些区别?

4. 请查阅相关资料，说明除了本章介绍的这些网络操作系统外，还有哪些网络操作系统? 各自具有哪些特点?

5. 网络操作系统与普通计算机使用的操作系统有什么区别?

6. 说明网络操作系统的发展历程。

7. 请查阅相关资料，说明 Unix 操作系统各家族成员的关系。

8. 请查阅相关资料，说明 Linux 操作系统各家族成员的关系。

第四章

校园网规划与设计

本章提要

本章着重于如何规划、设计一个校园网。进行校园网规划时，要考虑哪些问题？遵循哪些原则？校园网从功能上、性能上、管理上要达到什么目标？有哪些主干网技术？有哪些拓扑结构？各自有什么优缺点？如何选择服务器、路由器、交换机、防火墙等网络设备？网络设备之间进行连接时，有哪些限制？有哪些连接规则？如何划分 IP 地址？

一、校园网的规划设计概述

（一）需求分析

校园网的规划设计是一项复杂的系统工程，涉及技术、管理、经费等一系列问题，需要在全面分析的基础上，对网络的业务需求、网络规模等给出尽可能明确的分析和估计，以确定校园网的建设目标。具体说来，建立校园网之前，需要考虑以下几个问题：

1. 功能问题

校园网在功能上需要达到哪些目标？具体需要校园网提供哪些服务？例如，需要 email 服务吗？需要 web 服务吗？需要 FTP 服务吗？需要管理信息化平台吗？需要教学支持平台吗？需要 VOD 视频点播吗？今后还可能有哪些扩充业务？等等。

2. 规模以及网络覆盖范围问题

学校哪些部门需要接入网络？办公楼、教室都需要接入网络吗？学生宿舍是否也需要接入网络？网络及终端设备的数量大致有多少？网络终端用户预计会有多少？哪些资源需要上网？随着接入用户的增多，网络的可扩展性怎么样？等等。

3. 管理问题

谁来负责校园网规划建设？是否需要成立专门的领导小组？网络建设好以后，谁来负责网络管理？是否需要成立专门的网络管理部门？都需要哪些管理功能？怎样管理？是否需要对网络进行远程管理？等等。

4. 资金问题

完成所需要的功能大致需要多少资金？学校可以承担多少？

做好需求分析后要整理成正式的需求分析报告，在此报告基础上，进行校园网的总体设计。

（二）总体规划

总体规划是在需求分析的基础上，从全局出发，考虑网络的整体设计效果，考虑网络本身对于应用的支持情况，在总体上确定校园网的目标，通常从以下三个方面进行描述：网络功能目标、网络性能目标、网络管理目标。

1. 网络功能目标

（1）校园网的用户节点支持能力。

规划中的校园网能够支持多少用户节点？覆盖哪些区域，哪些部门？对这些问题需要给出详细的描述。通常小型校园网支持100个左右用户节点，中型校园网支持的用户节点在100～500个之间，大型校园网支持的用户节点大于500个。

（2）校园网的业务支持能力。

校园网的建设，最终目标是为全校的教学科研、管理等提供支持服务。因此，它是一个集教学、管理和信息发布于一体的综合服务平台，需要具有良好的业务支持能力，从而能够为学校的教学、管理、日常办公、内外交流各方面提供全面、切实的支持。规划的校园网能够支持哪些业务需要在网络的功能目标中进行详细的描述，例如，支持办公自动化、教师备课、学生学习、教务管理、财务管理、人事管理、总务管理、图书资料管理等方面的应用。通过网络互联，能够实现校际之间的信息共享，更好地进行对外交流。

（3）校园网的数据支持能力。

校园网中的数据不仅有文本数据、表格数据、图形图像数据，还有很多音频数据和视频数据，需要进行音频、视频通信。随着学校的发展，业务的增强，校园网中的数据库、软件包等也会持续增大。因此，规划的校园网要能够支持多种数据传输，支持高性能数据库、支持软件包的持续增长。

2. 网络性能目标

（1）可靠性。

可靠性是校园网最重要的目标。校园网对外是窗口，是门户，对内是一个面向全校师生、为其提供信息服务的综合网络。由于校园网中的数据通常具有不可再生性，这就势必对网络的安全性、可靠性有更高的要求。具体说来，包括四个方面：

第一，网络的连通性。

这是最基本的要求。当一条链路或一个节点发生故障时，数据包的交换就会受到影响，因此必须将这种影响减少到最低。例如，要留有适当的备用线路，以便在一条链路出现故障时，数据包可以通过另一条链路传送。

第二，硬件的可靠性。

网络平台常常是24小时连续不断地工作，因此要知道网络设备硬件能够无故障连续运行的时间，即MTBF① 值。在网络设备的关键部分要有冗余机制，如

① MTBF，即平均无故障时间，英文全称是“Mean Time Between Failure”，是衡量一个产品的可靠性指标，单位为“小时”。它反映了产品的时间质量，是体现产品在规定时间内保持功能的一种能力。具体来说，是指相邻两次故障之间的平均工作时间，也称为平均故障间隔。此外，产品在总的使用阶段累计工作时间与故障次数的比值也叫做MTBF。

双交换引擎，双电源等。中高端设备都支持相应的冗余机制。

第三，软件的可靠性。

网络操作系统要稳定。目前还没有对应用平台的可靠性作出评估的参数，但软件的设计是否稳定，是否有较多的 bug，可以作为衡量的参考标准。

第四，数据的可靠性和安全性。

一方面要保证客户对一般性服务数据的畅通访问，例如浏览新闻、收发电子邮件等，另一方面，更要确保关键数据的安全传输，例如学生成绩信息、学校的财务信息等。

（2）灵活性、可扩展性。

随着技术的不断发展，管理机制的改变，应用需求的增加，学生的流动，校园网也将面临网络结构重组，增减信息节点数量和位置变化等问题，这就要求校园网有良好的扩展性和灵活的重构机制，同时也应为将来的信息预留一定的空间。

（3）可恢复性。

网络环境十分复杂，可能出现的问题也很多。为了确保网络的正常运行，具有有效的网络恢复手段是必要的。确保无单点故障后，网络的中断恢复时间一般要控制在几秒到两分钟内。

3. 网络管理目标

校园网是为全校教学、科研和管理服务的综合网络平台，涉及教师、学生、家长等多种用户群体；涉及防火墙、交换机、路由器、集线器、主机等多种网络硬件设备；涉及光缆、双绞线等多种传输媒体；涉及操作系统、应用系统等多种软件；可能还要涉及多种协议；等等。这些都是校园网管理的重要内容。因此，对目前规划的校园网在管理上大致要达到什么样的目标，也需要进行详细的描述。例如，要尽量改善网络运行效率，提高响应速度，减少系统和网络的故障时间，校园网一旦出现问题，例如网络不通、无法登录数据库等，要在确定的时间内予以解决回应；监督、审查、限制、规范网络用户的使用行为，限制消耗资源的聊天、游戏、外发资料、BT 恶性下载；对网络的通信量予以分析，适时调整网络资源分配，消除网络瓶颈；对网络的 IP 地址、域名、数据线路、带宽等实行统一管理和分配；等等。

（三）系统设计

系统设计是根据总体规划的目标，将校园网系统建设分解成许多具体的任务，确定采用的技术方案。实际上，技术发展非常迅速，无论是主干网还是部门内的局域网，网络拓扑、传输速率、负载均衡等方面的可供选择的方案也随着技术的发展而不断更新、进步，因此，不能寄希望于“一步到位”，也不要指望有最优的方案，适合自己学校实际情况的方案就是好的方案。同时，也要考虑今后发展的需要，在网络设备、线路、带宽、传输协议选择，以及重要网络节点内部结构设计时，都需要权衡现有需求和未来发展需求之间、现有技术和未来技术发展方向之间的矛盾，使系统方案有一定的前瞻性，否则花费了很大人力、物力、财力建设的校园网很快就会被淘汰。总体说来，可以用如下六个短语概括：统一规划，分步实施；安全实用，适度超前；留有冗余，保障扩充。

系统设计具体包括如下内容：

（1）确定网络的拓扑结构。

（2）确定网络的技术路线，例如主干网技术的选择，核心层、汇聚层、接入层的设计，等等。

（3）综合布线系统的设计。

（4）网络设备的选型以及具体的指标要求，例如网络服务器的选购，交换机的选购，等等。

（5）网络能够达到的具体的性能指标，例如时延，带宽的指标，等等。

…………

其中，内容（1）~（4）在本章后面的内容里将进行详细的介绍。这里简单介绍一下内容（5），即网络的性能指标，主要有两个：带宽和时延。

在计算机网络中，带宽用来表示网络的通信线路传输数据的能力，表示在单位时间内从网络中的某一点到另一点所能通过的最高数据率，单位是 b/s 或者 bit/s，即比特/秒，有时也写作 bps。人们习惯用不严格的方法来描述，例如，这是 1M（实际上是 1Mbps）的带宽，那是 10M（实际上是 10Mbps）的校园网等。

网络的时延，也叫延迟或迟延，是指数据包从网络的一端传送到另外一端所花费的时间，随着数据的大小、参与通信的两台计算机的位置不同而有所不同。时延包括信号在介质中（例如光纤）传输的传播时延，节点在发送数据时，数据包从节点进入传输媒体所花费的发送时延，数据包在交换设备中的排队时延等。

实际应用系统中，人们更关心的是响应时间。数据包从网络一端输入第一个数据单元再到从另一端输出第一个数据单元之间的时间叫做响应时间，它包括数据包沿给定路径的传播时间、各有关节点的链路排队时延和处理时间。响应时间如果太长，用户会不耐烦。一般在设计中，常把各种数据包在网络中传送的平均时延作为比较参数，或者规定数据包传送的最大时延限度，作为优化设计的约束条件。由于影响时延的因素较多，特别是在应用系统规模较难确定的情况下，一般在校园网设计时需要给出具体的时延指标。

（四）系统实施与测试

建设校园网对每个学校来说都不是一件容易的事情，都要经过周密的论证、谨慎的决策和紧张的施工。系统实施是在设计的基础上，现场勘测建筑，根据建筑平面图等资料估算线材的用量，信息插座的数目和机柜的定位、数量，做出综合布线调研报告。根据前期勘测数据做出布线材料预算表、工程进度安排表规划安排校园网建设的实施步骤。协调施工单位与学校进行职责商谈，提出布线许可，主要是钻孔、布线、信息插座定位、机柜定位、做线缆标识，进行布线施工和技术安装，例如打信息模块，打配线架，机柜内部安装。

在系统实施的过程中，要注意选用合适的布线材料，以免留下隐患，例如出现电能损耗，电能泄漏；要选择正规的配套产品，以免出现掉线、掉数据包等故障；布线方案设计时，不仅弱电系统（网络、电话、电视、广播、监控、报警等）内部需要统筹安排，强电和弱电系统之间也要一起考虑（布线时尽量远离大辐射设备）；设备选型、施工安装过程要严格按照技术标准进行，所选择的设备彼此之间要兼容；布线必须走管，不同电压、不同回路、不同信号的导线不能穿在同一线管内；线缆不能拉得过紧，更不能一线多用；布线要远离大功率电器、热源，弯管不能连续超过4个，避免线缆扭结、紧绷或弯曲过度，管内不能有接头，接头只能在预埋的暗盒中。此外，布线，尤其是机房布线，还要注意散热、防雷击、防静电、排除电磁干扰等。当布线工作完成后应立即把多余的线材、设备清除，防止他人乱接这些线材。

最后进行信息点测试，一般测试采用12点测试仪，主要测试通断情况。深层测试须用线缆测试仪，根据ANSI/TIA/EIA TSB-67标准①，对接线图（wire map）、长度（length）、衰减量（attenuation）、近端串扰（near-end crosstalk，NEXT）、传播延迟（propagation delay）五方面数据进行测试，再打印出测试报告。整个过程要建立详细文档，保存好各验收测试结果，并对测试结果进行编号，要将测试仪提供的测试报告做成工程技术文件，入档管理以备查用，也便于

① 该标准于1995年10月公布，是ANSI/TIA/EIA-568A标准的一个附本，只适用于现场安装的五类双绞线的认证标准。

今后系统的维护、扩展和升级。最后检查应配置软件是否齐全，并逐一进行操作检验。软件应运行畅通，圆满实现各种功能。

二、拓扑结构设计

计算机网络中，各种网络设备与传输媒体相互连接形成的物理连接模式，叫做网络的拓扑结构。通常，拓扑结构以抽象成图的形式表示，点表示网络中的节点，线表示传输媒体。

校园网的拓扑结构基本结构单元有星型拓扑、环型拓扑、总线拓扑、扩展结构单元有树型拓扑、混合型拓扑和网状拓扑。

（一）星型拓扑结构

1. 星型拓扑结构概述

星型拓扑结构是目前应用最广、实用性最好的一种拓扑结构，有一个中央节点，其余各个节点都与这个中央节点相连接，每个节点必须通过中央节点才能实现通信，主要应用于双绞线以太网中，目前也有采用光纤作为传输媒体的（见图4—1）。

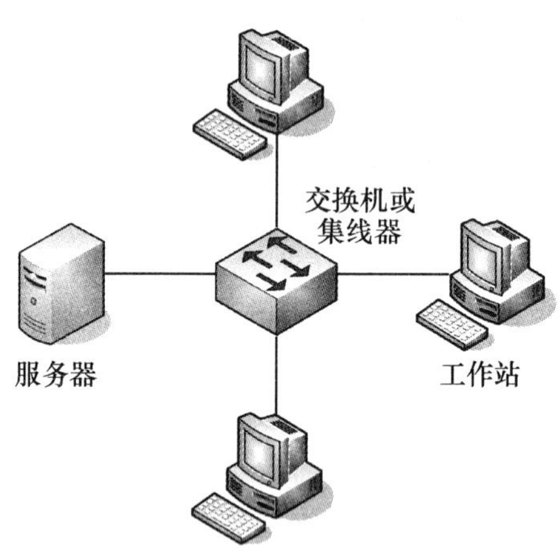

图4—1　星型拓扑结构

这是最简单、最基本的星型结构单元。所有服务器和工作站等网络设备都集中连接在同一台交换机或集线器上，具体可以连接多少个网络节点，要视交换机的端口数而确定。现在的固定端口交换机可以达到48个交换端口，因此，用户节点数在48个以内的小型局域网，例如，一个实验室、一个办公室或者一个小型机房的局域网，这样一个简单的星型网络是一个不错的选择。

如果模块式交换机的端口数达到100个以上，那岂不是可以满足100多个节点用户接入局域网的需求了？理论上这没错，但实际应用中，很少会有人选择这种连接方式。因为模块式交换机的价格比较昂贵，单独用一台模块式交换机的连接成本要远高于采用多台固定端口交换机的成本。一般情况下，模块式交换机通常用于大中型网络的核心层，小型网络很少使用。

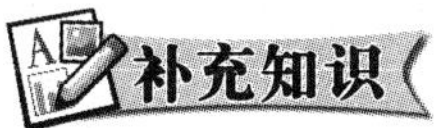

堆叠与级联

在计算机网络中，堆叠（stack，也叫堆栈）和级联（uplink）是多台交换机或集线器连接在一起的两种方式。它们的主要目的是增加端口密度，但二者之间是有很大区别的。

1. 连接要求

级联可以在任何网络设备厂家的交换机之间，集线器之间，或交换机与集线器之间完成，只要把两个或两个以上的网络设备通过某种方式连接起来，能起到扩容效果的就是级联，连接线缆用一条普通的双绞线即可。交换机的级联在理论上是没有级联个数限制的，不过为了保证网络的效率，一般建议层数不要超过四层，集线器级联有个数限制，且10Mbps和100Mbps网络的要求不同。

堆叠是一种非标准化技术，主要用于交换机，各个厂商之间不支持混合堆叠。堆叠模式标准为各厂商制定，只有在自己厂家的设备之间，且此设备必须具有堆叠功能、专用的堆叠模块和堆叠线缆才可实现，各厂商的设备会标明最大堆叠个数。

2. 实现方式

级联是通过集线器或交换机的某个端口与其他集线器或交换机相连的，例如使用一个集线器或交换机uplink口到另一个集线器或交换机的普通端口。堆叠是通过集线器或交换机的背板连接起来的，它是一种建立在芯片级上的连接。

3. 逻辑结构

多台交换机堆叠在一起，逻辑上属于同一个设备，可以将其中一组交换机作为一个对象来管理。如果你想对这几台交换机进行设置，只要连接到任何一台设备上，就可看到堆叠中的其他交换机。级联的设备在逻辑上是独立的，如果想要对这些设备进行管理与设置，必须依次连接到每个设备。

4. 功能

(1) 多个设备级联会产生级联瓶颈。

例如，两个百兆交换机通过一根双绞线级联，则它们的级联带宽是百兆。不同交换机之间的计算机要通信，都只能通过这百兆带宽。而两个交换机通过堆叠连接在一起，堆叠线缆将能提供高于1G的背板带宽，极大地降低了瓶颈。目前，运用交换机的port trunking技术，使用多根双绞线在两个交换机之间进行级联，也可成倍地增加级联带宽。

(2) 级联可以增加连接距离。

例如，一台计算机离交换机较远，超过了单条双绞线的最长传输距离100m，则可在中间再放置一台交换机，使计算机与此交换机相连。这是堆叠所达不到的，堆叠线缆最长也不能超过10m。

2. 多级星型拓扑结构

在图4—1基础上，多台交换机通过级联可以形成多级星型结构，以满足更多的分布在不同地理位置的用户连接需求，同时还可以满足不同的端口带宽需求，这是最常规、最直接的一种扩展方式，也是组建大型局域网最理想的方式，可以综合利用各种拓扑设计技术和冗余技术，实现层次化网络结构。图4—2是一个二级星型拓扑结构。

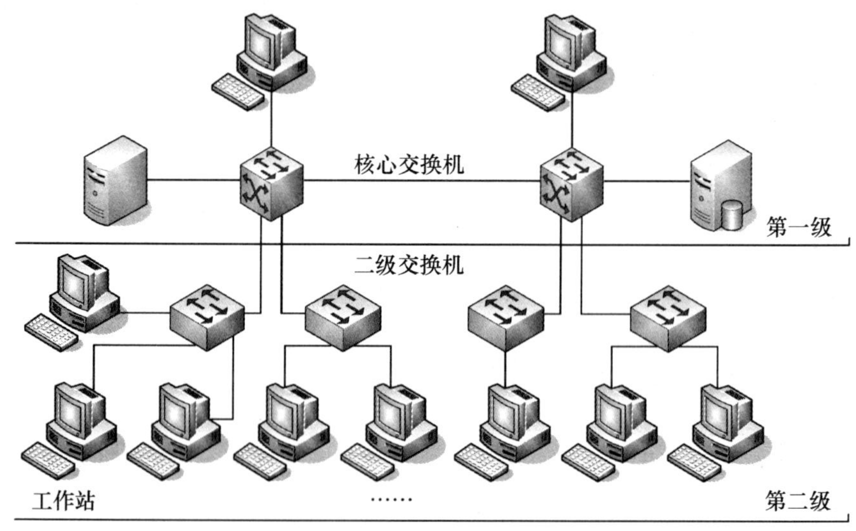

图4—2 二级星型拓扑结构

这是一个包含两级交换机结构的星型结构网络，即在核心交换机下面连接二级交换机。核心交换机一般选择档次比较高的，用于连接下级交换机、服务器和高性能需求的工作站用户等，而下面各级交换机则可以根据需要依次降低要求，这样可以最大限度地节省投资。

在实际的大中型网络中，网络结构要复杂得多，有三级，甚至四级交换机的级联也是很正常的事情，通常最多不要超过四级，以免降低网络的传输效率。有些交换机配有专门的级联端口，它的带宽通常比普通交换端口宽，可进一步确保下级交换机的带宽，因此各层级联所用端口采用 UPLink 最好。不过，如果选择的交换机没有专门的级联端口 UPLink 也没有关系，用普通的交换端口也可以。

有一些交换机，如 D-link，每个端口都为自适应端口，可以自行判断对端端口的属性，因此，任意两个端口之间的连接都可以使用直通线。另外一些交换机，如 3COM，使用一个普通端口兼做 UPLink 端口，并利用一个开关（MDI/MDI-X 转换开关）在两种类型间进行切换。

无论是 10BASE-T 以太网、100BASE-TX 快速以太网还是 1000BASE-T 千兆以太网，级联交换机所使用的线缆长度均可达到 100m，这个长度与交换机到计算机之间的长度完全相同。因此，级联除了能够扩充端口数量外，还有一个用途就是快速延伸网络直径。当有 4 台交换机级联时，网络跨度就可以达到 500m。这样的距离对于位于同一座建筑物内的小型网络而言已经足够了。

图 4—3 展示了采用级联端口进行连接的一种情况。

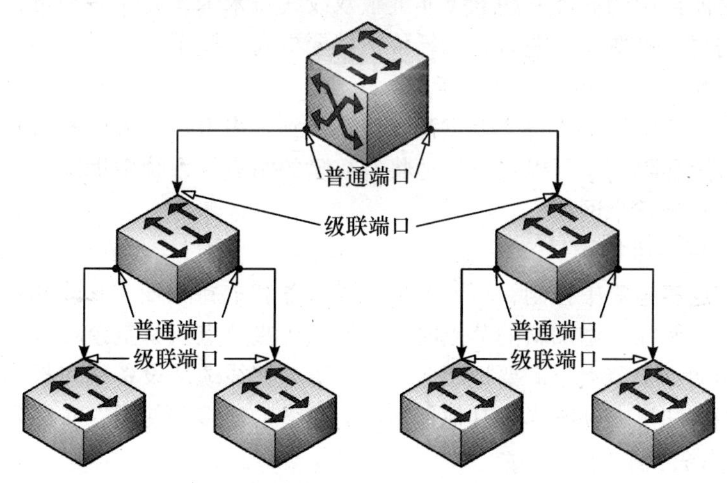

图 4—3　采用级联端口进行连接

通过级联端口进行级联，所采用的连接线缆为普通的直通线。

通过普通端口进行级联，所采用的连接线缆应为交叉电缆，就像两台主机对连一样（见图4—4）。

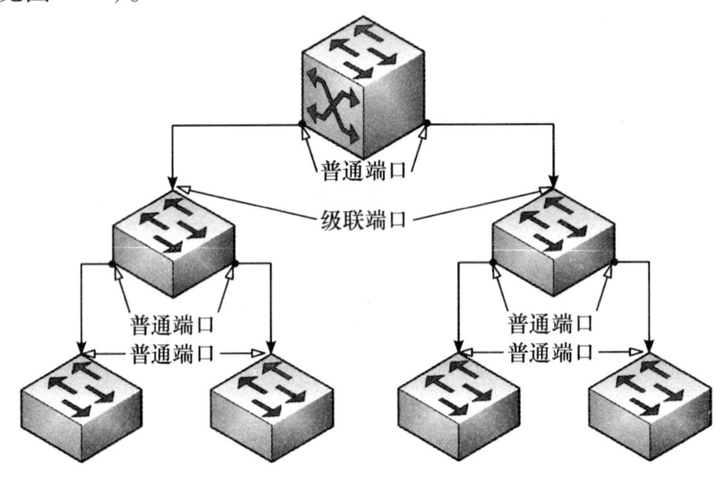

图4—4　采用普通端口进行级联

3. 星型拓扑结构优点

星型结构的主要优点体现在以下几个方面：

（1）成本低，实现容易。

通常星型结构所采用的传输媒体是常见的双绞线，这种传输媒体相对来说比较便宜。目前常用的五类或超五类非屏蔽双绞线每米1.5元左右即可，而同轴电缆最便宜的每米也要2元左右，光纤价格就要更高一些了。

（2）故障容易检测，可靠性高。

在星型网络中，由于每个节点都直接连接到中央节点，彼此相对独立，因而故障易于检测和隔离，可以很方便地将有故障的站点从系统中拆除，一个节点出现故障不会影响整个网络。

（3）扩展、维护容易。

中央节点实施集中控制，可方便地提供服务和重新配置。修改和增减新的节点都很容易。例如，增加新的节点时只需要从中央节点设备空余端口中拉一条电缆即可。移动一个节点只需要把相应节点设备连接线缆从设备端口拔出，然后移到新设备端口即可，并不影响其他任何已有设备的连接和使用，非常简单方便。

（4）网络传输数据快。

星型结构网络的每个节点的数据传输彼此独立，对其他节点的数据传输影响非常小，加快了网络数据传输速度。

4. 星型拓扑结构缺点

星型结构的主要缺点体现在如下几个方面：

（1）对核心交换机可靠性要求较高。

各节点都是连接在各个层级交换机上，然后与中央核心交换机相连，完全依赖中央核心交换机实现网络访问。因此中央核心交换机负荷非常繁重，对其可靠性要求较高，一旦中央核心交换机出现故障，整个网络将会瘫痪。

（2）网络布线较复杂，工作量大，线缆使用多，利用率不高。

每个节点直接采用专门的线缆与上一级节点设备相连，因此需要大量的网络线缆，导致线缆利用率不高，浪费严重，同时也使得网络结构变得相当复杂，尤其是在多级星型结构网络中。太多的电缆无论对维护、管理，还是网络安全都是一个严重的威胁。因此，在网络布线时，一定要在各条线缆和交换机端口上做好相应的标记，并做好整体布线书面记录，日后出现布线故障时才能迅速定位故障节点。

综上所述，星型拓扑结构是一种应用广泛的有线局域网拓扑结构，由于它采用的是廉价的双绞线，而且非共享传输通道，传输性能好，节点数不受技术限制，扩展和维护容易，所以它是一种经济、实用的网络拓扑结构。

（二）环型拓扑结构

1. 环型拓扑结构概述

环型网络中，每个节点通过环中继转发器与它左右相邻的节点串行连接，网络线缆将各节点连成一个闭合环，环上的所有节点上、下行通道都共享一条传输媒体，而同一时刻只允许一个方向的数据传输，其他节点要进行数据传输只有等到现有数据传输完毕。

图4—5展示的是最基本的环型拓扑结构，网络中的每个节点按位置不同有一个顺序编号，信号按计算机编号顺序以“接力”方式传输。例如，计算机A欲将数据传输给计算机F时，必须先传给计算机B，计算机B收到信号后发现不是给自己的，于是再传给计算机C，这样直到传到计算机F。

实际组网过程中，因地理位置的限制，很难做到环的两端物理连接，因此，大多数情况下环型网络不会是所有计算机真的连接成物理上的环型，而是通过在环的两端加一个阻抗匹配器来实现环的封闭，也就是说，逻辑上是环型。环型网络拓扑结构主要应用于采用同轴电缆作为传输媒体的令牌网中。

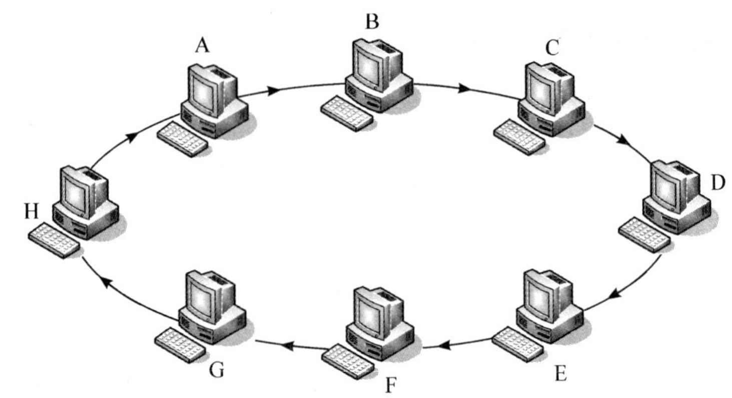

图 4—5　环型拓扑结构

2. 环型拓扑结构优点

（1）电缆长度短，利用率高。

环型结构中所有节点都连接在同一条传输线缆上，因而所需线缆长度比星型拓扑结构要短很多，线缆利用率高。

（2）投资成本低。

一方面，短的传输线缆节约了投资成本，另一方面，建网所需除了线缆外，只需一些工作站和连接器材，没有交换机等比较昂贵的专用设备，因此，投资成本低。

（3）网络路径选择简单。

数据在环型网络中流动是一个特定的单向传输，每两个计算机之间只有一个通路，简化了路径的选择，路径选择效率非常高。

3. 环型拓扑结构缺点

环型结构的主要缺点体现在以下几个方面：

（1）传输效率低。

因为环型网络共享一条传输媒体，每一个数据都要在整个环状网络中从头到尾在网络中“行走”一圈，即使已有节点接收了数据。因为节点接收数据后，只是复制了数据，令牌还将继续传递，看是否还有其他节点需要同样一份数据，直到回到发送数据的节点。因此，网络传输效率非常低。

（2）扩展性能差。

环型结构的扩展性能远不如星型结构的好。如果要新添加或移动节点，就必须中断整个网络，在适当位置切断线缆，并在两端做好环中继转发器才能连接。受网络传输性能的限制，这种网络连接的用户数非常有限，并且不能随意扩展。

（3）可靠性差，维护困难。

环形网络中虽然只有一条传输线缆，结构看起来比较简单。但是，它是一个封闭的环，这是它致命的弱点。所有的节点都被连在这个闭环上，一旦某个节点或者某段链路出现了故障，整个网络将出现瘫痪。并且在这样一个串行结构中，要找到具体的故障点必须一个一个节点排除，非常不便。

为了增加环型拓扑结构可靠性，还有一种改进方案，那就是双环拓扑结构。双环拓扑结构就是在单环的基础上，在各节点之间再连接一个备用环，当主环发生故障时，由备用环继续工作（见图 4—6）。

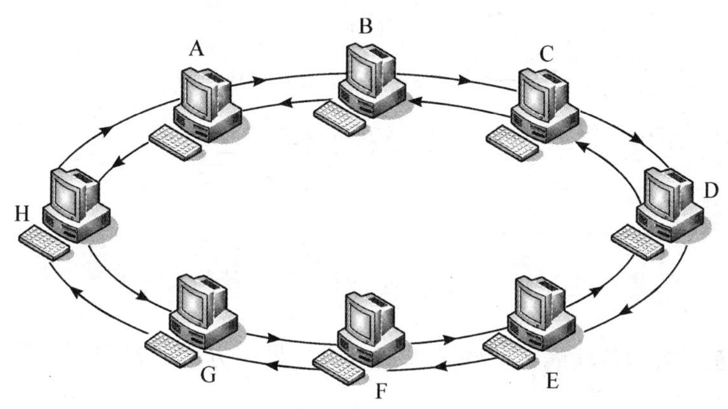

图 4—6　双环拓扑结构

例如，假设 C 节点发生故障，那么，主环将断开，备用环立刻开始工作，自动形成环型回路（见图 4—7、图 4—8）。

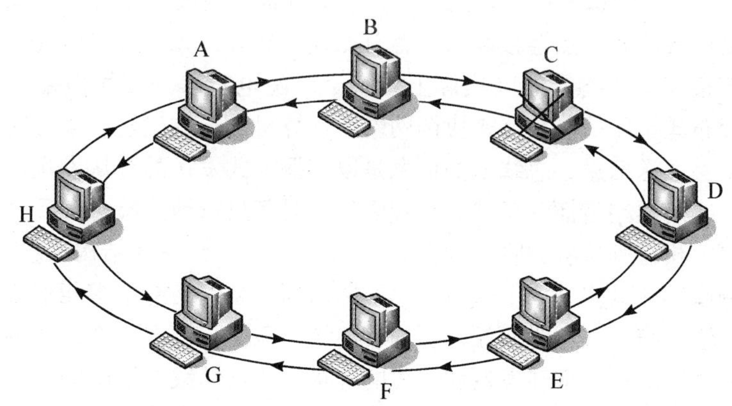

图 4—7　双环拓扑结构中 C 节点发生了故障

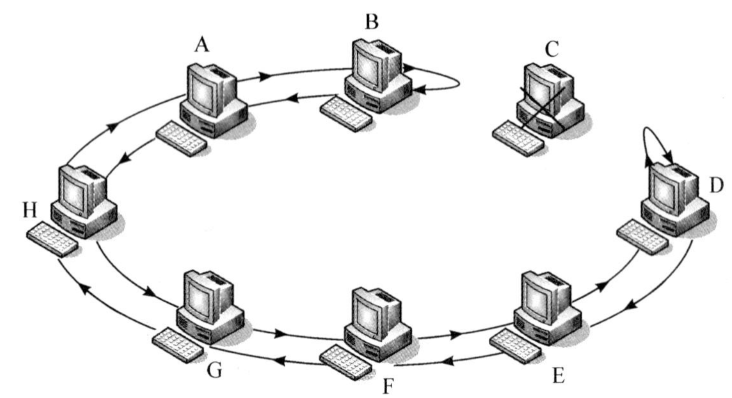

图 4—8　故障点断开，自动形成回路

采用双环结构，极大地提高了网络的可靠性。

思考

假设某段链路出现了故障，那么环型结构将会发生怎样的改变？

（三）总线拓扑结构

1. 总线拓扑结构概述

顾名思义，总线拓扑结构的网络采用一条单根线缆作为共用的传输媒体，一般是同轴电缆，包括粗同轴电缆和细同轴电缆，现在也有采用光缆作为总线型传输媒体的，如 ATM 网。这个共用的传输媒体叫做中继线、总线或母线。通过总线，将网络中的所有节点连接起来，各节点地位平等，无中心节点控制。总线的末端一般连接到一个终结器（实际上是一个匹配电阻）来减少电磁反射。总线网络采取分布式访问控制策略来协调网络上计算机数据的发送，某一时刻，只有一个节点能够发送信息，总线上的信息是以广播方式发送的，从发送信息的节点开始沿着总线向两端传播，各节点在接受信息时都进行地址检查，看是否与自己的地址相符，相符则接收，否则则丢弃。图 4—9 是总线拓扑结构示意图。

从传输媒体和网络结构上来看，总线网络与环型网络有很多相似之处，都是共享一条传输电缆，在电缆两端都要加装终结器匹配。但有一个重要的不同，那就是环型网络中的环中继转发器和线缆的连接方式与总线网络中的连接器和线缆的连接方式是不同的。在环型网络中，环中继转发器与电缆是串联的，任何连接节点出现问题，都会断开整个网络。总线网络中的连接器与线缆是并联的，节点

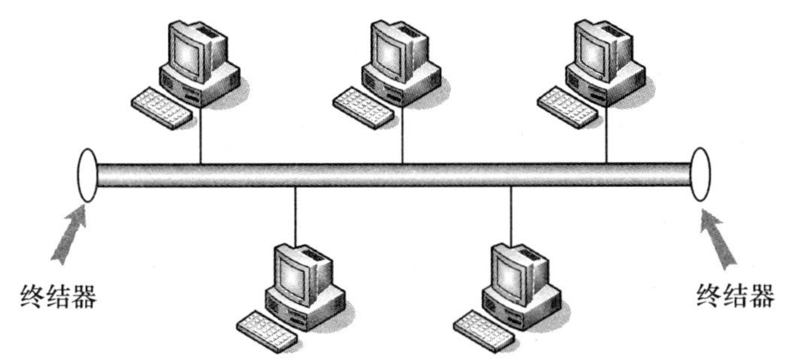

图 4—9　总线拓扑结构

故障不会影响网络中的其他节点通信。此外，为了扩展计算机的台数和传输距离，可以在网络中添加中继器等其他的扩展设备（见图 4—10）。

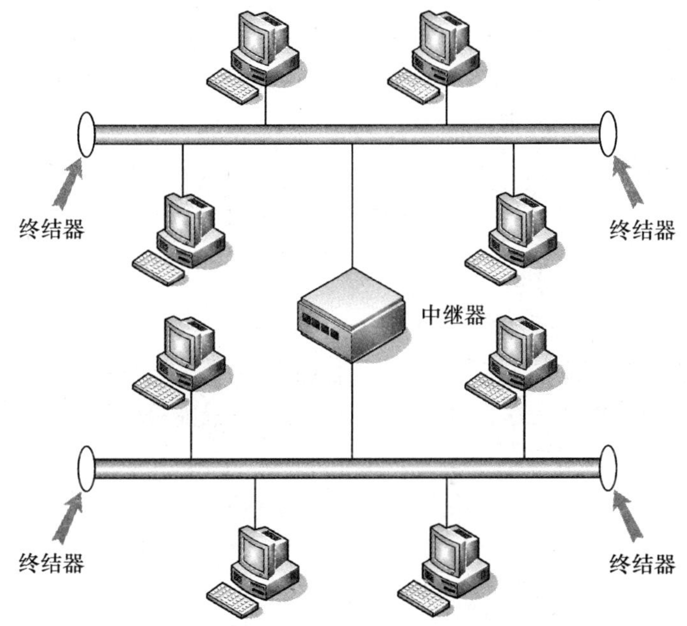

图 4—10　扩展的总线拓扑结构

总线结构的代表技术就是 IBM 的 ARCNet 网络。

2. 总线拓扑结构优点

（1）线缆长度短，利用率高，投资成本低，网络结构简单，易于布线。

同环型网络一样，总线网络中所有节点都连接在共用的总线上，都是共享传输媒体，因此线缆长度短，利用率高，也不需要另外的网络设备，造价较低，网络结构简单，布线比较容易，安装使用比较方便。

（2）用户入网灵活，扩展容易。

各节点是通过并行连接的方式接入总线的，因此，用户入网或者离开网络都非常灵活，无须断开网络即可扩展或者删除网络节点。此外，还可通过中继器设备扩展连接到其他网络中，进一步提高了可扩展性能。

（3）易于维护，可靠性高。

并行连接的接入方式，使得网络维护非常容易，网络中的节点彼此独立，某个节点的故障或者失效不会对其他节点的通信造成影响，更不会影响整个网络。因此，故障点的定位、查找容易许多，网络可靠性高。

3. 总线拓扑结构缺点

（1）故障诊断困难。

总线型网络中，虽然各节点是采取并行连接的方式接入网络中，彼此互不影响，但是网络不是集中控制，一旦网络出现故障，需要依次检查网络的各个节点，故障检测仍然比较困难。

（2）故障隔离困难。

在总线网络中，总线对整个网络起决定性作用，如果网络节点发生故障，只要将该节点从网络中删除即可，但是一旦共享的总线发生故障，故障隔离非常困难，将会导致整个网络瘫痪。

（3）容易发生数据碰撞，网络效率不高。

总线网络中的所有节点，在某一时刻只允许一个节点发送数据，如果有两个或两个以上的节点同时发送，将会产生数据碰撞，只能重新发送。因此，线路争用现象比较严重，网络效率不高。

通常，总线网络主要适用于办公室、宿舍等网络规模较小的场所。

（四）树型拓扑结构

1. 树型拓扑结构概述

星型结构、环型结构、总线型结构是基本的网络结构单元，由这三种结构自身级联或者混合连接，可以形成复杂的扩展网络结构单元，树型结构就是其中的一种。

在树型结构中，网络采用层级结构，各节点按照一定的层次连接起来，顶端有一个根节点，根节点下面有若干子节点，每个子节点下面还可以再有若干子节点，如此直到叶节点为止，形状像一棵倒置的树，因此命名为树型拓扑结构。它采用分级的集中控制方式，虽然传输媒体可有多条分支，但不形成闭合回路，而且每条通信线路都支持双向传输。

实际使用中，树型结构有两种类型，一种是由总线型拓扑结构派生出来的（见图 4—11），它由多条总线连接而成。另一种是星型结构的变种（见图 4—12）。

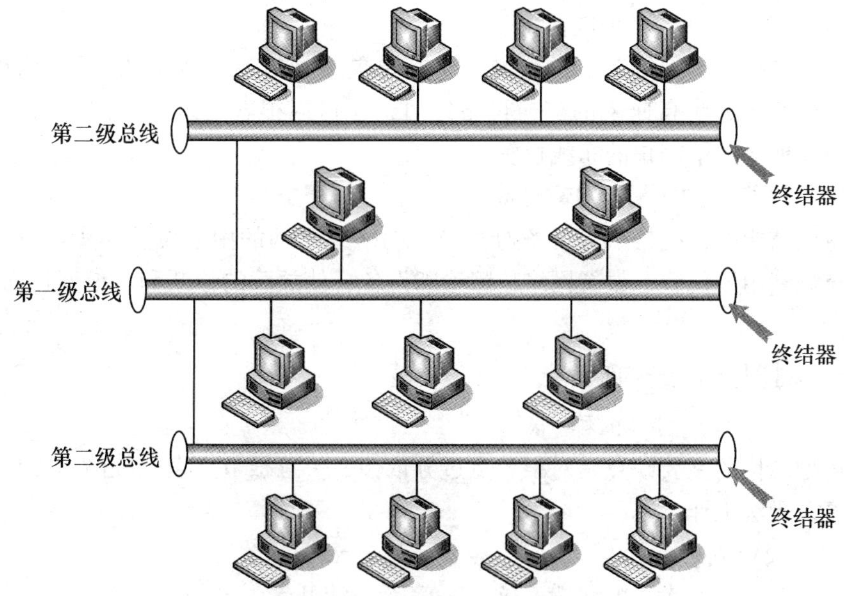

图 4—11　由总线结构演变而来的树型结构

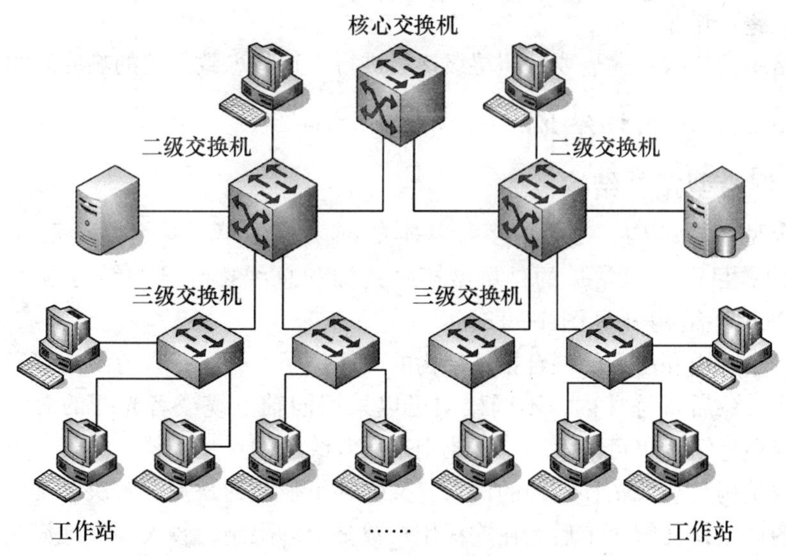

图 4—12　由星型结构演变而来的树型结构

树型网络具有良好的可扩展性，适用于构建网络主干，目前广泛应用于大中型网络中。

2. 树型拓扑结构优点

（1）具有良好的可扩展性。

树型结构中，网络节点的增减非常简单灵活，对原有网络的扩展也非常方便。只要简单更换高速率的交换设备即可，还可以很容易地实现网络的升级改造，极大地保护了用户的布线投资。

（2）网络维护容易，可靠性高。

树型结构中，交换机等设备通常居于网络或子网的中心位置。实际应用中，可以充分利用该位置，放置网络故障诊断设备，使故障的诊断和定位变得简单而有效。

3. 树型拓扑结构缺点

（1）对根节点过分依赖。

树型结构的主要缺点是对根节点过分依赖，一旦根节点发生故障，将导致全网瘫痪，无法工作。

（2）投资成本高。

网络布线需要大量的线缆，这是一笔不小的开销。各级的中心需要交换机、路由器等设备，价格比较昂贵，导致整个网络投资成本高。

（3）系统响应时间长。

网络中的数据传输需要按照层级逐级进行，这将导致系统的响应时间较长。

（五）混合型拓扑结构

1. 混合型拓扑结构概述

混合型拓扑结构，是指由多种基本的网络结构单元结合在一起而形成的拓扑结构。目前，最常见的是星型拓扑结构和总线拓扑结构结合在一起组成的混合型拓扑结构（见图 4—13）。

举一个总线和星型的混合拓扑结构的具体例子，先以一条总线连接各楼的核心交换机。然后每栋楼内，不同楼层可以采用同轴电缆或者光纤的总线拓扑结构，选择星型结构也可以。同一楼层则采用双绞线的星型结构。这样，既兼顾了星型拓扑结构与总线拓扑结构的优点，又弥补了彼此的缺点，解决了前者在传输距离上的局限，又解决了后者在连接用户数量上的限制，较大程度地满足了网络扩展（见图 4—14）。

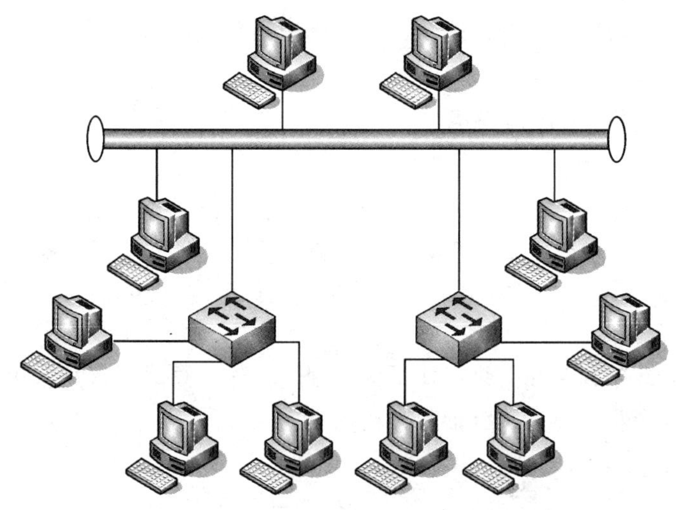

图 4—13　总线和星型的混合拓扑结构

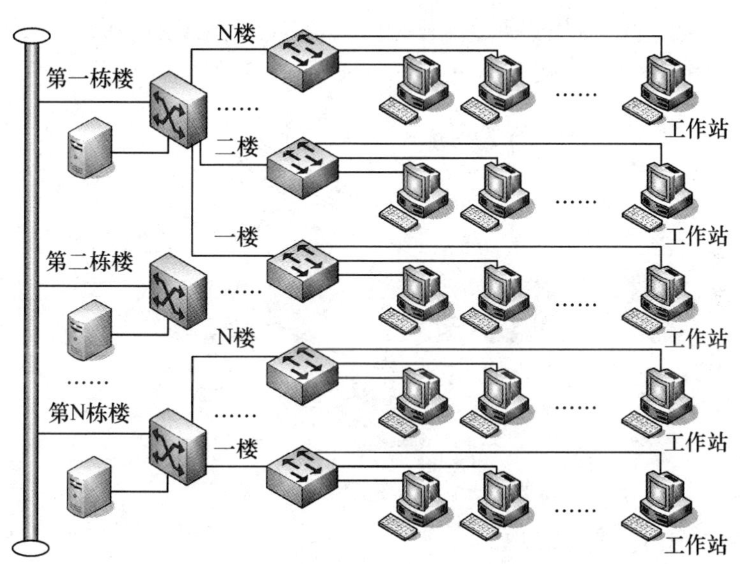

图 4—14　总线和星型的混合拓扑结构示例

2. 混合型拓扑结构优点

（1）扩展灵活。

混合型拓扑结构继承了星型拓扑结构的优点，扩展非常简单，灵活。

（2）应用广泛。

混合型拓扑结构将星型拓扑结构和总线型拓扑结构结合起来，解决了它们的不足，满足了大中型局域网的组网要求。

3. 混合型拓扑结构缺点

（1）性能差。

这种网络结构继承了总线网络结构的弱点，网络速率会随着用户的增多而下降，其骨干网段（总线段）采用总线网络连接方式，所以各楼层和各建筑物之间的网络互联性能较差。但在采用光纤作为传输媒体的混合型网络中，影响较小。

（2）较难维护。

混合型网络受到总线网络拓扑结构的制约，如果总线断，则整个网络也就瘫痪了，而且网络非常复杂，维护起来较困难。

（六）网状拓扑结构

1. 网状拓扑结构概述

网状拓扑结构中各节点通过传输媒体互相连接起来，并且每个节点至少与其他两个节点相连，可以组合成各种形状（见图4—15）。

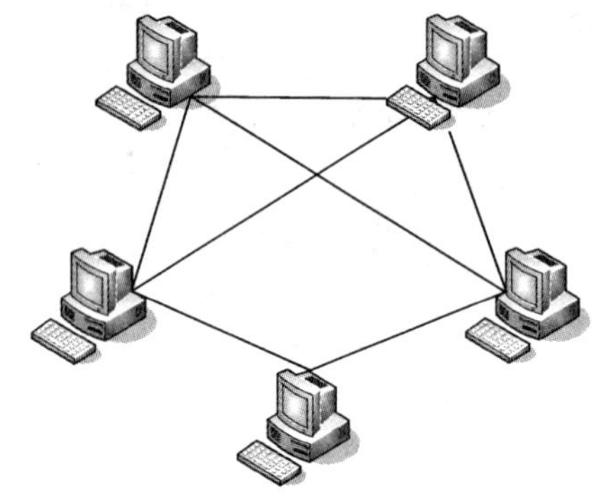

图4—15 基本的网状拓扑结构

2. 网状拓扑结构优点

（1）可靠性高。

网状拓扑结构中，任意两个节点之间都存在着至少两条通信路径，每个节点都有冗余链路，使得网络结构很健壮，当一条路径出现故障时，可以通过其他的路径发送信息，整个网络系统能够继续正常运行，大大提高了网络的可靠性。

（2）故障定位与隔离容易。

点对点的连接很容易做到故障的定位和隔离，因此数据在流动过程中可以避开那些有问题的连接。

3. 网状拓扑结构缺点

（1）结构复杂，投资高。

网状拓扑结构中的节点用点对点的方式相互连接在一起，建立和配置线路连接比较困难。一个全连接的网状网络需要 $n(n-1)/2$ 个物理通道连接 n 个节点。为了适应全连接的需要，每个节点必须有 $n-1$ 个 I/O 端口，还需要大量的通信电缆，这将是一笔不菲的投资。

（2）不易扩充、管理和维护。

网状拓扑复杂的物理结构，使得相应的软件系统也很复杂，这将带来管理维护的难题，同时网络本身也不容易扩充。

局域网通常不采用网状拓扑结构。它一般用在要求较高的场合，例如国际互联网骨干网以及我国教育和科研计算机网都采用这种结构。

三、校园主干网技术

（一）主干网概述

主干网是构建校园网的一个重要的体系结构元素，是一种大型的传输网络。在本地层面，它是一条或一组线路，贯穿建筑物或校园，提供本地网络与广域网的连接，或者提供本地局域网之间跨距离的有效传输，例如，两栋大楼之间的连接。主干网通过路由器把不同的子网连接起来，提供校园内计算机主干通信服务，它通常采用光纤作为传输媒体，具有较高通信带宽和稳定可靠的特点。

（二）主干网关键技术

目前，校园主干网主要采用四种技术：光纤分布数据接口（fiber-distributed data interface，FDDI）、异步传输模式（asynchronous transfer mode，ATM）、快速以太网（fast ethernet）和千兆以太网（gigabit ethernet）。异步传输模式和千兆以太网对于多媒体应用有较高的服务质量。

1. 光纤分布数据接口

FDDI 起源于 20 世纪 80 年代中期，产品在 1988 年问世。FDDI 以 IEEE① 802.5 令牌环标准的 MAC 协议为基础，传输媒体采用光纤，逻辑结构是环型，物理结

① IEEE 是 Institute of Electrical and Electronics Engineers 的缩写，表示美国电气与电子工程师协会。

构可以是环型，也可以是带树型或带星型的环。分组长度最大为4 500字节，数据率可达 100Mbps，最多支持 1 000 个物理连接。最大站间距离为 2km，环路长度为 100km。具有动态分配带宽的能力，能够同时提供同步和异步数据服务。

为了增强环型拓扑结构的可靠性，FDDI 基本结构采用逆向双环，一个环为主环，另一个环为备用环。当主环上的设备失效或光缆发生故障时，通过从主环向备用环的切换可继续维持 FDDI 的正常工作，提高了故障容错能力。

20 世纪 90 年代初期，FDDI 发展非常迅速，然而，由于其芯片过于复杂，对线路和硬件设备要求较高，价格昂贵，现在基本很少使用了。

2. 异步传输模式

随着 internet 与多媒体技术的飞速发展，网页上的图像、音频、视频等多媒体内容越来越多，用户需要有更高的接入速率。而现有的电路交换和分组交换很难胜任宽带高速的交换任务。对于电路交换，当数据的传输速率及其突发性变化很大时，交换的控制就变得十分复杂；对于分组交换，当数据传输速率很高时，协议数据单元在各层的处理将成为很大的开销，无法满足实时性很强的业务的时延要求。ATM 就是建立在电路交换和分组交换基础上的一种面向连接的分组交换技术，它可以很好地进行宽带信息交换，具有高速数据传输率，支持多种类型如声音、数据、传真、实时视频、CD 质量音频和图像的通信。

ATM 采用固定长度的数据传输单元，叫做信元。所有信元具有同样的大小，即 53 字节，首部为 5 个字节，支持不同速率的各种业务，使得网络带宽可以调节、预置和即时申请；ATM 所有信息在光纤信道中传输，误码率低，容量大，不需要链路对链路的纠错和流量控制，协议简单，数据交换率高；网络传输延迟小，适应实时通信的要求；数据传输率在 155Mbps ~ 2. 4Gbps 之间；具有灵活的组网拓扑结构和负载平衡能力，伸缩性、可靠性高。

3. 快速以太网

快速以太网是指速率为 100Mbps 的以太网。随着网络的发展，传统标准的以太网技术已难以满足日益增长的网络数据流量速度需求。

1993 年 10 月，Grand Junction 公司推出了世界上第一台快速以太网集线器 fast switch 10/100 和网络接口卡 fast NIC 100，快速以太网得以正式应用。

1995 年 3 月，IEEE 把 100BASE-T 的快速以太网正式定为标准，代号为 IEEE 802. 3u，用户可以得到更多的选择和更好的服务，快速以太网的时代开始了。

快速以太网物理结构采用星型结构，逻辑仍是总线结构，相比于在 100Mbps 带宽下工作的 FDDI，优点是快速以太网技术可以有效地保障用户在布线基础上的投资，它既可以支持高质量的五类线缆、光纤，也可以支持低质量的三类线缆，但最常用的是五类线缆。快速以太网的缺点是它仍然使用 CSMA/CD 技术，当网络负载较重时，会造成效率的降低，当然这可以使用交换技术来弥补。

4. 千兆以太网

千兆以太网又叫吉比特以太网，是建立在以太网技术基础上，对 10Mbps 以太网和 100Mbps 快速以太网连接标准的扩展，网络主干带宽可达 1Gbps。传输速度比快速以太网提高 10 倍，比以太网提高 100 倍。1996 年夏天，千兆以太网产品问世。1997 年，IEEE 通过了千兆以太网的标准 IEEE 802.3z，并在 1998 年将其定为正式标准。千兆以太网以自然的方法来升级现有的以太网络，充分保护用户在现有网络基础设施上的投资，并保留现有的线缆、操作系统、协议、桌面应用程序和网络管理战略与工具，可以与 10BASE-T、100BASE-T 向后兼容，具有良好的易移植、易管理性，在处理新应用和新数据类型方面具有很大的灵活性。此外，千兆以太网可以在全双工和半双工两种方式下工作，填补了 IEEE 802.3 以太网、快速以太网标准的不足。网络设计人员能够建立有效使用高速、关键任务的应用程序和文件备份的高速基础设施。网络管理人员将为用户提供对 internet、Intranet、城域网与广域网的更快速的访问。

以上四种技术，从性能价格比上看，千兆网已经成为构成校园网络主干的主流技术，它有足够的带宽和交换能力，可以兼容异构网的接入，保留原有网络建设投资，并满足多媒体教学的需要，还可以平滑升级到万兆以太网。

目前，随着 IEEE 802.3ae 标准的出台，万兆以太网（也叫 10 吉比特以太网）逐步登上了舞台。万兆以太网技术是在过去的传统以太网、快速以太网、千兆以太网技术基础上发展起来的，保留了以太网使用的方便性、兼容性、易升级性等特点，并能够有效地节约用户在链路上的投资，无须担心升级风险，原有的程序和服务基本不会受到任何影响。万兆以太网提供了更加丰富的带宽和处理能力，网络主干带宽可以达到 10Gbps，使得 VOD 视频点播等多媒体应用有更多的空间。目前万兆以太网已经成为网络主流技术。很多高校已经将自己的校园网络率先升级到万兆以太网。

四、综合布线系统设计

（一）综合布线概述

校园网络布线是网络连接的物理基础和信息传输的通道，布线系统的优劣，直接影响到校园网的性能。目前常用的“综合布线系统”是20世纪80年代后期由西方发达国家引入我国的。它经过统一的规划设计，采用模块化的组合方式，将分散设置在建筑内的设备相连，具有良好的兼容性、开放性、灵活性、可靠性，且易于扩充。在实际使用中它要遵循国际或国内的布线标准。

综合布线系统标准基本上都是由一些具有影响力的国际标准组织制定的。对于布线行业有重要影响的组织有：

国际标准化组织（International Organization for Standardization，ISO）。

国际电工委员会（International Electrotechnical Commission，IEC）。

美国电气与电子工程师协会（Institute of Electrical and Electronics Engineers，IEEE）。

美国国家标准学会（American National Standards Institute，ANSI）。

美国电信工业协会（Telecommunications Industry Association，TIA）。

美国电子工业协会（Electronic Industries Alliance，EIA）。

欧洲电工标准化委员会（法文名称缩写为CENELEC）与欧洲标准化委员会（法文名称缩写为CEN）。

目前，各个国家的综合布线标准较多，一些主要的标准如表4—1所示。

表4—1　　一些主要的综合布线标准

项目＼标准	中国国家标准	国际标准	欧洲标准	北美标准
综合布线系统性能和系统设计	GB 50311-2007	ISO/IEC/11801-2002 ISO/IEC61156-5 ISO/IEC61156-6	EN50173-2000 EN50173-2002	ANSI/TIA/EIA-568A ANSI/TIA/EIA-568B ANSI/TIA/EIA TSB67-1995 ANSI/TIA/EIA/IS-729
安装、测试和管理	GB 50312-2007	ISO/IEC14763-1 ISO/IEC14763-2 ISO/IEC14763-3	EN50174-2002	ANSI/TIA/EIA 569 ANSI/TIA/EIA 606 ANSI/TIA/EIA 607
连接器件	GB/T9771.1-2000 YD/T1092-2001	IEC61156	CENELEC EN 50288-X-X	ANSI/TIA/EIA 455-25C-2002
防火测试	GB12666-1990 GB/T18380-2001	ISO/IEC60332 ISO/IEC1034-1/2	NES-713	UL910 NFPA 262-1999

（二）综合布线系统的构成

根据北美的ANSI/TIA/EIA－568A和ANSI/TIA/EIA－568B标准，综合布线

系统包括六个子系统：即建筑群子系统（campus backbone subsystem）、垂直干线子系统（riser backbone subsystem）、水平子系统或配线子系统（horizontal subsystem）、设备间子系统（equipment subsystem）、管理子系统（administration subsystem）和工作区子系统（work area subsystem）（见图4—16）。

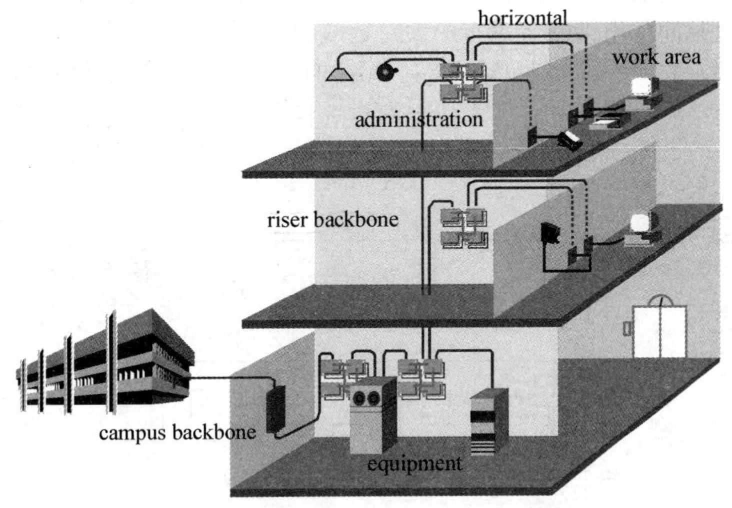

图4—16 综合布线的六个子系统

1. 建筑群子系统

建筑群子系统是针对楼群而言的，它实现了建筑物之间的相互连接，由连接各建筑物的综合布线线缆、建筑群配线设备、跳线以及电气保护设备等组成，一般采用地下管道或电缆沟的敷设方式，设计时考虑到以后备用，须预留一定数量的管孔（见图4—17）。

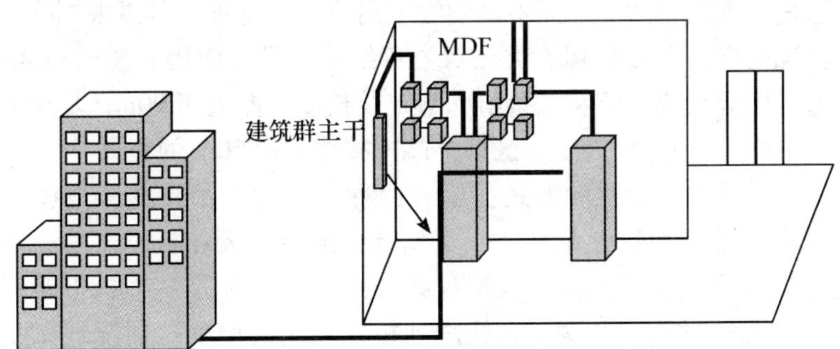

图4—17 建筑群子系统

注：MDF是总配线架（箱），一般安装在设备机房。此外，还有一种LDF，叫做楼层配线架（箱），可安装在各楼层的干线接成间。

2. 垂直干线子系统

垂直干线子系统是针对某个建筑而言的，是建筑物内网络系统的中枢，提供主干电缆的路由，它将各楼层的水平子系统联系起来（见图 4—18）。实际使用中，主要是实现总机房配线器与各楼层机房配线架之间的连接。介质可以是光缆，也可以是同轴电缆或者垂直的大对数双绞线。双绞线的传输距离是 100m，因此，大楼垂直主干线缆长度不超过 90m 时，可以选择大对数双绞线，超过 90m 后，须采用光缆。此外，布线走向应选择干线线缆最短、最安全和最经济的路由。

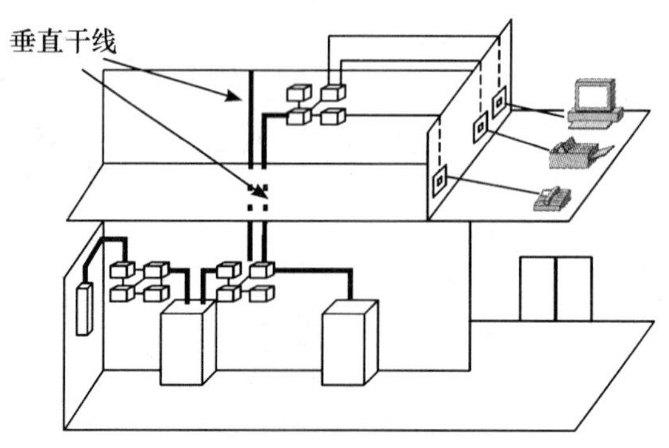

图 4—18　垂直干线子系统

3. 水平子系统

水平子系统主要涉及同一个楼层之间的线路连接，将垂直干线子系统架设的线路延伸到用户工作区（见图 4—19）。实际安装时，一端从楼层交换机端口出发，经过楼层配线间或设备机房的管理配线架，另一端接在信息插座上。值得注意的是，这里是到信息插座，而不是到终端用户。传输媒体可以根据实际的需求以及经济情况确定，一般是超五类、六类双绞线，目前使用光缆的也越来越多。此外，如果采用双绞线，要注意整个水平布线长度不能大于 90m，尽管双绞线的最大长度是 100m，但是要为工作区中终端连接线预留 10m 的距离。

在水平子系统中，走线的方式主要有两种：一种是吊顶式，也就是以线槽或线管方式沿墙壁延伸到天花板，一直到楼层配线间天花板，然后再从楼层配线间天花板走线到楼层配线间的楼层配线架。另外一种是从地板下走线，以布线槽或线管方式穿过墙壁到楼层布线间地板，然后延伸到楼层配线架。无论采用哪种走线方式，都尽量以水平或垂直方式走线，充分考虑走线的距离，采用最短路径。

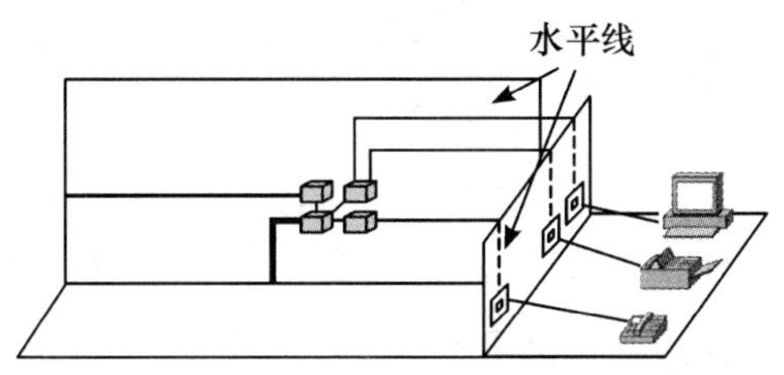

图 4—19 水平子系统

4. 设备间子系统

设备间，也叫“配线间”，俗称“机房”，是系统进行管理、控制、维护的场所（见图 4—20）。设备间位置以及大小的选取要综合考虑设备的数量、重量、规模、地板承受能力、通风散热、温度、湿度、安全性等多种因素。为了连接更多的对称距离楼层，可以选择位于中间高度的中间平面位置。

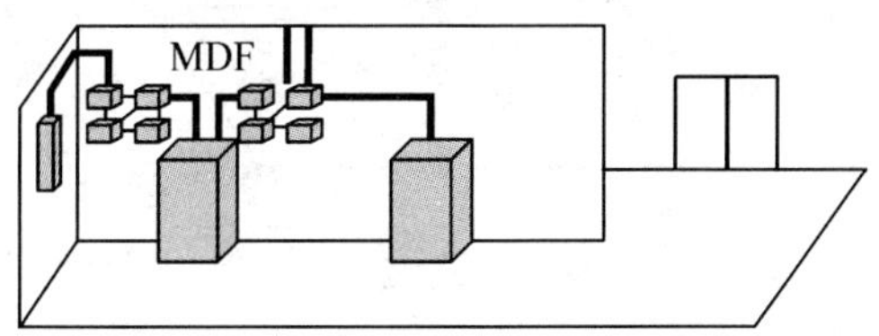

图 4—20 设备间子系统

5. 管理子系统

管理子系统是水平子系统电缆端接的场所，通常设置在楼层的配线间内，由配线架①等配线设备、输入和输出设备等组成（见图 4—21）。用户可以在管理子系统中更改、增加、交接、扩展线缆。管理子系统提供了与其他子系统连接的手段，使整个布线系统与其连接的设备和器件构成一个有机的整体，以便更容易地管理通信线路。

6. 工作区子系统

在综合布线中，一个独立的、需要设置终端设备的区域称为工作区，通常为 $5m^2 \sim 10m^2$ 左右，用户也可以根据自己的需要来设定。工作区子系统是用户的最终工作区，也是整个布线系统的终端子系统，通常由计算机等终端设备、信息插座以及其间的连线组成（见图 4—22）。

---

① 配线架是实现垂直干线和水平布线两个子系统交叉连接的枢纽，通常安装在机柜或墙上，有双绞线配线架和光纤配线架两种。根据不同的连接硬件分，楼层配线架（箱）和总配线架（箱），一般 200 个信息插座需要设置一台配线架。

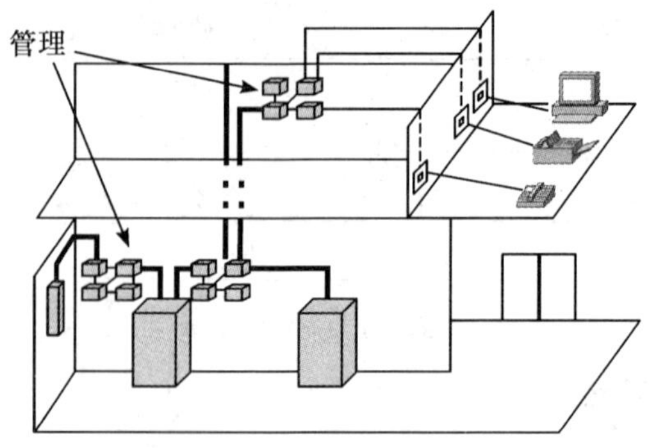

图 4—21　管理子系统

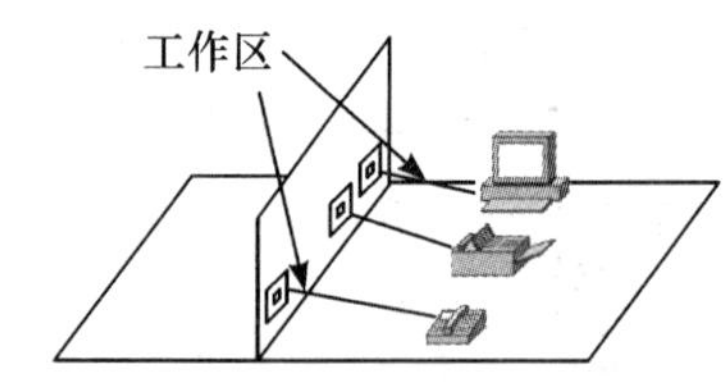

图 4—22　工作区子系统

五、网络设备选型

(一) 网络设备选型的基本考虑

在校园网的整体结构设计好后，就可以根据各个功能实现的具体要求，选择传输媒体与设备，这是非常重要的一环，选型的好坏直接影响系统的实用性、稳定性、可靠性等。实际应用中，传输媒体的选择相对较容易，一般分为两部分：第一部分为网络出口干线与核心交换机，以及各交换机之间，例如楼与楼之间，楼层之间的传输媒体的选择，目前选择光纤的较多；第二部分为接入层交换机到用户的计算机的传输媒体的选择，一般选择五类或超五类双绞线。

网络设备的选择相对传输媒体要复杂得多，目前国内外众多厂家都推出了各自的网络产品，令人目不暇接。那么，如何选择各种网络设备、产品呢？一般可以从以下几个角度对产品进行考察。

1. 设备是否遵循国际标准或行业标准

校园网的设备可能来自多个厂商，因此，在选择网络设备时，必须考虑设备是否支持国际标准或者业界通用的行业标准，以便能够和其他厂商的设备互联互通。

2. 技术的成熟性和领先性

选择网络设备尤其是高端设备时，尽量选择技术比较成熟的设备，以免为今后的运行管理、故障诊断等带来麻烦，同时也要有一定的前瞻性，考虑到今后的需求，为未来的发展预留一定的空间，以免设备落伍，可以考察一些具体的技术指标。

3. 设备的可管理性、可升级性

对于大中型校园网而言，设备是否具有良好的网络管理能力、是否容易升级非常重要，这直接影响到校园网使用的便利程度。具体问题有：网关系统对所选设备的监管、配置能力如何？设备是否提供了信息统计和故障检测的手段？是否支持数据报表功能？等等。

4. 容错冗余能力

设备的容错冗余能力主要是针对校园网的骨干设备而言的。具有容错冗余能力的骨干设备在某一模块出现故障时，能自动切换到备份设备，不会影响其他设备的正常工作，同时有利于负载均衡。

5. 是否具有良好的安全性

校园网安全一直是一个非常重要的因素。选择设备时，安全性方面主要考虑设备是否能防病毒、防网络攻击、防非法组播、防扫描，发现网络异常时是否能自动报警或自动处理等。

6. 厂商

主要考察设备厂商是否具备完善的售后服务体系来支持用户的使用，是否具备完备的备件库和维护维修能力。此外，厂商的信誉也非常重要，信誉好的厂商产品经过了大量用户的使用考验，出货频繁，生产量大，质保体系完备。所以，厂商的信誉是网络产品品质的重要保障。

（二）网络服务器的选购

1. 网络服务器的应用环境

网络服务器的具体应用环境是选购服务器的出发点，不同的业务应用、不同的用户类型、不同的用户数量，都对服务器的选购具有较大的影响。选购服务器时，要明确该服务器是作为数据库服务器，是作为文件服务器，是作为邮件服务器，还是作为网页服务器？服务器上的操作系统是什么？用户访问量大致有多少？处理的数据类型是文本，是音频，还是视频？服务器上需要运行哪些软件？对于不同的功能要求，设备选购可以有不同的侧重点。例如，中小型校园网中，文件服务器、磁盘系统最为重要，其次是内存容量，最后是 CPU；对于网页服务器来说，内存最重要，其次是 CPU，最后是磁盘系统。

2. 处理器架构

处理器架构是根据 CPU 所采用的不同指令系统来进行划分的，这是一个非常关键的指标，在很大程度上决定了服务器的性能水平和价格水平。如前所述，服务器的处理器架构有三种：CISC 架构服务器、RISC 架构服务器和 VLIW 架构服务器。CISC 架构服务器由 Intel 公司开发生产，属于中低档，价格便宜，基本上采用 Windows 操作系统。RISC 架构服务器属于中高档，价格昂贵，且售后服务需要大量资金，应用于大中型校园网的数据库服务器，通常采用 UNIX 或者 LINUX 操作系统，它也支持 Windows 操作系统。VLIW 架构服务器处理器结构简单，芯片制造成本低，能耗少，处理器性能总体较高，支持 Windows，UNIX 或者 LINUX 操作系统，不仅可以应用于对性能要求不高的服务器，如文件服务器、DHCP 服务器、DNS 服务器、FTP 服务器等，也可被广泛应用于大规模的数据处理环境，如教务系统或办公系统后台等。

3. 服务器架构

服务器架构是根据服务器的机箱结构来进行划分的，主要可以分为台式服务器、机架式或机柜式服务器和刀片式服务器三类（见表 4—2）。

表 4—2　　三种服务器优缺点比较

服务器架构	优点	缺点
台式	可扩展更多的总线、内存插槽，磁盘架位多，散热好，成本低。	机箱体积大，占用空间多，管理不便。
机架式或机柜式	1U 以下的产品占用空间小，重量轻，容易安装。 4U 以上的产品性能高，可扩展性好，管理方便，适合访问量大的关键业务应用。	1U 的产品性能和可扩展性差，4U 以上的产品，体积大空间利用率不高，价格高。
刀片式	体积小，具有灵活的可扩展性，管理方便。	散热不好，价格高。

4. 可扩展能力

服务器的可扩展能力主要表现在两方面：处理器的并行扩展和服务器群集扩展。处理器的并行扩展比较简单，可以在一个服务器系统中安装多个处理器，来提高服务器的性能，中小型校园网一般采用这种方法。服务器的集群扩展是通过集群管理软件把多个服务器进行集中管理来实现负载均衡，来提供服务器的整体性能的，其配置相对比较复杂，一般用在大型校园网中。此外，和普通计算机一样，服务器的主板总线插槽数、磁盘架位和内存插槽数等因素也很重要，体现了服务器的可扩展能力。

最后，实际选购时，还要考虑服务器对于新技术的支持能力如何？用户的评价怎么样？是否提供了完善的售后服务？价格是否在自己的预算范围内？等等。

（三）路由器的选购

路由器价格昂贵，配置复杂，在选购时，主要考虑如下性能指标：

1. 支持何种路由协议

校园网中，路由器主要用来进行路由选择，实现不同子网之间的互联或者将校园网连接到因特网上。在选购路由器时，要注意所选路由器所能支持的网络路由协议有哪些，以免买来的路由器不支持已有的某种协议，那就无法实现网络间的路由功能。

2. 背板能力

背板能力是路由器非常重要的性能指标，直接影响网络之间的连接速度，也决定了路由器的档次。不同档次的路由器应用于校园网中的不同位置。通常，高档路由器主要应用于网络中心，中档路由器用来连接各子网和网段，低档路由器用于分支办公室之间的连接。但是背板能力只能在设计中体现，一般无法测试出来（见表4—3）。

表4—3　　路由器的背板能力与档次

路由器档次	背板能力
低档路由器	<25Gbps
中档路由器	25Gbps ~ 40Gbps
高档路由器	>40Gbps，有的甚至高达几百、上千 Gbps

3. 处理时延

路由器的处理时延与数据包长度和链路速率有关，对网络的性能影响较大，要求越短越好，一般以ms（毫秒）计算，通常在路由器端口的吞吐量范围内测试。高速路由器要求对1 518字节及以下的IP包的处理时延均小于1ms。

4. 丢包率

丢包率是指在稳定的持续负荷下，路由器不能进行正确转发的数据包在总的数据包中所占的比例，这也是衡量路由器性能的主要指标之一。中小型校园网的网络流量相对较小，丢包的概率也较小，但是大型校园网就需要充分考虑这一指标，要求在正常情况下丢包率应该小于1%。

5. 路由表能力

路由表能力是指路由器运行中可以容纳的最大路由表项数。通常，高速路由器应该能够支持至少25万条路由，平均每个目的地址至少提供两条路径，系统必须支持至少25个边界网关协议（border gateway protocol，BGP）对等体和至少50个内部网关协议（interior gateway protocol，IGP）邻居。核心路由器需要重点考虑这一指标。

6. 网络管理能力

校园网中，路由器还担当着网络控制与管理的重任。因此，在选购路由器时，要充分考虑其网络系统的监管和控制能力。是否提供配套的网络管理软件？是否提供信息统计功能？是否提供网络深层故障的检测和诊断功能？是否提供多种管理方式？在安全保障方面都提供了哪些功能？等等。

以上是选购路由器须考察的主要的性能指标，实际选购时，还有一些因素也要予以充分重视，例如路由器能够支持的接口种类有哪些？（是否支持通用串行接口？是否支持10Mbps以太网接口？是否支持快速以太网接口？是否支持10/100Mbps自适应以太网接口？是否支持千兆以太网接口？）端口密度如何？扩展能力怎么样？可靠性方面，无故障工作时间和故障恢复时间等指标如何？如果校园网中有大量的语音、视频业务，就还要考虑时延抖动的因素。

（四）交换机的选购

校园网中，交换机的选型要根据交换机所处的位置和所承担的网络应用来确定。核心层交换机各方面的性能要求自然比较高，汇聚层交换机次之，接入层交换机要求最低。但无论哪个层次，交换机都是用来进行数据交换的，它的选购都是非常重要的。具体需要考虑以下因素：

1. 端口

交换机的端口重点考察端口带宽、端口类型、端口数。

端口带宽反映了交换机的网络连接性能。目前普通的二层交换机端口都是10/100Mbps、100Mbps，三层或三层以上的骨干交换机是1Gbps，一些高档的核心交换机能提供10Gbps的光纤端口。

交换机端口可以支持不同的网络技术和传输媒体。普通的以太网交换机都是采用双绞线 RJ－45 接口，有些高档的交换机采取光纤作为传输媒体，支持相应类型光纤的网络接口。

端口数关系到网络中的节点数。通常，交换机少则 4～5 个端口，多则可达 48 个端口。越是上层的交换机端口数可以越少，越是下层的交换机端口数可以越多。

端口的选择要根据校园网的具体规模、交换机的应用位置而确定。通常，大型校园网的核心交换机选择模块式、支持普通双绞线或光纤的 1Gbps 交换机，尽量多提供一些光纤端口，例如 4 个以上，如果选择固定端口的交换机，12 至 24 个端口即可。对于汇聚层交换机，支持两个光纤端口、100Mbps、24 端口或者 48 端口的即可。接入层交换机对端口的选择相对随意，通常不需要支持光纤端口，而是根据用户节点数，选择 24 端口或者 48 端口的普通交换机即可。

2. 背板带宽

交换机的背板带宽代表了该交换机的数据处理能力，带宽越大，数据处理能力越强，通常用每秒通过数据包的个数表示。一般的交换机背板带宽是几个 Gbps，高档交换机的背板带宽可以达到几百，甚至上千个 Gbps。

3. 数据转发方式

前面讲述过交换机的数据包转发方式有三种：存储转发式、直通式和碎片隔离式，通常以直通式和存储转发式为主。直通式交换延迟小、交换速度快，存储转发式在数据处理时延迟大，支持不同速率的输入输出端口间切换。低端交换机只有一种转发方式，要么是存储转发式，要么是直通式。中高端交换机会同时兼具两种转发模式，并具有智能转换功能，可根据通信状况自动切换。

4. 可扩展性

在选购中高档交换机时，可扩展性是一个重要因素，主要考虑是否支持堆栈技术以及是否支持模块化技术。几个具有堆栈功能的交换机堆栈后，可以提高交换机的端口数和每个端口的实际有效带宽。每台具有可堆栈功能的交换机是具有最大可堆栈数限制的，选购的时候需要注意。模块化技术主要用来提高端口数，或者提供其他类型的网络接口。通常中高档计算机才具备模块化技术。

5. 网络管理能力

校园网中，接入层的交换机通常都选择傻瓜型的，接上电源，插好网络线缆即可工作。汇聚层交换机和核心层交换机就需要考虑网管功能了。例如，是否具有增强策略管理的能力？是否具有虚拟局域网流量管理的能力？配置和操作的难易程度如何？等等。三层及以上的交换机，通常都具有网络管理能力，厂商会随机提供一份管理软件。如果是大型的校园网，建议最好全部选择支持简单网络管理（Simple Network Management Protocol，SNMP）协议的网管型交换机，这样管理员就可以通过网管系统全面有效地监控网络中的所有交换机和用户设备。

6. 品牌以及服务支持

核心层交换机和汇聚层交换机的选购，要尽量考虑大的品牌。大的品牌通常是经过实践检验、用户认可的，产品的性能会比较好，稳定性较高，生产商和经销商为用户提供的服务支持也会比较完备。此外，交换机的复杂性，从某种程度上说，体现在它的管理上，而对于很多管理员来说，实现熟练、全面的管理也需要一段时间，这时，厂商的服务支持就显得尤为重要了。当然，大品牌的交换机，价格也会比较昂贵。

（五）防火墙的选购

防火墙的选购和路由器、交换机的选购原则上差不多，主要考虑品牌和性能。关于品牌不再赘述，这里主要从性能角度讨论一些注意事项。

1. 安全性

防火墙是校园网中的安全防护设备，其自身的安全性、防御功能是首要考虑的因素。例如，是否采用了安全的操作系统？是否采用了专用的硬件平台？是否具有抵御拒绝服务攻击（Distributed Denial of Service，DDOS）的能力？是否验证其扫描文件的类型？是否会对电子邮件附件中的文档、压缩文件，FTP 中的上传、下载内容进行扫描？等等。

2. LAN 端口类型和数量

防火墙的端口类型相对于路由器要简单得多，选购时主要考虑内部网络接口类型。例如，是否支持以太网？是否支持快速以太网？是否支持千兆以太网？是否支持 ATM 网络？等等。此外，在 LAN 端口支持方面，还要考虑其最大的 LAN 端口数。当然，支持的端口类型越多，端口数越多，价格也就越昂贵。

3. 访问控制规则

防火墙的访问控制规则体现了防火墙系统的安全策略的完善程度，主要考察是否对于所有出入防火墙的数据包，都具有相应的处理方法？过滤规则是否易于理解，是否易于编辑和修改？各条规则是否冲突？在应用层和运输层是否提供代理支持？具有几种身份认证方案？支持多少种认证标准？过滤语言是否灵活？

等等。

4. 数据处理性能

防火墙位于网络边界，须对进入网络的所有数据包进行检测，这就对防火墙的数据处理性能提出了要求。如果数据处理性能比较差，将会直接导致较大的延时，使得网络性能下降。目前，有些防火墙处理性能不错，但是安全性一般。用户选购时，要在安全性和数据处理性能上找到一个平衡点。

5. 记录和报表功能

记录和报表功能，主要是针对采用应用级网关、自适应代理服务器等新技术的防火墙而言的，包过滤路由器防火墙不具备此功能。具体说来，主要考虑防火墙是否具有日志的自动分析和扫描功能，以便获得详细的统计结果？检测到网络入侵、设备运转异常等情况时，是否具有状态显示、报警等通知机制？是否支持实时统计？是否能够按照用户的 ID 或者 IP 地址提供报表？等等。

6. 协议支持

防火墙的协议支持能力如何？除了支持 TCP/IP 协议外，是否支持 AppleTalk？是否支持 DECnet？是否支持 IPX？是否支持 NETBEUI？如果校园网运用了 VPN 技术，就需要防火墙支持 VPN 通信，即选择支持 VPN 隧道协议（PPTP 和 L2TP），以及 IPSec 安全协议等。

此外，为了网络管理员日常管理工作的便利，对防火墙的网络管理能力还有如下要求：防火墙是否支持带宽管理？是否支持负载均衡？是否支持失效恢复特性（failover）？协同工作能力如何？可扩展性如何？可升级性如何？这些也都需要考虑。

最后，品牌和售后服务是一项通用的参考指标。

六、网络设备连接

（一）网络设备连接的影响因素

校园网络系统中，各个网络设备的相互连接不是随意进行的，需要综合考虑很多因素，例如各个网络设备在校园网中所扮演的角色、所处的位置，传输媒体所支持的最大连接长度，等等。

1. 网络设备的角色

网络设备之间的连接，主要考虑交换机、路由器、防火墙。

交换机是校园网中最常见的网络设备，用来集中连接服务器、工作站等，并实现数据交换。

路由器用来连接两个不同的网络和子网，单一子网环境不需要路由器。只有当校园网需要连接到外部网络时，或者在校园网中划分了子网，不同的子网之间需要互通互联，相互通信的时候，才会需要路由器。

防火墙是校园内外网络之间的安全屏障，用来保护校园内部网络免受外网的侵扰和攻击，所以它应用在当需要连接到外部网络，或者需要对局域网中特定用户进行保护的网络环境中。

2. 网络设备所处位置

交换机、路由器、防火墙三者之间进行相互连接时，要根据交换机、路由器二者所处的位置而确定。例如，路由器是边界路由器，还是中间节点路由器？交换机是核心层交换机，还是汇聚层交换机？校园网中是否使用了 VPN 隧道技术？防火墙在整个校园网中处于什么位置？

3. 连接线缆长度限制

在校园网中，传输媒体无论采用光纤、同轴电缆还是双绞线，它们在长度上都有严格的规定。例如，双绞线以太网的最大网段长度是 100m，粗同轴电缆以太网的最大网段长度是 500m，细同轴电缆以太网的最大网段长度是 185m，以光纤作为传输媒体的网络，最大网段长度要根据光纤的频率以及波长等来确定（见表 4—4）。

表 4—4　　各种线缆长度限制

<table>
<tr><th>以太网标准</th><th colspan="4">电缆类型</th><th>最大长度</th></tr>
<tr><td>10BASE-T</td><td colspan="4">三类、四类、五类双绞线</td><td>100m</td></tr>
<tr><td>100BASE-T</td><td colspan="4">五类双绞线</td><td>100m</td></tr>
<tr><td>1000BASE-T</td><td colspan="4">五类、超五类或五类双绞线</td><td>100m</td></tr>
<tr><td>粗同轴电缆以太网</td><td colspan="4">粗同轴电缆</td><td>500m</td></tr>
<tr><td>细同轴电缆以太网</td><td colspan="4">细同轴电缆</td><td>185m</td></tr>
<tr><td rowspan="4">1000BASE-SX</td><td>光纤类型</td><td>波长</td><td>纤芯尺寸</td><td>模式带宽</td><td>最大长度</td></tr>
<tr><td rowspan="3">MMF</td><td rowspan="3">850nm</td><td>62. 5μm</td><td>160 MHz/km</td><td>220m</td></tr>
<tr><td>62. 5μm</td><td>200 MHz/km</td><td>275m</td></tr>
<tr><td>50μm</td><td>400 MHz/km</td><td>500m</td></tr>
<tr><td rowspan="2">1000BASE-LX</td><td rowspan="2">MMF</td><td rowspan="2">1 300nm</td><td>62. 5μm</td><td>500 MHz/km</td><td>550m</td></tr>
<tr><td>50μm</td><td>400 MHz/km</td><td>550m</td></tr>
<tr><td>1000BASE-LX</td><td>SMF</td><td>1 300nm</td><td>9μm</td><td>—</td><td>5 000m</td></tr>
</table>

（二）几种网络连接规则

1. 交换机之间的连接规则

（1）不同性能交换机之间连接。

交换机根据背板带宽以及转发速率的不同，性能差别也非常大。性能最好的是核心层交换机，通常选择企业级交换机，来实现不同子网之间的数据交换。其次是汇聚层交换机，通常选择部门级交换机，用来实现特定子网内部之间的数据交换，最差的是接入层交换机，通常选择工作组级交换机，为用户提供网络接入。

这三种交换机之间的连接规则是：核心层交换机—汇聚层交换机—接入层交换机（见图4—23）。

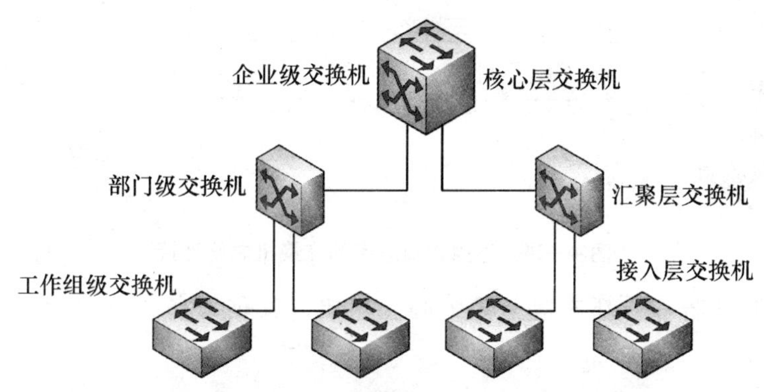

图4—23　不同性能交换机连接规则示意图

（2）不同端口速率的交换机之间连接。

通常校园网中会有很多交换机，尤其是在较大型的网络中，不同的交换机端口速率可能不同，例如有10Mbps、100Mbps、10/100Mbps的，还可能有1 000Mbps等。不同端口速率的交换机之间进行相互连接时，通常用高速率端口连接下级交换机或者其他网络连接设备，例如服务器，低速率端口则用于直接连接普通的工作站（见图4—24）。

这样一种连接方式同时解决了主要网络设备之间，服务器与设备之间的连接瓶颈，并充分考虑了一些特殊应用，通过增加服务器和特殊应用工作站连接带宽，可有效地防止端口拥塞的问题，提高应用性能。

（3）相同端口速率的交换机之间连接。

校园网中交换机的所有端口都有相同的传输速率，即在不存在高速端口、低速端口的情况下，各交换机之间的连接策略就要简单得多了。只要选择其中一台作为中心交换机，然后，将所有被频繁访问的设备，如特殊工作站、下级

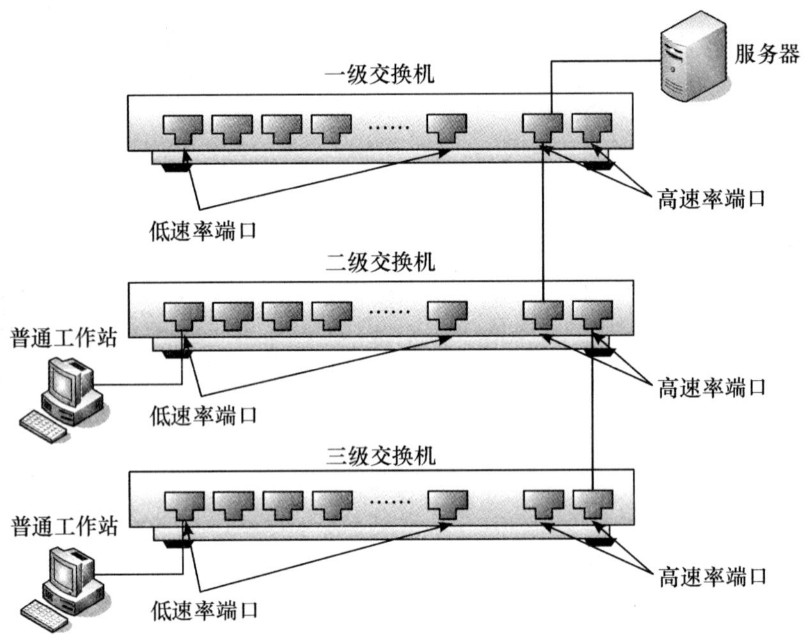

图 4—24　不同端口速率的交换机之间连接

交换机、服务器等，都连接至该中心交换机，其他设备则连接至其他交换机（见图 4—25）。

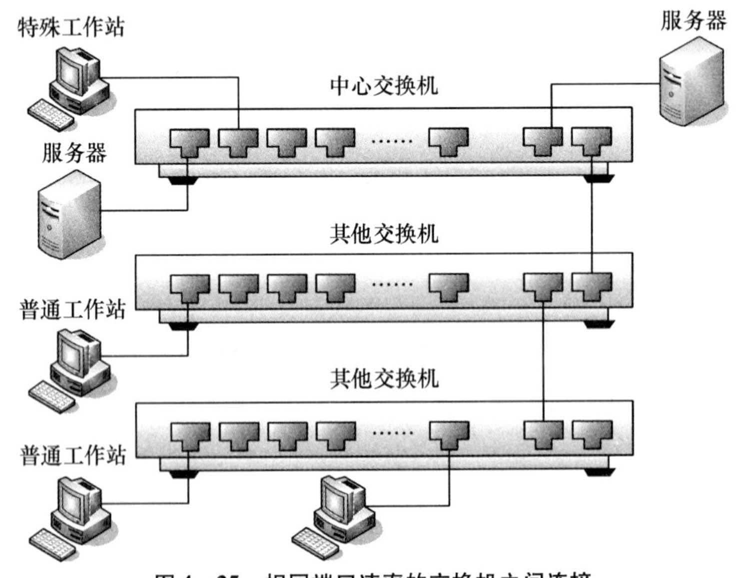

图 4—25　相同端口速率的交换机之间连接

2. 交换机、路由器、防火墙之间的连接规则

（1）路由器是边界路由器。

如果路由器连接的是校园网与外网，那么该路由器就叫做边界路由器，边界路由器是内、外部网络间的第一个接入关口。遵循的连接方法是：核心交换机—防火墙—边界路由器（见图 4—26）。

内部网络核心交换机与网络防火墙的内部网络专用端口连接，防火墙的外部网络专用端口与边界路由器的局域网端口连接，最终通过路由器的广域网端口与其他网络连接，包括外部专用网和广域网，如因特网等。

当然，如果校园网中采用了虚拟专用网（virtual private network，VPN）隧道技术，就需要调换路由器与防火墙的位置，否则外部网络发起的 VPN 通信将无法通过路由器到达内部网络。

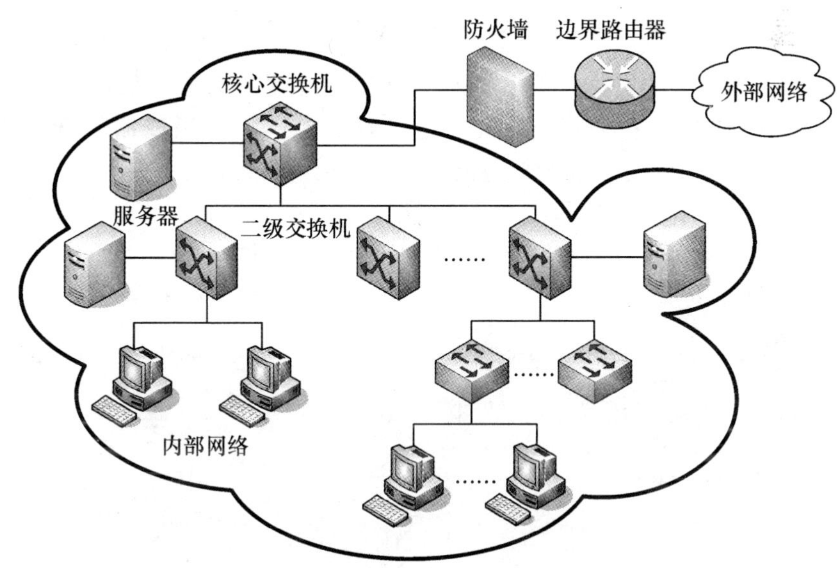

图 4—26　核心交换机、防火墙、边界路由器三者之间的连接

（2）路由器是中间节点路由器。

如果路由器用来连接校园网内部不同网络或者子网，那么该路由器叫做中间节点路由器。遵循的连接方法是：交换机—中间节点路由器—交换机（见图 4—27）。

3. 集线器之间的连接规则

随着技术的发展，现在硬件设备的价格也越来越低，现在建设校园网时，很

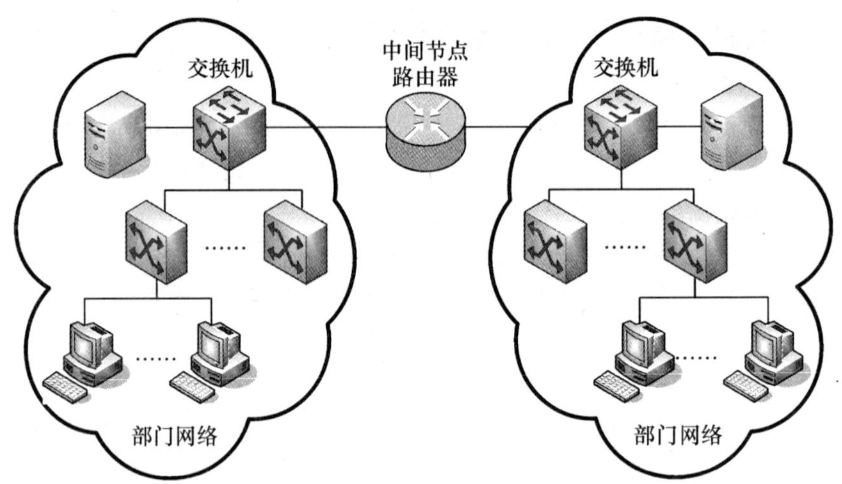

图 4—27　交换机、中间节点路由器之间的连接

少会采用 10BASE-T 的集线器了。但是在一些过去建设的小型校园网中，或者学生宿舍中，集线器还在使用。因此，这里有必要讲一下集线器的连接规则。10BASE-T 集线器之间的连接通常遵循 5—4—3 规则，即：在 10Mbps 以太网中，一个网段的任意两个端点之间最远不得超过 5 条连接电缆，中间最多只能运用 4 台集线器，且 5 条电缆中只有 3 条可以用来连接其他网络设备，如工作站用户和服务器等（见图 4—28）。

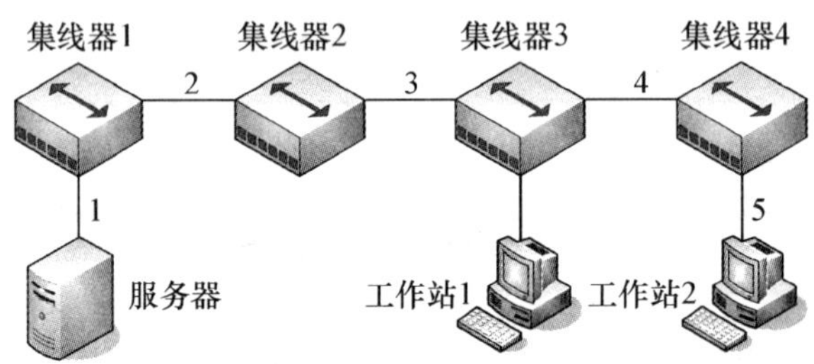

图 4—28　10BASE-T 集线器连接的 5—4—3 规则示意图

从上图可以看出，最远的两个端点是从服务器到工作站，中间经过了 4 台集线器，用来连接网络设备的是集线器 1、集线器 3 和集线器 4。如果一台集线器同时级联多个网段，则同样遵循 5—4—3 原则。

七、IP 地址规划

（一）校园网中的 IP 地址概述

IP 地址有两大类，一类是全球地址，俗称公网 IP 地址，另外一类是本地地址，俗称内部私网 IP 地址。公网 IP 地址是全球唯一的，须向因特网管理机构申请。内部私网 IP 地址仅在本机构内有效。校园网也同样使用这两类地址。

公网 IP 地址主要分配给学校服务器、路由器、防火墙等，另外须预留一部分公网 IP 地址划入 DHCP 地址池，供校园网内主机连接外网时动态获取。对于大学的校园网来说，公网 IP 地址的作用更大，因为大学相对于中学，有更多接入互联网的需求。例如，华东师范大学的校园网，有更多的应用服务器，有更多的路由器或三层交换机，公网 IP 地址首先需要分配给学校的各个服务器、交换机、网络中心、图书馆、电子阅览室、部分实验室等专用，同时学生机房、教师办公、学生无线接入 ECNU-Pub 网等都需要动态获取公网 IP 地址。

内部私网 IP 地址是用来给校园网内的主机配置 IP 地址，满足校园网内的主机互联通信的需求的，例如学生机房。常用的私网 IP 地址有 192.168.0.0 ~ 192.168.255.255，172.16.0.0 ~ 172.31.255.255 和 10.0.0.0 ~ 10.255.255.255，显然，后者的 IP 地址数量比前者大得多。通常 192.168.0.0 ~ 192.168.255.255 网段所允许的最大主机数对于一个学校来说已经足够了。

（二）校园网中 IP 地址分配方法

网络管理者向因特网管理机构申请到 IP 地址后，要根据各部门网络接入的实际情况，划分子网。

所谓划分子网，就是从 32 位 IP 地址的主机号中，划分出若干位作为子网号，网络号不变。这样，原来的 IP 地址是二级结构（见图 4—29）。

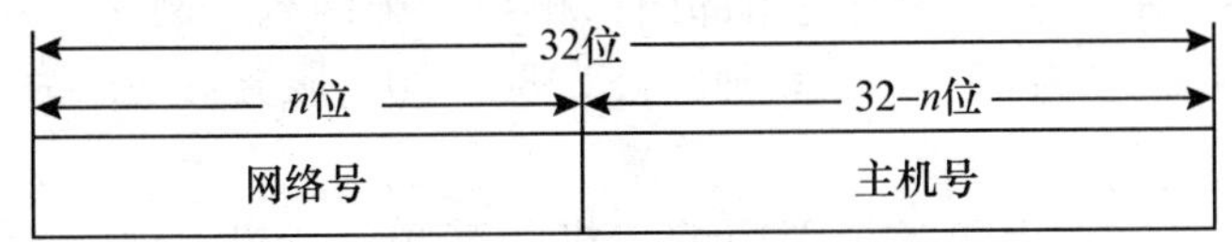

图 4—29　二级的 IP 地址结构

子网掩码中，前 n 位是连续的 1，后面的 $32-n$ 位是连续的 0。

进行了子网划分以后，IP 地址变成了三级结构（见图 4—30）。

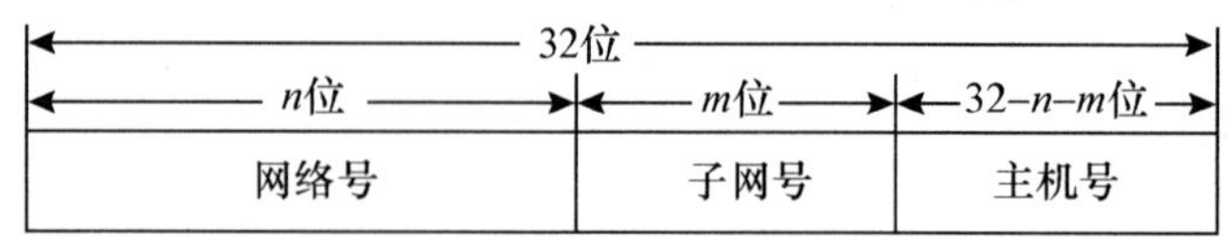

图 4—30　三级的 IP 地址结构

这样，一共可以划分出 2^m-2 个子网（全 0 和全 1 的子网号通常不用），每个子网最多可以连接 $2^{(32-n-m)}-2$ 台主机。

子网掩码中，前 $n+m$ 位是连续的 1，后面的 $32-n-m$ 位是连续的 0。

［例 1］有一个 IP 地址网络号是 182.228.0.0，主机号共有 16 位，划分出 8 位作为子网号，那么主机号还剩 8 位。可以算出最多可以划分出 $2^8-2=254$ 个子网，每个子网最多可以接入 $2^{(32-16-8)}-2=254$ 台主机。

具体使用时，可以让一个部门构成一个子网；或者按照楼群进行划分，一栋教学楼是一个子网；还可以按照功能进行划分。例如，多媒体教室构成一个子网，教师办公室构成一个子网，学生宿舍构成一个子网。各个单位可以根据自己从因特网管理机构申请到的 IP 地址类型和自己学校的实际情况，综合考虑怎样分配各个部分所占的位数。

为了便于记忆和管理，校园网中的 IP 地址，尽量采用统一的编码规则。例如，对于上述例 1，采用一个部门构成一个子网的划分方法，编码时可以按照子网划分，将一个 IP 地址分成三部分：学校标识、部门标识、网络地址空间（见图 4—31）。

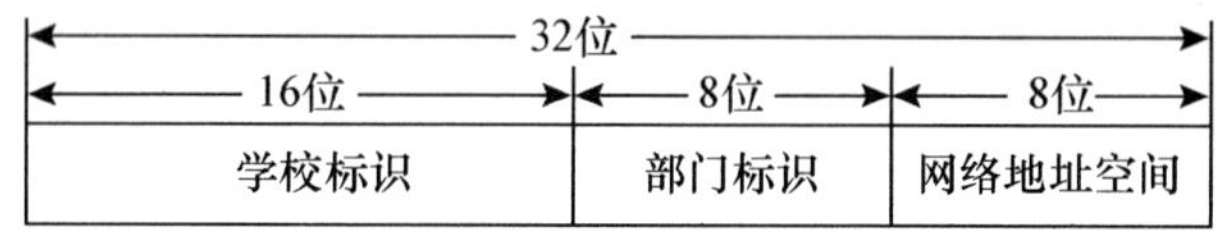

图 4—31　例 1 的 IP 地址编码结构

学校标识：用于表示使用的 IP 范围，相当于网络地址。

部门标识：用于表示各个使用部门，相当于子网号。例如，多媒体教室为 30 ~ 40①，语音教室为 60 ~ 70，教师办公为 80 ~ 90，服务器使用为 100，宿舍楼为 110 ~ 120 等。

网络地址空间：用于各个部门的主机和网关，一共 254 个可用地址，当然，单个部门中所能使用公网 IP 地址的主机数也不能超过 254 个。如果要求使用公网 IP 地址的主机数比较多，就需要更换编码结构了。例如，可以适当

① 这里的 30、40 等表示 8 位子网号变换成点分十进制之后的数字。

缩短部门标识，增加网络地址空间，或者采用无类型域间选路（Classes Inter-Domain Routing，CIDR）的方法来分配 IP 地址。

CIDR 的方法取消了传统的网络号概念，采用各种长度的网络前缀来代替网络号，使 IP 地址又回到二级结构（见图 4—32）。

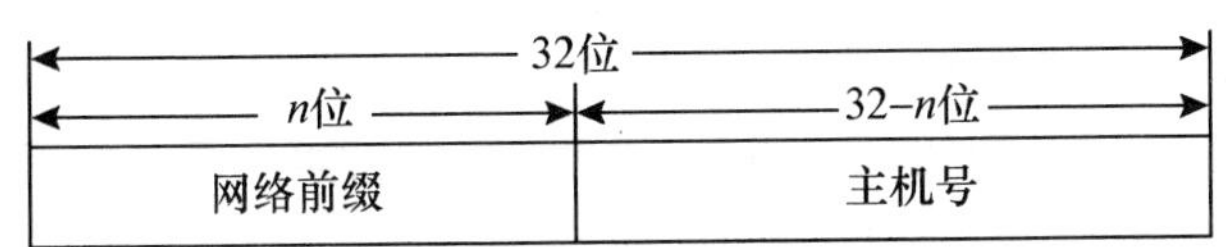

图 4—32 CIDR 的 IP 地址结构

这里的子网掩码，前 n 位是连续的 1，后面的 $32-n$ 位是连续的 0。

假设某学校申请到的 IP 地址块是 219.228.0.0/16，表示该地址中，前 16 位是网络前缀，后面的 16 位表示主机号。具体可以根据每个部门需要接入的主机数进行分配，可能不同部门需要采用公网 IP 地址的主机数差别很大，这时通常先满足需要公网 IP 地址数多的部门，再满足需要公网 IP 地址数第二多的部门，这样逐步递减，最后才考虑需要公网 IP 地址数最少的部门。

思考

为什么要采用这样的方式呢？如果先考虑需要公网 IP 地址数最少的部门，逐级递增，最后考虑需要公网 IP 地址数最多的部门，可能会导致什么结果呢？

（三）案例分析

假设某学校申请到的 IP 地址块是 219.228.151.0/24。办公楼需要 100 个公网 IP 地址，实验楼需要 60 个公网 IP 地址，第一教学楼需要 26 个公网 IP 地址，第二教学楼需要 10 个公网 IP 地址，宿舍楼需要 4 个公网 IP 地址，机房需要 4 个公网 IP 地址。此外，机房中有 60 台计算机，也需要接入网络，请你给出 IP 地址分配方案。

从该案例可以看出，IP 地址块 219.228.151.0/24 中，前 24 位已经固定，只有后面 8 位可变，每一位可能是 0，也可能是 1。当第 25 位是 0 时，地址块可以表示为：219.228.151.0/25，第 25 位是 1 时，地址块可以表示为：219.228.151.128/25。那么相当于 219.228.151.0/24 地址块包含了 219.228.151.0/25 和 219.228.151.128/25 两个地址块，第 26 位以及以后各位依此类推。

1. 公网 IP 地址的划分

(1) 办公楼需要 100 个公网 IP 地址，那么主机号至少需要 7 位，因为 $2^7-2=126$，可以提供 126 个公网 IP 地址。

(2) 实验楼需要 60 个公网 IP 地址，那么主机号至少需要 6 位，因为 $2^6-2=62$，可以提供 62 个公网 IP 地址。

(3) 第一教学楼需要 26 个公网 IP 地址，那么主机号至少需要 5 位，因为 $2^5-2=30$，可以提供 30 个公网 IP 地址。

(4) 第二教学楼需要 10 个公网 IP 地址，那么主机号至少需要 4 位，因为 $2^4-2=14$，可以提供 14 个公网 IP 地址。

(5) 宿舍楼和机房各需要 4 个公网 IP 地址，那么各自的主机号至少需要 3 位，因为 $2^3-2=6$，可以提供 6 个公网 IP 地址。

由此，可以按照表 4—5 所示分配 IP 地址。

表 4—5　　IP 地址分配情况

楼宇名称	需要公网 IP 地址个数	需要主机号位数	网络前缀	可提供的公网 IP 地址个数	分配方法
办公楼	100	7	219. 228. 151. 128/25	126	从 126 个中选 100 个
实验楼	60	6	219. 228. 151. 64/26	62	从 62 个中选 60 个
第一教学楼	26	5	219. 228. 151. 32/27	30	从 30 个中选 26 个
第二教学楼	10	4	219. 228. 151. 16/28	14	从 14 个中选 10 个
宿舍楼	4	3	219. 228. 151. 8/29	6	从 6 个中选 4 个
机房	4	3	219. 228. 151. 0/29	6	从 6 个中选 4 个

注意……

具体分配时，切勿造成地址重复，也就是说分配的某个地址包含另外的地址。建议：尽量按照某一特定的规则来分配地址。比如说，本例中，第 25 位可以是 0，也可以是 1，先将是 1 的地址分配给办公楼，是 0 的地址继续往下划分给其他剩余的 5 个部门。第 26 位还将是 1 的地址分配给实验楼，是 0 的地址继续往下划分给其他 4 个部门，依此类推。

2. 内部私有地址的划分

机房通常采用校园网内部私有 IP 地址即可。例如，从 192.168.0.1 ~ 192.168.0.254 中任意选择 60 个 IP 地址。

思考

本案例中，还有其他的分配方法么？如果还有，该怎么分配？

小结

本章主要讨论如何规划、设计一个校园网，并从进行校园网规划时要考虑哪些问题，遵循哪些原则，在功能上、性能上、管理上要达到什么样的目标等问题入手，讨论了以下六个方面：

(1) 讨论了光纤分布数据接口、异步传输模式、快速以太网、千兆以太网四种主干网技术。

(2) 讨论了综合布线系统。综合布线系统包括 6 个子系统：即建筑群子系统、垂直干线子系统、水平子系统或配线子系统、设备间子系统、管理子系统和工作区子系统。各个子系统的布线情况。

(3) 讨论了星型、环型、总线型三种基本的网络拓扑结构，以及树型、混合型、网状型三种扩展的拓扑结构，并给出了各自的优缺点。

(4) 讨论了网络设备的选型问题，需要考虑的因素，对服务器、路由器、交换机、防火墙等网络设备的选择。

(5) 讨论了网络设备的连接问题。需要考虑网络设备所处的位置、作用以及连接线缆长度等因素。具体连接时，需要遵循的不对称交换网络的连接规则、对称交换网络的连接规则、不同性能交换机的连接规则、10BASE-T 集线器的 5—4—3 规则。

(6) 最后讨论了在校园网中如何划分子网，如何分配 IP 地址。

思考题

1. 你所在学校的校园网规模多大？有哪些部门接入了网络？网络及终端设备的数量大致有多少？网络终端用户大致有多少？主干网采用什么技术？网络的拓扑结构是什么样的？建设该校园网耗资多少？

2. 请选择一些学校，对题目1的内容进行调研，进行对比分析，做一份调研报告，并根据报告的结果，考虑一下，如果让你规划设计一个校园网，你会如何做？请写一个初步的设计方案。

3. 一个学生宿舍6台计算机通过一个HUB连接到校园网上，请问这是哪种网络拓扑结构？

4. 请说明下列国际组织的英文全称是什么？

（1）国际标准化组织（ISO）

（2）国际电工委员会（IEC）

（3）美国电气与电子工程师协会（IEEE）

（4）美国国家标准学会（ANSI）

（5）美国电信工业协会（TIA）

（6）美国电子工业协会（EIA）

5. 选购服务器、路由器、交换机、防火墙时，须考虑哪些因素？

6. 校园网的拓扑结构可以分成哪几种？各自具有哪些优缺点？

7. 网络布线具有哪些标准？

8. 根据ANSI/TIA/EIA－568A、ANSI/TIA/EIA－568B标准，校园网的综合布线系统包括哪些子系统？

9. 现有一个学校需要建立局域网，学校有两栋建筑，一栋是办公楼，一栋是教学楼，要求两栋建筑物联网。教学楼有90～100台计算机需要接入，分布在四层楼，办公楼有50台计算机需要接入，分布在三层楼。请你进行网络设计，要求：

（1）设计网络拓扑结构，画出网络拓扑图，并说明理由。

（2）选择网络产品，包括交换机、路由器、集线器等网络设备，以及相应的网络传输媒体。

（3）要说明你所选择网络产品的原因和所选择产品的价格。

10. 192.168.xxx.xxx和10.xxx.xxx.xxx所能允许连接的最大主机数是多少？

11. 查阅相关资料，说明什么是VLSM技术？

第五章

常用线缆制作与设备配置

本章提要

本章的内容主要包括两大部分。

第一部分讨论如何制作双绞线与信息模块，主要介绍了制作双绞线遵循的两个国际标准：T568-A 和 T568-B，不同用途的线缆应该遵循的线序规则是怎样的，然后详细阐释了双绞线与信息模块的制作方法与步骤。

第二部分讨论网络设备的配置问题，主要讨论了交换机、路由器的配置模式和常用命令，然后分别提供了具体的配置案例。

一、双绞线制作

（一）双绞线制作材料及工具

线缆制作前，需要对必要的材料和工具有充分的了解。制作双绞线所需的材料通常有双绞线缆以及 RJ－45 接头，工具主要包括：旋转式剥线刀、多功能压线钳、测线仪等。

1. RJ－45 接头

RJ－45 接头，俗称水晶头，是线缆与设备的直接连接器（见图 5—1）。

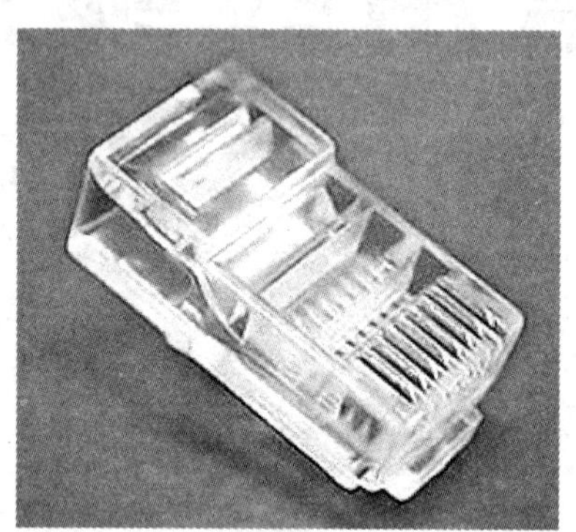

图 5—1　RJ－45 接头

这是网络中最基础的部件，也是网络中最不显眼的小部件，但是这个小部件却足以导致网络不通。我们经常会遇到这样的情况：网速慢、信息弱，有的时候甚至还会丢失数据。但是检查后发现设备没有问题，连接也没有问题。那么问题很有可能就是出在这个水晶头上，即水晶头不达标。

如果水晶头选购不好，甚至不小心选择了假货，就有可能导致线缆与设备之间接触不良，网络断断续续，甚至不通。可以从以下几个方面辨别水晶头的真伪：

（1）外形。

水晶头中最重要的部分是顶端的铜片，其质量的好坏直接影响水晶头的质量。

质量好的水晶头接触铜片颜色光亮，比较粗、厚，且金属端子部分的削切边缘整齐，插拔几次之后，所露出的金属触点更为光亮。质量不好的水晶头接触铜片表皮是镀铜，插拔几次后镀铜磨损，金属触点的颜色会发暗。

如果拿同等数量的水晶头做比较的话，通常比较重的产品，质量较好。

（2）金属压线弹片的硬度与韧性。

水晶头前端的金属压线弹片不但应有较强的硬度，同时还应具有很好的韧性。当硬度较差时，金属插片无法插入双绞线的导线中，水晶头将不起作用；当韧性达不到要求时，金属弹片容易断裂。

（3）声音。

如果将水晶头插入设备的接口后，塑料弹片发出很亮很脆的响声，拔除时也很容易，那么该水晶头通常是合格产品。如果声音比较沉闷，说明其质量比较差。

2. 旋转式剥线刀

双绞线外层都有一层用于保护芯线的绝缘层外套，只有将双绞线头部分的绝缘层剥掉，才能制作水晶头和接入模块。此时需要将双绞线放入旋转式剥线刀（见图5—2）中，然后握住手柄轻轻旋转360度就可以将外层胶皮剥下，看到包裹在双绞线中的芯线了。

图5—2　旋转式剥线刀

3. 多功能压线钳

多功能压线钳（见图5—3）集线缆剪切、剥线、压线等功能于一身，只要将双绞线放入相应孔中，轻轻握下手柄即可完成。在购买压线钳时一定要注意选对种类，因为针对不同的线材会有不同的规格，一定要选用双绞线专用的压线钳。

4. 测线仪

测线仪（见图5—4），网络工程师亦称其为“能手”，它能准确地测试接线是否正确，有没有乱序等，是测试网络线路是否通畅的必不可少的工具。

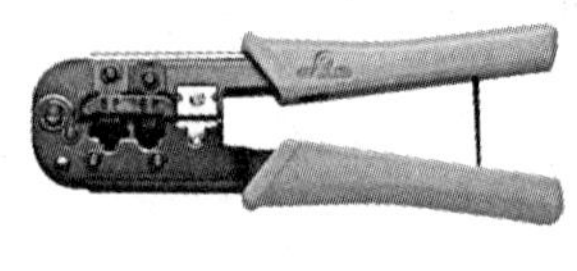

图 5—3　多功能压线钳

图 5—4　测线仪

（二）ANSI/TIA/EIA－568A 和 ANSI/TIA/EIA－568B 标准

双绞线共有 8 芯，剥开绝缘外皮，可以看到颜色分别为：白绿、白橙、白蓝、白棕、绿、橙、蓝、棕（见图 5—5）。

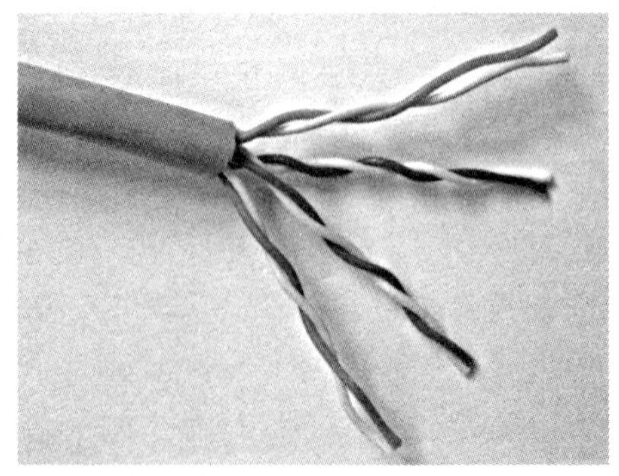

图 5—5　包有绝缘皮的双绞线芯线

在将其插入水晶头前，要对每条芯线进行排序。IEEE 为此制定了两个标准，即 ANSI/TIA/EIA－568A（以下简写为 T－568A）和ANSI/TIA/EIA－568B（以下简写为 T－568B）。其中 T568－B 标准应用较广泛。它要求将水晶头金属铜片的那一面对着自己，将铜片引脚从左到右依次编号1～8（见图 5—6）。

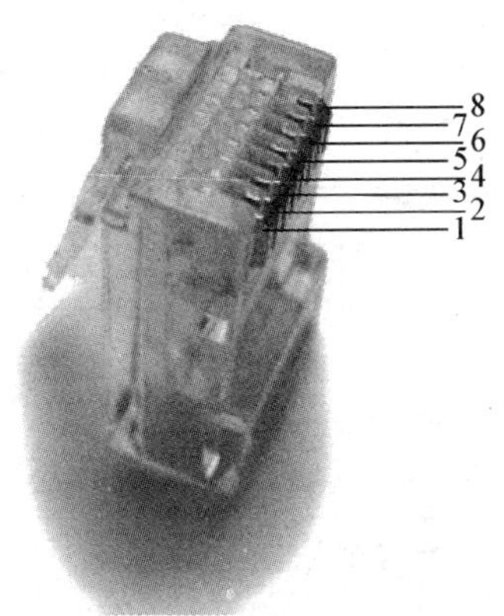

图 5—6　水晶头引脚编号

按照 1～8 编号顺序，T－568B 标准线序依次为：白橙、橙、白绿、蓝、白蓝、绿、白棕、棕（见图 5—7、图 5—8）。

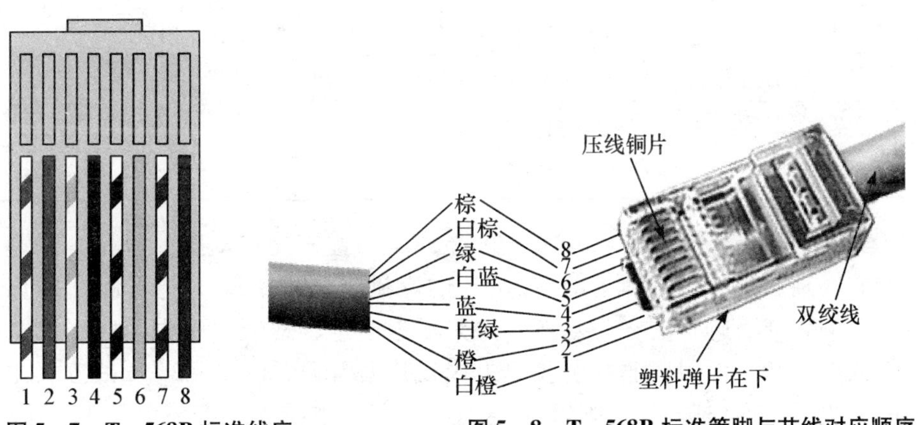

图 5—7　T－568B 标准线序　　**图 5—8　T－568B 标准管脚与芯线对应顺序**

同理，按照 1～8 编号顺序，T－568A 标准线序依次为：白绿、绿、白橙、蓝、白蓝、橙、白棕、棕（见图 5—9、图 5—10）。两个标准中线序的差别用表对照就更清楚了（见表 5—1）。

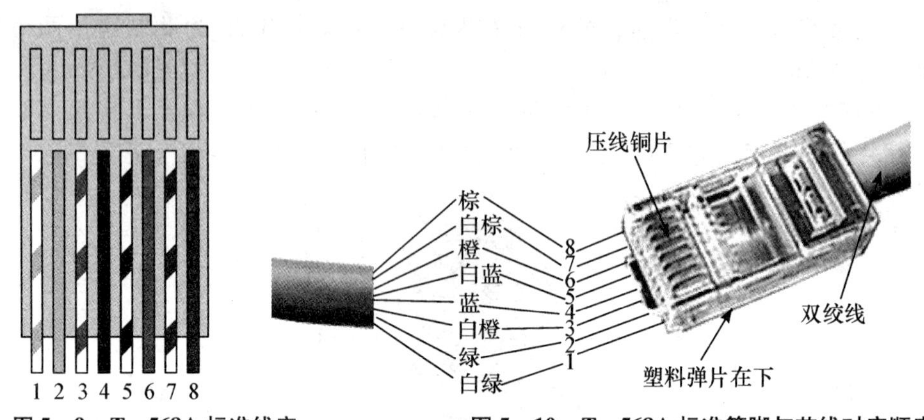

图 5—9 T－568A 标准线序　　图 5—10 T－568A 标准管脚与芯线对应顺序

表 5—1　　T－568A 标准、T－568B 标准对照表

引脚编号	T－568B 标准中引脚颜色	T－568A 标准中引脚颜色
1	白橙	白绿
2	橙	绿
3	白绿	白橙
4	蓝	蓝
5	白蓝	白蓝
6	绿	橙
7	白棕	白棕
8	棕	棕

实际上，标准接法 T－568A、T－568B 二者并没有本质的区别，只是颜色上的区别。T－568A 即在 T－568B 的基础上，把引脚 1 与引脚 3 顺序互换，引脚 2 与引脚 6 的顺序互换。因为根据规定，网卡的引脚 1 和引脚 2 为发送数据引脚，而引脚 3 和引脚 6 为接收数据引脚。1、3，2、6 线互换主要是使一块网卡的引脚 1、引脚 2 发送数据，另一块网卡正好用引脚 3、引脚 6 接收。

所以，用户使用时需要注意的是，线序的配对是关键。在连接两个水晶头时必须保证：

1、2 线对是一个绕对；

3、6 线对是一个绕对；

4、5 线对是一个绕对；

7、8 线对是一个绕对（见图 5—11）。

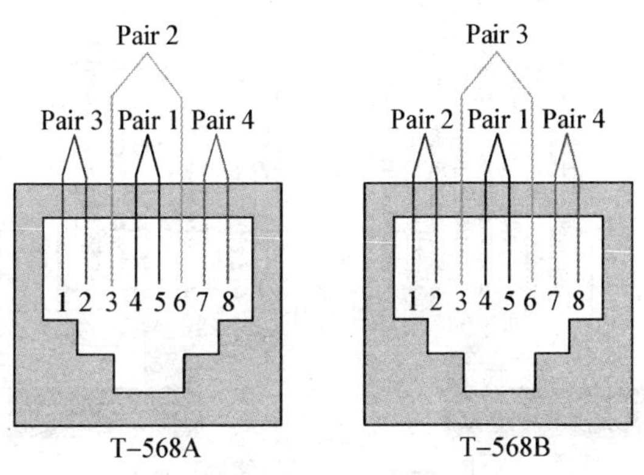

图 5—11　T－568A、T－568B 线对

实际上，在具体的 10/100Mbps 网络通信中，4 对导线有 2 对是闲置不用的，真正进行数据交换的只有 2 对导线，即 1、2，3、6 引脚。4、5，7、8 引脚闲置。其中 1、2 引脚用于发送数据，3、6 引脚用于接收数据，通常把这也叫做“1、2、3、6 通信规则”。

（三）双绞线制作方法

制作双绞线其实就是在双绞线上安装好水晶头。这虽然简单，却很实用。这类线缆制作的难点就是不同用途的双绞线，线序规则不同。通常有两种接法：

第一，直通线（straight-through cable）。

直通线也叫正线，用于不同类型的网络设备之间的相互连接，例如，PC 机与交换机之间，交换机与路由器之间。双绞线插入水晶头时，两端都采用相同的线序，即遵循同一种标准，或者都是 T－568B，或者都是 T－568A（见图 5—12）。

第二，交叉线（crossover cable）。

交叉线也叫反线，用于同种网络设备之间的相互连接，例如，PC 机与 PC 机之间，路由器与路由器之间。双绞线插入水晶头时，两端采用不同的线序，遵循的标准不同，即一端采用 T－568A 线序排列，另一端采用 T－568B 线序排列，也叫“1－3、2－6 交叉法”（见图 5—13）。

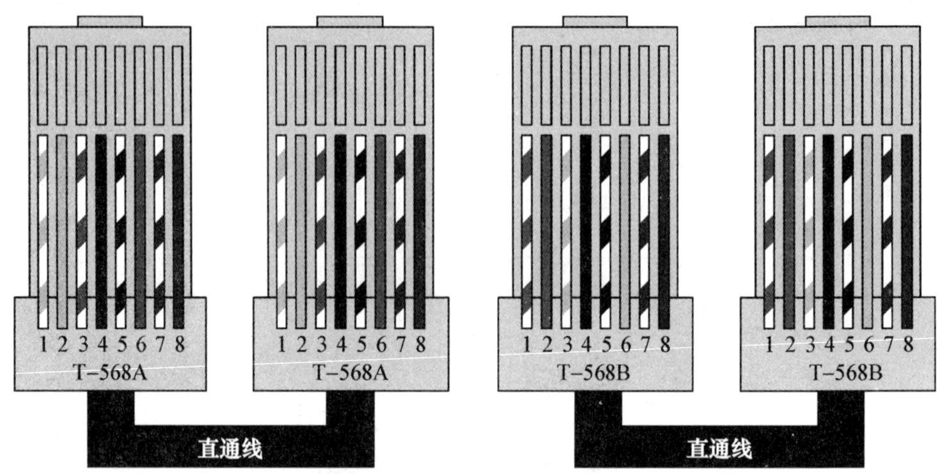

图 5—12　直通线线序图

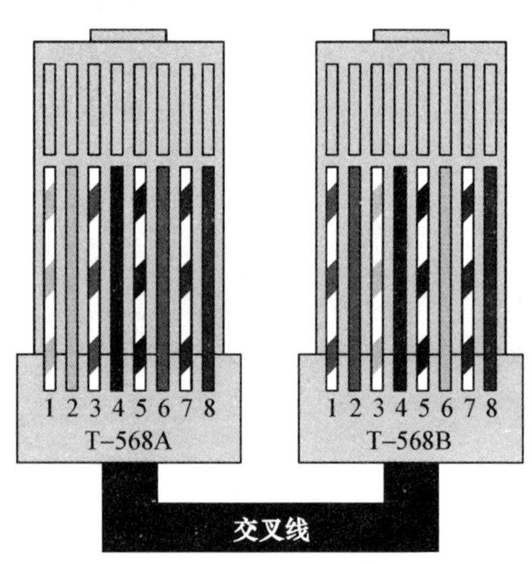

图 5—13　交叉线线序图

一种不规范的双绞线接法

制作双绞线时，还有一种不规范的接法，即双绞线两端的线序既不遵循 T-568A 标准，也不遵循 T-568B 标准，只要两端线序相同即可，这种方法叫做“一一对应接法”。

采用这种方法制作的双绞线，应用在 10Mbps/100Mbps 网络中，网络也能够连通，但是线路内部各线对之间的干扰不能被有效消除，从而使信号传送出错率增加，最终导致网络性能下降。双绞线的标准接法是为了尽量保持线缆接头之布局的对称性而提出的，可以使接头内线缆的干扰相互抵消，从而使干扰降到最低，同时也使外界干扰的差分信号值尽量相等，以便抗干扰电路作相减运算将其消除。因此，应尽量按照标准接法来制作双绞线。

在掌握了这些知识后，就可以动手制作双绞线了。制作过程分为七个步骤：即：剪线→剥线→排线→剪齐→插线→压线→测线。

1. 剪线

根据需要计算所需线缆长度，利用剪线工具剪取适当长度的双绞线，但至少0.6m，最多不超过100m。

2. 剥线

利用剥线工具，将双绞线的灰色塑料保护皮剥掉20mm～30mm。切记不要剥得过长或者过短，以免造成松动或者接触不良（见图5—14）。

图5—14　剥线

3. 排线

剥除灰色的塑料保护皮之后即可见到4对8条两两相互缠绕的芯线。将每对芯线逐一解开、理顺、拉直、压平，切勿缠绕、重叠，然后按照T－568A或者T－568B标准顺序，将8条芯线平行排列整齐（见图5—15）。

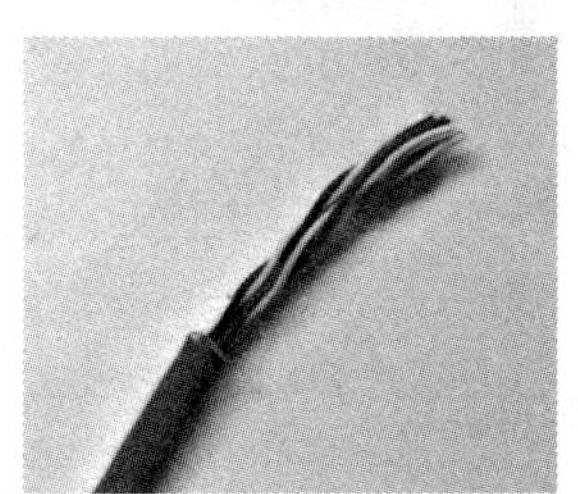

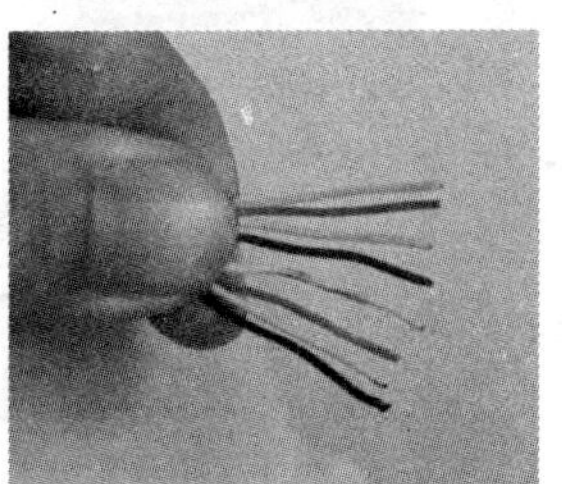

图5—15　排线

4. 剪齐

用剪线工具把上一步排列好的双绞线芯线剪齐，去掉外层灰色保护皮的部分，保留 14mm 左右，这个长度正好能将各导线插入水晶头中各自的线槽，良好接触水晶头中的插针。如果该部分留得过长，一方面由于线对不再互绞而增加串扰，另一方面由于水晶头不能压住护套而可能导致线缆从水晶头中脱出，造成线路的接触不良甚至中断（见图 5—16）。

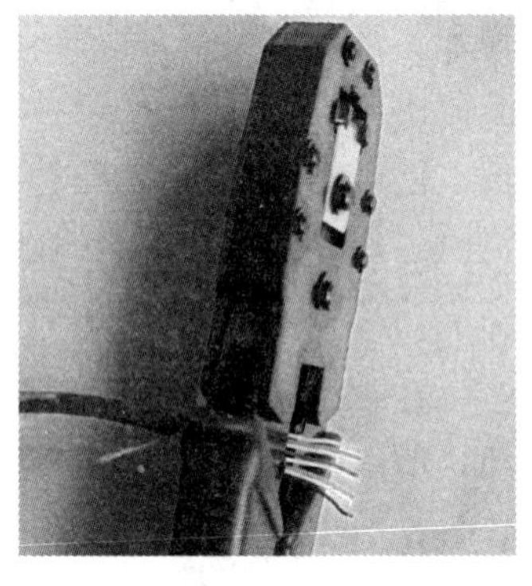

图 5—16　剪齐

注意……

剪齐之后，务必把线缆按紧，避免出现大幅移动或者弯曲双绞线，造成已经剪齐的线缆出现不平整等现象。

5. 插线

左手水平握住水晶头，注意使有金属片的一端对着自己，有塑料弹片的一侧向下，右手缓缓用力将剪齐的双绞线完全插入水晶头的 8 个线槽中。注意一定要使各条芯线都插到水晶头的底部，不能弯曲（见图 5—17）。

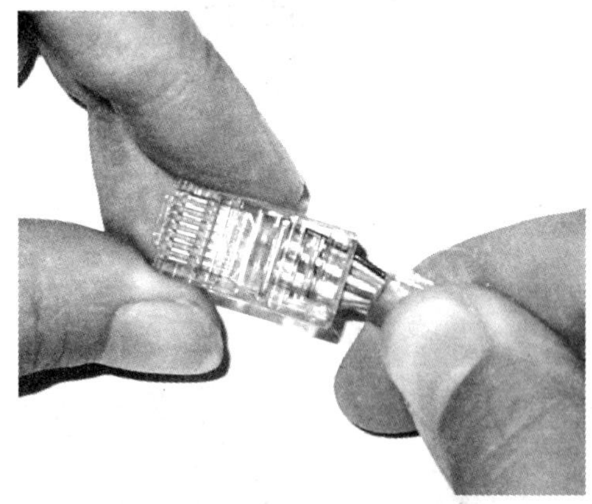

图 5—17　插线

6. 压线

确认所有导线线序正确，且都已插到水晶头的底部后，将水晶头从无牙的一侧推入压线钳夹槽，用力握紧压线钳，将突出在外面的针脚全部压入水晶头内，使水晶头的铜片穿透芯线的护皮并与芯线接触，当听到轻微的“啪”的一声，就说明双绞线的一端做好了。

压线之后水晶头凸出在外面的针脚全部被压入水晶头内，而且水晶头下部的塑料扣位也紧压在双绞线的灰色保护层之上（见图5—18、图5—19、图5—20）。

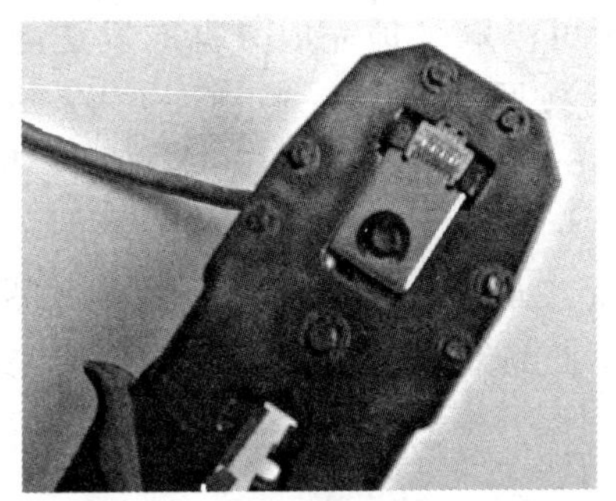

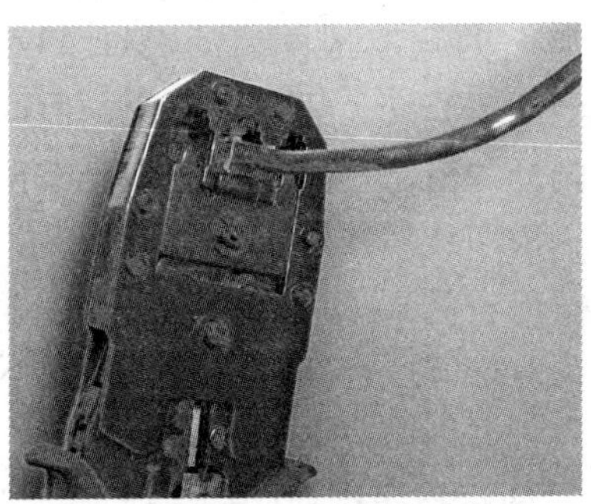

图5—18 压线

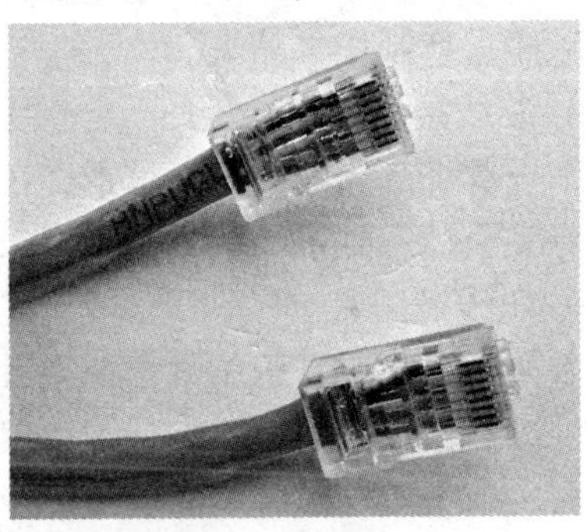

图5—19 水晶头压住保护层的制作较好的双绞线

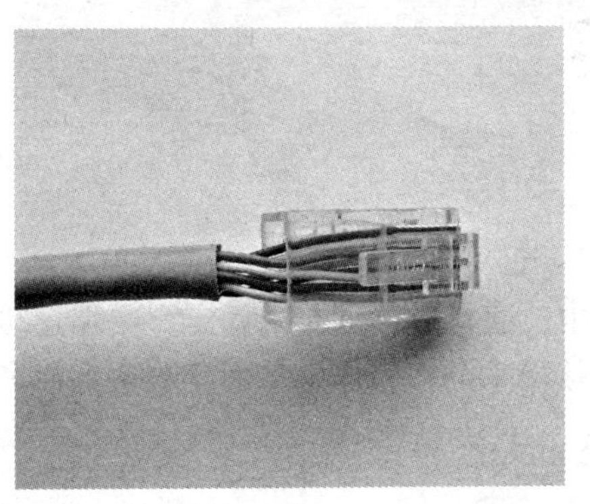

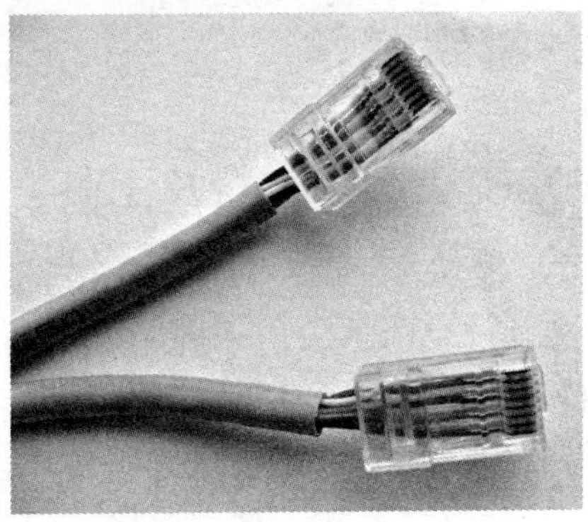

图5—20 水晶头未压住保护层的制作较差的双绞线

根据连接需要，运用同样的方法，制作双绞线的另外一端。

7. 测线

最后一步就是测试线缆的连通性了。将制作好的双绞线两端插入测线仪的接口，打开电源后可以看到测线仪上的两组指示灯都在闪动。

若测试的线缆为直通线缆，测线仪两侧的 8 个指示灯会按照 1→2→3→4→5→6→7→8 的顺序依次闪动绿灯，这说明可以顺利地完成数据的发送与接收。若测试的线缆为交叉线缆，其中一侧同样是按照 1→2→3→4→5→6→7→8 的顺序依次闪动绿灯，而另外一侧则会按照 3→6→1→4→5→2→7→8 的顺序依次闪动绿灯，说明线缆连通了。

若任何一侧某个指示灯出现了红灯或黄灯或者灯不亮，表示该指示灯所对应的导线没有接好，存在断路或者接触不良，此条线缆没通。导致这样的现象可能有如下几种原因：

（1）两端线序排列存在错误。

检查一下两端芯线的排列顺序是否正确，如果不正确，剪掉重新排列，按照正确的顺序重新制作水晶头。

（2）芯线接触不良。

仔细查看水晶头的引脚，是否存在芯线与引脚的接触不良问题，例如，某条芯线没有完全插入到水晶头底部，某条芯线弯曲，等等。

（3）压线没压紧。

检查两端水晶头是否压紧，如果没压紧，用压线钳再压一次。

修好以后，重新测试，直到测线仪的指示灯全为绿灯闪过为止。

这时，一条双绞线就全部做好了。

二、模块制作

（一）模块制作材料及工具

1. 模块

模块（见图 5—21）安装在信息插座中，通过卡位来实现固定，一端连接交换机接出来的双绞线，另一端连接工作站接出来的双绞线，从而实现交换机和工作站的连通。

图 5—21　模块

通常，模块的侧面贴有标签，表示在向模块中卡入双绞线时所遵循的标准线序。

2. 打线钳

从交换机出来到信息插座之间的双绞线是埋在墙中的。通过把双绞线的 8 条芯线按照相应的标准卡入信息模块的对应线槽中，来实现墙内双绞线与模块的连接。双绞线的卡入需用一种专用的卡线工具，称之为“打线钳”（见图 5—22）。

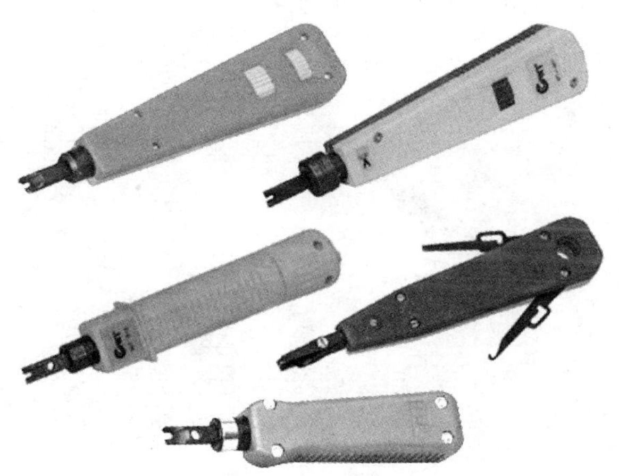
图 5—22　打线钳

3. 盖板

模块制作完成以后，为了布线的美观和紧固，通常将模块和盖板组合起来使用，即直接将模块埋在墙壁或地板之中，在模块终端加上一个盖板作为连接用户工作站的接口。用户使用时，只要将连接工作站的双绞线直接插到墙壁的信息插座盖板（见图 5—23）上的 RJ－45 插孔中即可。

图 5—23　信息插座盖板

（二）模块的制作过程

模块的制作过程分为五个步骤：即：剥线→卡线→打线→查线→剪线。

1. 剥线

运用剥线工具，剥除双绞线电缆端部的包皮，长度 40mm ~ 50mm 左右（见图 5—24）。

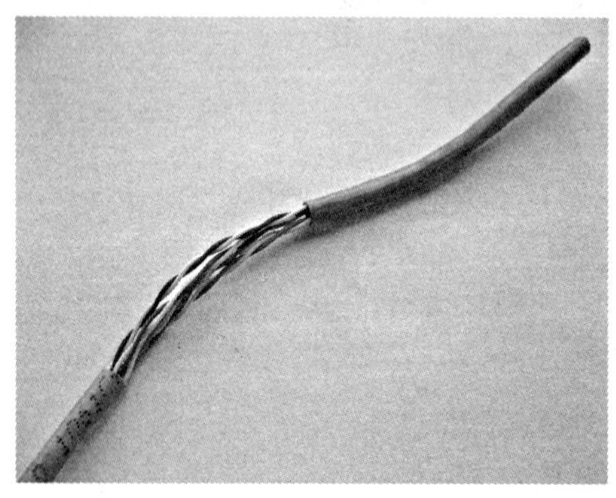

图 5—24　剥线

2. 卡线

将 4 对双脚芯线分离开来，根据需要选择 T－568A 或者 T－568B 标准，按照信息模块槽口所标注的颜色线序，将芯线一一卡入相应的线槽内（见图 5—25）。

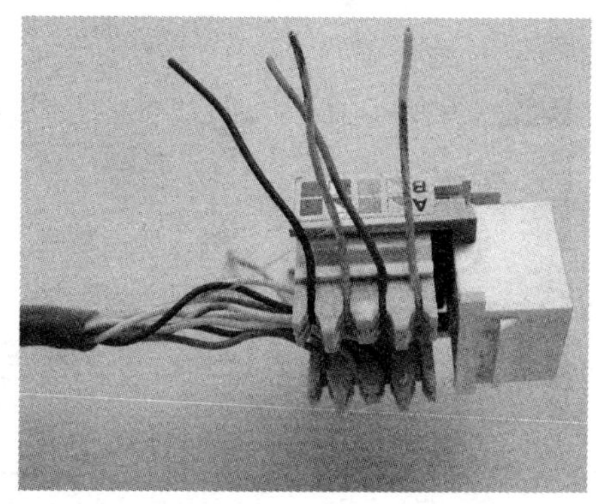

图 5—25　卡线

3. 打线

将打线工具放在卡线槽口上，对准上一步所卡入的芯线，垂直槽口用力下压，使芯线与卡线槽接触良好、稳固。当听到“咔哒”一声，说明线已经卡到底了，即可松开。用同样的方法，打好其他芯线（见图 5—26）。

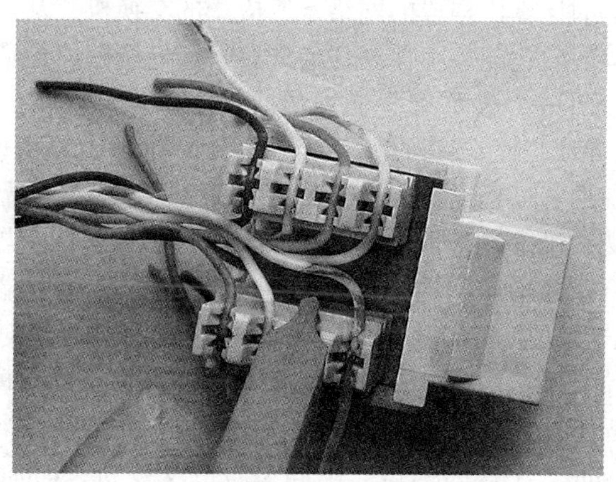

图 5—26　打线

4. 查线

8 条芯线全部打好以后，重新检查一遍，以免出现错误。

5. 剪线

确认无误后，用剪线工具剪除在模块卡线槽两侧多余的芯线，留 5mm 左右的长度即可（见图 5—27）。

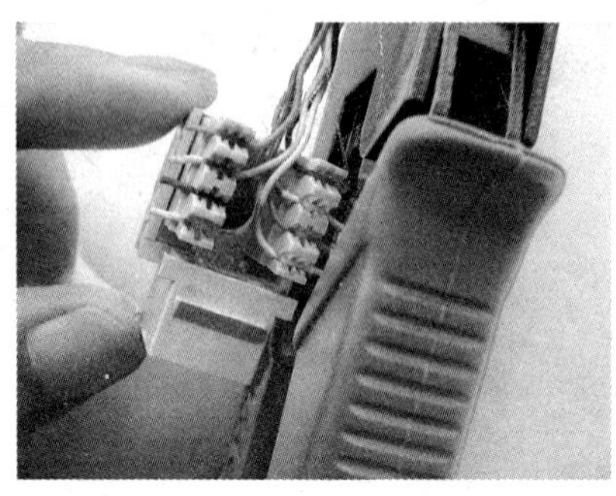

图 5—27　剪线

三、交换机配置基础

（一）交换机配置概述

目前，校园内的小型局域网，例如一个办公室内几台计算机构成的网络，一个宿舍内几位同学的计算机构成的网络，所应用的交换机，基本都是低端的桌面型交换机，不具备网管功能，不需要任何配置，连好线路，接通电源，就可以正常工作，这通常被叫做“傻瓜型”交换机。大中型局域网中的交换机，多数具备网络管理功能，使用前需要进行一系列的配置，这种交换机也叫做“网管型”交换机。它的详细配置过程比较复杂，具体的配置方法也要随品牌、型号的不同而改变。然而，交换机本身是不能进行配置操作的，必须将它与计算机连接，使二者之间能够进行正常通信，这需要借助于交换机的 console 端口，将交换机与计算机连通。网管型交换机都有一个 console 端口，专门用于对交换机进行配置和管理。console 端口所处位置根据交换机类型的不同而不同。模块化交换机的大多位于前面板，固定配置交换机的大多位于后面板，通常在该端口的上方或侧方都会有类似“console”字样的标识。不同型号的交换机，console 端口的类型也有所不同，一般分为三种：

（1）RJ－45 端口。

绝大多数交换机的 console 端口都采用 RJ－45 端口（见图 5—28）。

（2）DB－9 串口端口。

也有少数交换机的 console 端口采用 DB－9 串口端口（见图 5—29）。

（3）DB－25 串口端口。

还有一部分交换机的 console 端口采用 DB－25 串口端口（见图 5—30）。

图 5—28　RJ－45 端口

图 5—29　DB－9 串口端口

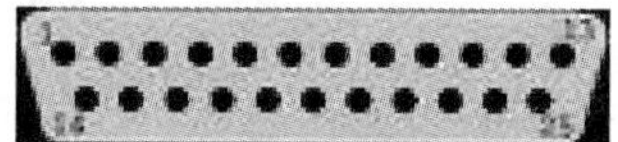
图 5—30　DB－25 串口端口

无论交换机采用哪种端口，都需要通过专门的控制台电缆（console cable）连接至配置用计算机的串行口。与交换机不同的 console 端口类型相对应，控制台电缆也分为几种，具体型号有 RJ45－DB9、RJ45－DB25、DB9－DB25、DB9－DB9 等几类。

链路连通以后，就可以对交换机进行配置了。通常来讲，交换机的配置有两种方法，一种是本地配置，即通过将计算机与交换机的 console 端口连接，直接对交换机进行配置。通常新买的交换机不具备 IP 地址、域名等参数，因此通过 console 端口连接配置交换机是配置和管理交换机必须经过的步骤，也是最常用、最基本、必须掌握的配置方式。另外一种是网络远程配置，即通过 telnet 程序远程登录，对已经设置了 IP 地址的交换机进行配置，须本地配置完成后方可进行。此外，还可以通过 web 方式或者硬件自带的应用程序进行配置，这两种方法一般很少使用。

（二）交换机的配置模式

交换机的高级配置通常是通过命令行界面（command-line interface，CLI）进行的，它是一个基于 DOS 命令行的软件系统模式。以 cisco 交换机为例，它所使用的软件系统为 catalyst IOS。cisco catalyst IOS 有 6 种配置模式，用于不同级别命令对交换机进行的配置。在不同的模式下，界面中会出现不同的提示符。

1. 普通用户模式

交换机开机启动，直接进入普通用户模式。在该模式下能够查询到交换机的一些基础统计信息，如版本号（show version）等，这是进入特权模式的唯一跳板。使用“?”（help 命令）可以查看在用户模式下交换机所支持的命令。

普通用户模式的提示信息为“Switch >”。

（1）输入“?”后，显示如下信息（见图 5—31）。

```
Switch > ?
Exec commands:
  <1 -99 >      Session number to resume
  connect       Open a terminal connection
  disconnect    Disconnect an existing network connection
  enable        Turn on privileged commands
  exit          Exit from the EXEC
  logout        Exit from the EXEC
  ping          Send echo messages
  resume        Resume an active network connection
  show          Show running system information
  telnet        Open a telnet connection
  terminal      Set terminal line parameters
  traceroute    Trace route to destination
Switch >
```

图 5—31　帮助信息

（2）输入“logout”命令，退出交换机（见图 5—32）。

```
Switch >
Switch > logout
Press RETURN to get started.
```

图 5—32　退出交换机命令一

（3）或者输入“exit”命令，退出交换机（见图 5—33）。

```
Switch >
Switch > exit
Press RETURN to get started.
```

图 5—33　退出交换机命令二

2. 特权用户模式

在特权用户模式下可以查看交换机的配置信息和调试信息等。使用“?”可以查看特权用户模式所支持的命令。

特权用户模式的提示信息为“Switch#”。

(1) 在普通用户模式下输入“enable”命令，进入特权用户模式。注意：如果交换机有密码保护那么此时需要输入密码（见图5—34）。

```
Switch >
Switch > enable
Switch#
```

图5—34　进入特权用户模式

(2) 输入“disable”命令，从特权用户模式回到普通用户模式（见图5—35）。

```
Switch#
Switch#disable
Switch >
```

图5—35　从特权用户模式返回普通用户模式

(3) 输入“exit”命令，退出交换机（见图5—36）。

```
Switch#
Switch#exit
Press RETURN to get started.
```

图5—36　退出交换机

3. 全局配置模式

在全局配置模式下主要完成全局参数的配置。

全局配置模式的提示信息为“Switch (config)#”。

(1) 在特权用户模式下输入“config terminal”命令，进入全局配置模式（见图5—37）。

```
Switch > enable
Switch#config terminal
Switch(config)#
```

图5—37　进入全局配置模式

（2）使用快捷键“Ctrl + Z”或者使用“exit”命令返回特权用户模式（见图5—38）。

```
Switch(config)#
Switch(config)#exit
Switch#
```

图 5—38　从全局配置模式返回特权用户模式命令一

（3）也可以输入“end”命令，返回特权用户模式（见图 5—39）。

```
Switch(config)#
Switch(config)#end
Switch#
```

图 5—39　从全局配置模式返回特权用户模式命令二

4. 接口配置模式

在接口配置模式下主要完成接口参数的配置，启用及禁用接口等。

接口配置模式的提示信息为“Switch（config-if)#”。

（1）在全局配置模式下输入“interface”［interface-type interface-number］，进入接口配置模式。其中 interface-type 为接口类型，interface-number 为接口编号。例如，配置端口 interface fastethernet 0/1（见图 5—40）。

```
Switch(config)#
Switch(config)#interface fastethernet 0/1
Switch(config-if)#
```

图 5—40　从全局配置模式进入接口配置模式

其中，fastethernet 表示快速以太网，速率是 100Mbps，0/1 是指交换机上的“第 0 个插槽”上的“第 2 个端口”，第一个端口是 0/0。

（2）输入命令“exit”，返回全局配置模式（见图 5—41）。

```
Switch(config-if)#
Switch(config-if)#exit
Switch(config)#
```

图 5—41　从接口配置模式返回全局配置模式

（3）使用快捷键“Ctrl + Z”或输入命令“end”，从接口配置模式直接返回特权用户模式（见图 5—42）。

```
Switch(config-if)#
Switch(config-if)#end
Switch#
```

图 5—42 从接口配置模式返回特权用户模式

5. 线路配置模式

线路配置模式主要配置对控制台的访问，在全局配置模式下，用 line 命令指定具体的 line 端口。

线路配置模式的提示信息为“Switch（config-line)#”。

（1）在全局配置模式下，输入“line [number]”，进入线路配置模式，其中 number 是需要进入的接口（见图 5—43）。

```
Switch(config)#
Switch(config)#line console 0
Switch(config-line)#
```

图 5—43 从全局配置模式进入线路配置模式

（2）输入“exit”命令，即可返回全局配置模式（见图 5—44）。

```
Switch(config-line)#
Switch(config-line)#exit
Switch(config)#
```

图 5—44 从线路配置模式返回全局配置模式

（3）输入“end”命令，返回特权用户模式（见图 5—45）。

```
Switch(config-line)#
Switch(config-line)#end
Switch#
```

图 5—45 从线路配置模式返回特权用户模式

6. VLAN 数据库模式

在 VLAN 数据库模式下可以完成 VLAN 的一些相关配置。

进入 VLAN 数据库模式通常有两种方式：

(1) 在特权用户模式下输入“vlan database”，进入 VLAN 数据库模式。

以该方式进入 VLAN 数据库模式，其提示信息为“Switch (vlan)#”。

例如，增加一个 vlan 6，并命名为 demo（见图 5—46）。

```
Switch#
Switch#vlan database
Switch(vlan)#
Switch(vlan)#vlan 6 name demo
VLAN 6 added
  Name:demo
Switch(vlan)#
```

图5—46 从特权用户模式进入 VLAN 数据库模式

按下键盘上的“Ctrl + Z”命令，返回特权用户模式（见图 5—47）。

```
Switch(vlan)#
Switch(vlan)# Ctrl + Z
Switch#
```

图5—47 从 VLAN 数据库模式返回特权用户模式

(2) 在全局配置模式下直接输入要增加的 VLAN 号码，通常号码范围在 1 ~ 4094 之间。

以该方式进入 VLAN 数据库模式，其提示信息为“Switch (config - vlan)”。

例如，增加一个 vlan 6（见图 5—48）。

```
Switch(config)#
Switch(config)#vlan 6
Switch(config - vlan)#
```

图5—48 从全局配置模式进入 VLAN 数据库模式

输入“exit”命令，返回全局配置模式（见图 5—49）。

```
Switch(config - vlan)#
Switch(config - vlan)#exit
Switch(config)#
```

图 5—49 从 VLAN 数据库模式返回全局配置模式

或输入“end”命令，返回特权用户模式（见图 5—50）。

```
Switch(config-vlan)#
Switch(config-vlan)#end
Switch#
```

图 5—50　从 VLAN 数据库模式返回特权用户模式

交换机的各种配置模式具体区别如表 5—2 所示：

表 5—2　　交换机的各种配置模式比较表

模式	访问方法	提示信息	退出方法	用途
普通用户模式	开始一个进程	Switch >	输入“logout”或“exit”退出交换机。	改变终端设置，执行基本测试，显示系统信息。
特权用户模式	在普通用户模式中输入“enable”命令	Switch#	输入“disable”回到普通用户模式，输入“exit”退出交换机。	校验输入的命令，该模式有密码保护。
全局配置模式	在特权用户模式中输入“config terminal”命令	Switch (config)#	输入“exit”或“end”或者按下“Ctrl + Z”组合键，返回特权用户模式。	将配置的参数应用于整个交换机。
接口配置模式	在全局配置模式中，输入“interface [interface-type interface-number]”	Switch (config-if)#	输入“exit”返回全局配置模式，按下“Ctrl + Z”组合键或输入“end”，返回特权用户模式。	为“ethernet interfaces”配置参数。
线路配置模式	在全局配置模式中，输入“line [number]”	Switch(config-line)#	输入“exit”返回全局配置模式，按下“Ctrl + Z”组合键或输入“end”，返回特权用户模式。	为“terminal line”配置参数。
VLAN 数据库模式	在特权用户模式中输入“vlan database”命令或在全局配置模式中输入“vlan [1-4094]”	Switch (vlan)# 或Switch(config-vlan)	在 Switch (vlan)#状态下，按下“Ctrl + Z”返回特权用户模式。在 Switch (config-vlan) 状态下输入“exit”，返回全局配置模式，或输入“end”命令，返回特权用户模式。	配置 vlan 参数。

（三）交换机配置常用命令

1. 交换机显示命令

交换机的信息显示是在特权用户模式下运行 show 命令。例如：

（1）显示交换机硬件及软件的信息：Switch#show version

（2）显示当前运行的配置参数：Switch#show running-config

（3）查看 MAC 地址表：Switch#show mac-address-table

（4）显示接口状态：Switch#show interface

2. 交换机重新启动

交换机的重新启动，也是在特权用户模式下，运行 reload 命令。

```
Switch#reload
```

系统会出现提示信息，让用户确认是否重新启动。

```
Proceed with reload? [confirm]
```

如果确定重新启动，回车即可。

3. 交换机名称设置

交换机的名称设置需要在全局配置模式下进行，命令格式如下：

```
Switch(config)#hostname ×××
```

其中，×××为交换机设置的名称。

例如，将交换机命名为 ecnu，在全局配置模式下，键入命令“hostname ecnu”（见图 5—51）。

```
Switch(config)#hostname ecnu
ecnu(config)#
```

图 5—51　将交换机命名为 ecnu

交换机的命令提示行的名称由 Switch 更改为 ecnu。

4. 交换机口令设置

在全局配置模式下，可以设置交换机的口令。口令有两种，一种是明文口令，一种是加密口令，用来限制对特权用户模式的访问。

（1）明文口令设置。

命令格式如下：

Switch (config)#enable password ×××

其中，×××是所要设置的口令。

例如，将名称为 ecnu 的交换机明文口令设置为 ecnunetwork，在全局配置模式下，键入命令“enable password ecnunetwork”（见图 5—52）。

```
ecnu(config)#
ecnu(config)#enable password ecnunetwork
ecnu(config)#
```

图 5—52　设置交换机的明文口令

设置好明文口令，就可以在特权用户模式下，运行“show running-config”命令，进入配置文件中查看参数。口令区分大小写，一般采用易记的单词，但尽量不要采用有明显特征的单词，以提高安全性（见图 5—53）。

```
ecnu(config)#
ecnu(config)#exit
ecnu#
ecnu#show running-config
Building configuration...
Current configuration:953 bytes
!
version 12.1
no service password-encryption
!
hostname ecnu            ←————————交换机的名称
!
enable password ecnunetwork      ←——交换机明文口令
!
!
!
interface FastEthernet0/1
!
interface FastEthernet0/2
!
interface FastEthernet0/3
!
interface FastEthernet0/4
!
interface FastEthernet0/5
--More--
```

图 5—53　查看交换机的参数配置

（2）加密口令设置。

命令格式如下：

```
Switch(config)#enable secret ×××
```

其中，×××就是所要设置的口令。

例如，将名称为 ecnu 的交换机加密口令设置为 myswitch，在全局配置模式下，键入命令"enable secret myswitch"（见图 5—54）。

```
ecnu(config)#
ecnu(config)#enable secret myswitch
ecnu(config)#
```

图 5—54　设计交换机的加密口令

如果交换机既设置了加密口令，也设置了明文口令，那么将只有加密口令有效。

5. 将接口启用

在接口配置模式下，运用 no shutdown 命令。

```
Switch(config-if)#no shutdown
```

6. 将接口关闭

在接口配置模式下，运用 shutdown 命令。

```
Switch(config-if)#shutdown
```

7. VLAN 的配置

VLAN 是 virtual local area network，即虚拟局域网的简称，它不受地理位置的限制，可以根据部门职能或者不同应用等，将网络用户划分为逻辑网段，以此有效地控制广播风暴的发生。通常 VLAN 的配置在全局配置模式下进行。

（1）添加一个 VLAN。

命令格式如下：

```
Switch(config)#vlan[1-4094]
```

例如，为名称为 ecnu 的交换机增加一个 vlan 6（见图 5—55）。

```
ecnu(config)#
ecnu(config)#vlan 6
ecnu(config-vlan)#
```

图 5—55　增加一个 VLAN

（2）为 VLAN 命名。

命令格式如下：

```
Switch (config-vlan)#name ×××
```

其中，×××为该 VLAN 的名字。

例如，在名称为 ecnu 的交换机上，将 vlan 8 命名为 test（见图 5—56）。

```
ecnu(config)#vlan 8
ecnu(config-vlan)#
ecnu(config-vlan)#name test
ecnu(config-vlan)#
```

图 5—56　命名 VLAN 方法一

或者进入 VLAN 数据库模式，直接添加 vlan 并命名（见图 5—57）。

```
ecnu#
ecnu#vlan database
ecnu(vlan)#
ecnu(vlan)#vlan 8 name test
VLAN 8 added:
    Name: test
ecnu(vlan)#
```

图 5—57　添加并命名 VLAN 方法二

（3）配置 VLAN 端口。

交换机的端口工作模式一般分为三种：access，trunk，multi。

• access：多用于接入层，也叫接入模式，主要用来接入终端设备，如普通计算机、服务器、打印服务器等。

• trunk：主要用来连接其他交换机，以便在线路上承载多个 VLAN。

• multi：在一个线路中承载多个 VLAN，但不像 trunk，它不对承载的数据打标签，主要用于接入支持多 VLAN 的服务器或者一些网络分析设备，现在基本不用此类端口。

配置 VLAN 端口 6 时，需要运用“switchport mode access”命令，强制端口成为 access 端口，运用“switchport access vlan 6”命令，将该端口加入 VLAN（见图 5—58）。

```
ecnu(config)#
ecnu(config)#interface fastethernet 0/1
ecnu(config-if)#no shutdown
ecnu(config-if)#switchport mode access
ecnu(config-if)#switchport access vlan 6
ecnu(config-if)#exit
```

图 5—58　配置 VLAN 端口

（4）关闭 VLAN。

关闭 VLAN，运用 shutdown 命令（见图 5—59）。

```
ecnu(config)#
ecnu(config)#interface vlan 6
ecnu(config-if)#shutdown
ecnu(config-if)#exit
ecnu(config)#
```

图 5—59　关闭 VLAN

8. 配置 IP 地址

为交换机配置 IP 地址，通常是在接口配置模式下，为某接口配置 IP 地址和子网掩码等。

命令格式如下：

```
Switch(config-if)#ip address [IP address] [IP subnetmask]
```

例如，将名称是 ecnu 的交换机，接口 vlan 6 的 IP 地址设置为：219.228.152.80，子网掩码是 255.255.255.0（见图 5—60）。

```
ecnu(config-if)#interface vlan 6
ecnu(config-if)#ip address 219.228.152.80 255.255.255.0
ecnu(config-if)#
```

图 5—60　配置交换机的 IP 地址和子网掩码

9. 添加默认网关地址

命令格式如下：

```
Switch(config)#ip default-gateway ×××
```

其中，×××是所要设置的默认网关的 IP 地址。

例如，将名称为 ecnu 交换机的默认网关设置为 219. 228. 151. 1（见图 5—61）。

```
ecnu(config)#
ecnu(config)#ip default-gateway 219. 228. 151. 1
ecnu(config)#
```

图 5—61　添加默认网关

交换机配置常见命令需要在各自的命令模式下才能执行，因此，如果想执行某个命令，必须先进入相应的配置模式。在每种操作模式下直接输入“?”，可以显示该模式下所有可以使用的命令。交换机的命令支持简写，按 TAB 键可以将命令补充完整。此外，利用“命令 + 空格 + ?”能够显示命令参数并对其解释说明，利用“字符 + ?”可以显示以该字符开头的命令。可见，交换机提供了强大的帮助功能，读者不必完全记住所有的命令格式和参数，只需记住常用命令、学会熟练运用交换机的帮助功能即可。

（四）交换机本地配置案例

这里以 cisco catalyst 2950 智能以太网交换机的配置为例。这是一个固定配置、可堆叠的独立设备，是最廉价的 Cisco 交换产品系列，为中型网络应用提供了智能服务。catalyst 2950 系列包括 catalyst 2950 – 24、catalyst 2950 – 12、catalyst 2950T – 24 和 catalyst 2950C – 24。catalyst 2950 – 24 有 24 个 10/100Mbps 端口；catalyst 2950 – 12 有 12 个 10/100Mbps 端口；catalyst 2950T – 24 有 24 个 10/100Mbps 端口和 2 个固定 10/100/1000 BASE-T 上行链路端口；catalyst 2950C – 24 有 24 个 10/100Mbps 端口和 2 个固定 100BASE-FX 上行链路端口。每个交换机占用一个机柜单元，这样它就能被方便地配置到桌面和安装在配线间内（见图 5—62）。

图 5—62　Cisco catalyst 2950 – 24 交换机

1. 连接计算机与交换机

将计算机的串口（通常指 COM 口）与交换机的 console 端口相连（见图 5—63）。

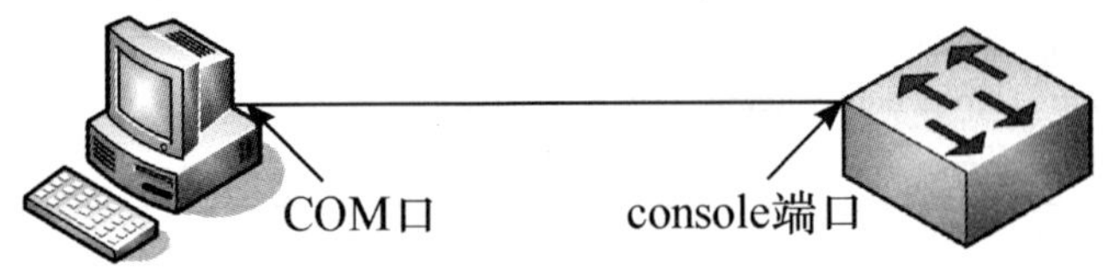

图 5—63 计算机的 COM 口与交换机的 console 端口连接示意图

2. 打开超级终端

在“开始”菜单中，依次选择“程序/附件/通讯/超级终端”，打开超级终端，弹出“连接描述”对话框。如果没有超级终端，通过“添加/删除程序”的方式添加该 Windows 组件（见图 5—64）①。

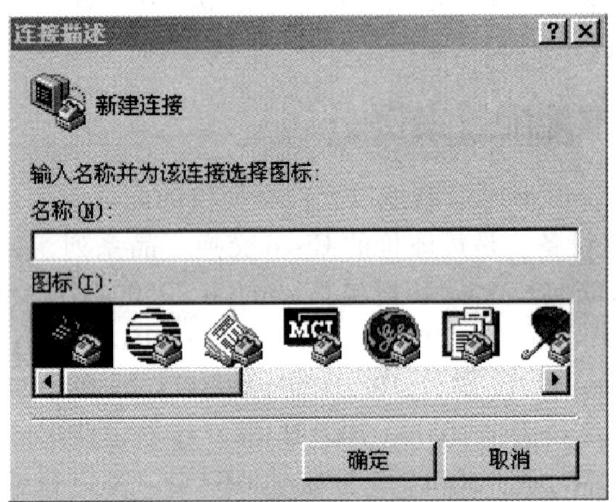

图 5—64 设置连接名称

3. 新建连接

在“连接描述”对话框中，输入名称“COMM1”后点击“确定”，进入“连接到”窗口，要求在“国家”、“区号”、“电话号码”、“连接时使用”等选项中输入待拨的电话详细信息，然后点击“确定”（见图 5—65）。

---

① 这里涉及的 Windows 菜单选择顺序、截图等以 Windows Server 2003 操作系统为例。不同板本的操作系统可能会有所不同。

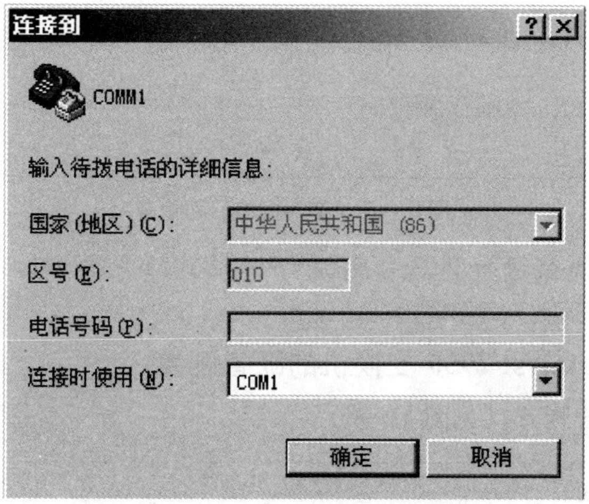

图 5—65　设置“连接到”窗口属性

假如计算机与交换机相连的串口为 COM1，将串口 COM1 设置为波特率（每秒位数）9 600Baud，其他各选项统统采用默认值，单击“确定”按钮，或者直接点击“还原为默认值”即可（见图 5—66）。

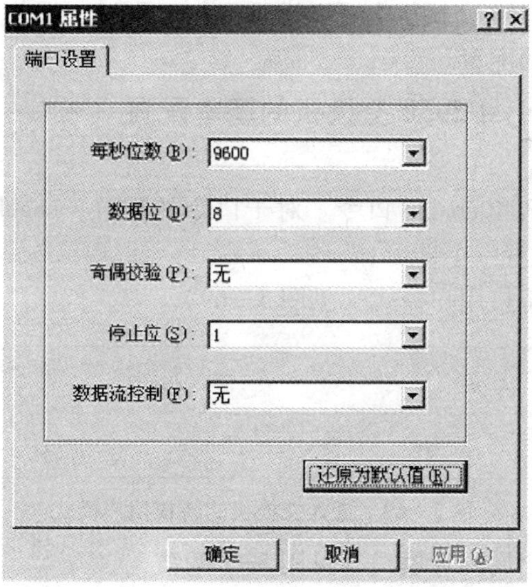

图 5—66　COM1 的属性设置

交换机启动，如果是新设备，开机须跳过系统默认配置模式，进入手动配置模式，即直接进入普通用户模式，出现提示信息（见图 5—67）。

```
---System Configuration Dialog---
……
Press RETURN to get started!
Switch >
```

图 5—67　交换机的启动信息

这时表示交换机已经进入了普通用户模式，下面可以对交换机进行配置了。

4. Cisco catalyst 2950 交换机的缺省配置

进入特权用户模式（见图 5—68）。

```
Switch > enable
Switch#
Switch#show running-config
Building configuration...
```

图 5—68　进入交换机的特权用户模式

缺省配置下，2950 交换机也可以进行工作。不过一般为了方便管理和使用，最好对它进行基本的配置。

5. Cisco catalyst 2950 交换机的基本配置

（1）配置主机名、口令。

首先配置主机名和 enable 口令。对于口令的配置，enable password 和 enable secret 两者通常只配置一个即可。

第一步：进入特权用户模式（见图 5—69）。

```
Switch >
Switch > enable
Switch#
```

图 5—69　进入交换机的特权用户模式

第二步：进入全局配置模式（见图 5—70）。

```
Switch#
Switch#config terminal
Switch(config)#
```

图 5—70　进入交换机的全局配置模式

第三步：配置主机名，取名为 EITD（见图 5—71）。

```
Switch(config)#
Switch(config)#hostname EITD
EITD(config)#
```

图 5—71　配置交换机的主机名

第四步：配置明文口令为 ECNU_123（见图 5—72）。

```
EITD(config)#
EITD(config)#enable password ECNU_123
EITD(config)#
```

图 5—72　配置交换机的明文口令

或者配置加密口令为 ECNU_123（见图 5—73）。

```
EITD(config)#
EITD(config)#enable secret ECNU_123
EITD(config)#
```

图 5—73　配置交换机的加密口令

第五步：查看交换机当前的配置状况。

通过 exit 命令，返回特权用户模式下，运行 show 命令（见图 5—74）。

```
EITD(config)#
EITD(config)#exit
EITD#
EITD#show running-config
EITD#
```

图 5—74　查看交换机当前的配置情况

（2）配置 VLAN。

在 Cisco catalyst 2950 上定义三个 VLAN，分别取名为 education，computer，maths。

第一步：在特权用户模式下，进入 VLAN 数据库模式（见图 5—75）。

```
EITD#
EITD#vlan database
EITD(vlan)#
```

图 5—75　进入 VLAN 数据库模式

第二步：定义 VLAN 名称及 VLAN 号（见图 5—76）。

```
EITD(vlan)#
EITD(vlan)#vlan 3 name education
VLAN 3 added:
    Name: education
EITD(vlan)#vlan 4 name computer
VLAN 4 added:
    Name: computer
EITD(vlan)#vlan 5 name maths
VLAN 5 added:
    Name: maths
EITD(vlan)#
```

图 5—76　定义 VLAN 名称及 VLAN 号

第三步：配置 IP 地址、子网掩码和默认网关地址（见图 5—77）。

第四步：将端口 10～14 加入 education 中，端口 15～17 加入 computer 中，端口 24 加入 maths 中。

```
EITD(config)#
EITD(config)#interface vlan 3
EITD(config-if)#ip address 219.228.151.80 255.255.255.0
EITD(config-if)#no shutdown
EITD(config-if)#ip default-gateway 219.228.151.1
EITD(config)#
EITD(config)#interface vlan 4
EITD(config-if)#ip address 219.228.152.80 255.255.255.0
EITD(config-if)#no shutdown
EITD(config-if)#ip default-gateway 219.228.152.1
EITD(config)#
EITD(config)#interface vlan 5
EITD(config-if)#ip address 219.228.153.80 255.255.255.0
EITD(config-if)#no shutdown
EITD(config-if)#ip default-gateway 219.228.153.1
EITD(config)#
```

图 5—77　配置 IP 地址、子网掩码和默认网关地址

将一组端口加入 VLAN，需要使用 interface range 命令进入一组端口模式（见图 5—78）。

```
EITD(config)#
EITD(config)#interface range fastethernet 0/10 - 14
EITD(config-if-range)#switchport mode access
EITD(config-if-range)#switchport access vlan 3
EITD(config-if-range)#exit
EITD(config)#
EITD(config)#interface range fastethernet 0/15 - 17
EITD(config-if-range)#switchport mode access
EITD(config-if-range)#switchport access vlan 4
EITD(config-if-range)#exit
EITD(config)#
```

图 5—78　将一组端口加入 VLAN

将一个端口加入 VLAN，需要进入单端口模式（见图 5—79）。

```
EITD(config)#interface fastethernet 0/24
EITD(config-if)#switchport mode access
EITD(config-if)#switchport access vlan 5
EITD(config-if)#
```

图 5—79　将一个端口加入 VLAN

（五）交换机远程配置方式

计算机与交换机直接连接后，使用超级终端，对交换机进行本地配置，设置好 IP 地址等参数后，就可以通过交换机的普通端口，以 telnet 或 web 浏览器的方式对交换机进行管理了。

1. telnet 方式

telnet 是一种用来登录远程计算机或者网络设备的远程访问协议。

telnet 命令的一般格式为：telnet hostname 或者 telnet IP 地址。

其中，hostname 是交换机的名称，IP 是指交换机的 IP 地址。

（1）运用 telnet 连接到交换机前的准备。

- 在用于管理的计算机中安装有 TCP/IP 协议。
- 交换机上已经配置了 IP 地址信息。如果尚未配置 IP 地址信息，则必须通过 Console 端口进行设置。
- 交换机上建立了具有管理权限的用户帐户。如果没有建立新的帐户，则 Cisco 交换机默认的管理员帐户为“admin”。

（2）配置界面。

在计算机上运行 telnet 客户端程序，并登录至远程交换机。

第一步：从“开始”菜单中，选择“运行”，然后在对话框中输入“telnet [IP 地址]”登录。如果设置了交换机名称，也可以输入“telnet [hostname]”，进行登录。

例如，已经将交换机的 IP 地址设置为：219. 228. 151. 81。

那么直接输入：“telnet 219. 228. 151. 81”即可。

第二步，输好后，单击“确定”按钮，或单击回车键，即可建立本地计算机与远程交换机的连接。正常通信后，就可以根据实际需要对该交换机进行相应的配置和管理了。

2. web 浏览器的方式

当利用 console 端口为交换机设置好 IP 地址信息并启用 HTTP 服务后，即可通过 web 浏览器来访问交换机、修改交换机的各种参数以及对交换机进行管理等。

（1）运用 web 浏览器访问交换机前的准备。

- 用于管理的计算机中安装了 TCP/IP 协议，并且在计算机和交换机上都已经配置了 IP 地址。
- 用于管理的计算机中安装有支持 JAVA 的 Web 浏览器。
- 交换机上建立了拥有管理权限的用户帐户和密码。
- 交换机的互联网操作系统（internetwork operation system，IOS，相当于计算机的操作系统）支持 HTTP 服务，并且已经启用了该服务。否则，应通过 console 端口升级 IOS 或启用 HTTP 服务。

（2）通过 Web 浏览器的方式进行配置。

第一步：把计算机连接在交换机的一个普通端口上。

第二步：在计算机上运行 Web 浏览器。在浏览器的“地址”栏输入交换机的 IP 地址（如 219. 228. 151. 81），单击回车键。

第三步：分别在“用户名”和“密码”框中，输入拥有管理权限的用户名和密码。

注意：用户名和密码对应当事先通过 console 端口设置好。

第四步：单击“确定”按钮，即可建立与被管理交换机的连接，并在 Web 浏览器中显示交换机的管理界面。

这时就可以通过 Web 界面中的提示，查看交换机的各种参数和运行状态，并可根据需要对交换机的某些参数进行修改了。

四、路由器配置基础

（一）基本配置方式

与交换机一样，路由器使用前需要进行基本的配置。路由器的配置与交换机的配置基本相似，通常有五种方法可以用来配置路由器（见图 5—80）。

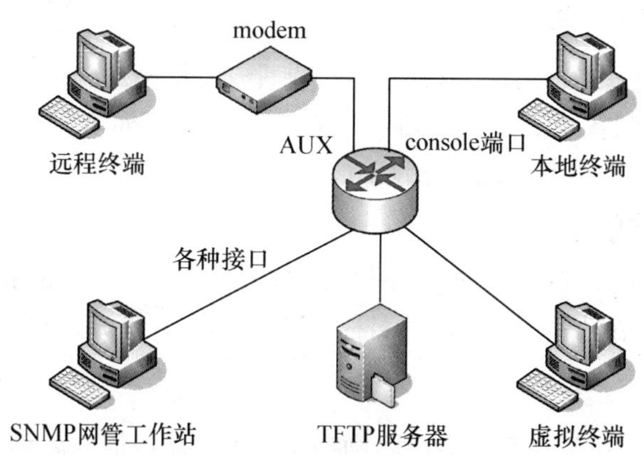

图 5—80　配置路由器的方法

- console 端口连接终端或运行终端仿真软件的计算机。
- AUX 口接 modem，通过电话线与远方的终端或运行终端仿真软件的计算机相连。
- 通过 ethernet 上的 TFTP 服务器。
- 通过 ethernet 上的 telnet 程序。
- 通过 ethernet 上的 SNMP 网管工作站。

常用的方法有两种，一种是通过控制台 console 端口与终端连接，另外一种是通过 telnet 远程登录进行配置。

1. 控制台端口与终端连接

运用这种方式配置路由器时，要将路由器控制台 console 端口与计算机的串口通过专用的配置线相连接，再通过计算机调用 IOS 来完成路由器的配置。这种方式一般是在对路由器进行初始化配置时才采用（见图 5—81）。

2. 通过 telnet 远程登录配置

把计算机与路由器的一个设置了 IP 地址的以太网接口用 RJ－45 双绞线连接，并且将路由器设置为允许远程访问，然后在该计算机上运行“telnet ［IP 地址］”命令，

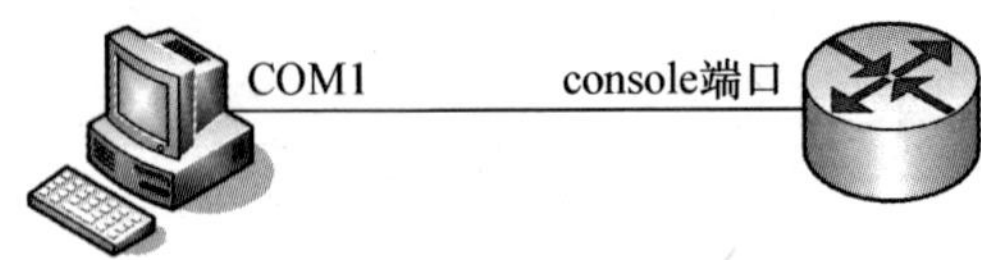

图 5—81　控制台端口与终端连接

登录到路由器，对其进行配置和管理，这一点与对交换机的配置相同。

（二）路由器配置模式

路由器有 6 种配置模式，分别是用户模式、特权模式、全局配置模式、接口配置模式、线路配置模式、路由协议配置模式。与交换机相同，路由器在配置时，可以键入“?”得到系统的帮助。

1. 用户模式

与交换机相同，在没有进行任何配置的情况下，缺省的路由器提示符为“ > ”。假设默认情况下，路由器的名称为“Router”，那么提示信息将为：

```
Router >
```

如果已经对路由器设置了名称，则提示符为：路由器的名称 > 。例如，路由器的名称是 ABC，那么提示信息将为：“ABC > ”。在该模式下，用户只能查看路由器的连接状态，访问其他网络和主机，了解路由表的内容和进行基本的无破坏性的网络故障排除，但不能看到和更改路由器的设置内容。

（1）输入“logout”命令，退出路由器（见图 5—82）。

```
Router >
Router > logout
Press RETURN to get started.
```

图 5—82　退出路由器命令一

（2）或者输入“exit”命令，退出路由器（见图 5—83）。

```
Router >
Router > exit
Press RETURN to get started.
```

图 5—83　退出路由器命令二

2. 特权 EXEC 模式

特权 EXEC 模式，俗称特权模式。与交换机的配置相同，特权模式的系统提示符是“#”，假设路由器的默认名称是 Router（如无特殊说明，本节所提及路由器的默认名称都是 Router），则提示信息为：

Router#

如果设置了路由器的名字，则提示信息为：

路由器的名字#

（1）在用户模式下输入“enable”，如果设置了口令，就输入相应的口令，进入特权模式（见图 5—84）。

```
Router > enable
Password:123
Router#
```

图 5—84　从用户模式进入特权模式

（2）在特权模式下，输入“disable”命令，返回用户模式（见图 5—85）。

```
Router#
Router#disable
Router >
```

图 5—85　从特权模式返回用户模式

（3）或者输入“exit”命令，退出路由器（见图 5—86）。

```
Router#
Router#exit
Press RETURN to get started.
```

图 5—86　退出路由器

在特权模式下，可以执行所有的用户命令，看到和更改路由器的设置内容。例如，用户可以使用 show 命令进行配置检查，执行可能破坏网络的测试，重新启动路由器和查看配置文件。绝大多数命令用于测试网络、检查系统等，但不能对端口及网络协议进行配置。

3. 全局配置模式

在全局配置模式下主要完成全局参数的配置。提示信息为：

Router（config)#

如果设置了路由器的名字，则提示信息为：

路由器的名字（config)#

（1）在特权模式下输入“config terminal”命令即可进入全局配置模式（见图5—87）。

```
Router > enable
Router#config terminal
Router(config)#
```

图5—87　从特权模式进入全局配置模式

（2）使用快捷键“Ctrl +Z”或者使用“exit”命令返回特权模式（见图5—88）。

```
Router(config)#
Router(config)#exit
Router#
```

图5—88　从全局配置模式返回特权模式命令一

（3）也可以输入“end”命令，返回特权模式（见图5—89）。

```
Router(config)#
Router(config)#end
Router#
```

图5—89　从全局配置模式返回特权模式命令二

全局配置模式下，用户可以设置路由器的全局参数，例如，配置路由器的静态路由表。但是如果想配置具体端口，还需要进入局部配置模式，具体包括接口配置模式、线路配置模式、路由协议配置模式。在这三种模式下，路由器处于局部设置状态，可以设置路由器某个局部的参数。

4. 接口配置模式

和交换机类似，路由器的接口配置模式主要用来对路由器的各种端口进行配置。路由器中有多种端口，如快速以太网端口、串行接口等，每一端口都有许多参数要配置，都需要在接口配置模式下完成。缺省提示信息为：

Router（config-if)#

（1）在全局配置模式下，输入“interface [interface-type interface-number]”命令，即可进入接口配置模式，例如要对快速以太网中，路由器上“第0个插槽”上的“第2个端口”进行配置，需输入“interface fastethernet0/1”（见图5—90）。

```
Router(config)#
Router(config)#interface fastethernet0/1
Router(config-if)#
```

图 5—90 从全局配置模式进入接口配置模式

在此接口配置模式下，可以配置该端口的 IP 地址、子网掩码等。

（2）输入命令“exit”，返回全局配置模式（见图 5—91）。

```
Router(config-if)#
Router(config-if)#exit
Router(config)#
```

图 5—91 从接口配置模式返回全局配置模式

（3）输入命令“end”或按下“Ctrl + Z”，就从接口配置模式直接返回特权模式（见图 5—92）。

```
Router(config-if)#
Router(config-if)#end
Router#
```

图 5—92 从接口配置模式返回特权模式

5. 线路配置模式

在全局配置模式下，用 line 命令指定具体的 line 端口，进入线路配置模式。提示信息为：

Router (config-line)#

（1）在全局配置模式下，输入“line [number]”，即可进入线路配置模式（见图 5—93）。

```
Router(config)#
Router(config)#line 0
Router(config-line)#
```

图 5—93 从全局配置模式进入线路配置模式

（2）输入“exit”命令，返回全局配置模式（见图 5—94）。

```
Router(config-line)#
Router(config-line)#exit
Router(config)#
```

图 5—94 从线路配置模式返回全局配置模式

输入“end”命令或者按下“Ctrl + Z”，返回特权模式（见图 5—95）。

```
Router(config-line)#
Router(config-line)#end
Router#
```

图 5—95　从线路配置模式返回特权模式

6. 路由协议配置模式

（1）在全局配置模式下，运用 router ［protocol］ 命令指定具体的路由协议，进入路由协议配置模式，提示信息为：

Router (config-router)#

例如，配置 rip 协议（见图 5—96）。

```
Router(config)#
Router(config)#router rip
Router(config-router)#
```

图 5—96　从全局配置模式进入路由协议配置模式

（2）输入“exit”命令，返回全局配置模式（见图 5—97）。

```
Router(config-router)#
Router(config-router)#exit
Router(config)#
```

图 5—97　从路由协议配置模式返回全局配置模式

（3）输入“end”命令或者按下“Ctrl + Z”，返回特权模式（见图 5—98）。

```
Router(config-router)
Router(config-router)#end
Router#
```

图 5—98　从路由协议配置模式返回特权模式

可见，路由器中各种配置模式的切换，与交换机是相似的。在各自的配置模式下，可以运用“?”来查看该模式下所有可用的命令，这会对各命令的参数进行解释说明（见图 5—99）。

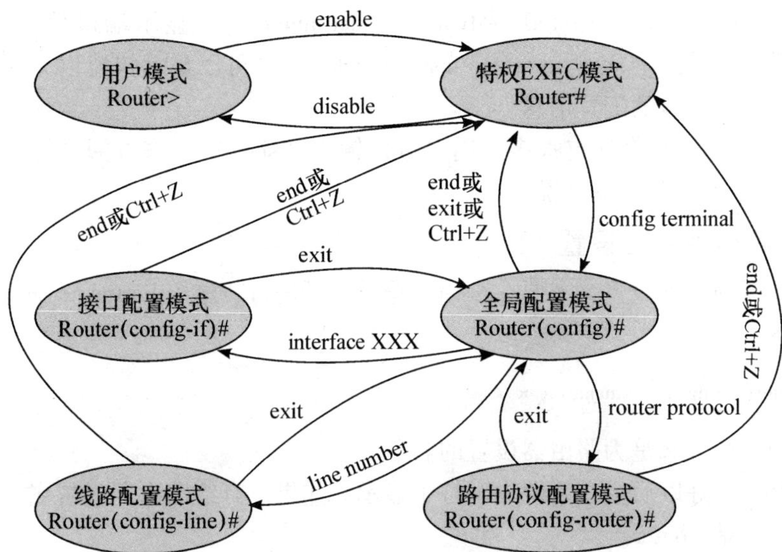

图 5—99　路由器六种配置模式切换示意图

（三）路由器配置常用命令

路由器与交换机所使用的命令大部分相同，但是路由器在不同的工作模式下，能够使用的命令是不尽相同的。

1. 查询可用的操作命令

?：查询当前工作模式下可用的命令。

如果一屏不能完全显示所有命令，显示内容底部会出现“more”，按下 Enter 键，以查看下面的一行；按下空格键，可以查看下一屏内容；按下任何其他键将结束显示。

2. 显示路由器状态命令

show：可以运用 show 命令，了解设备是否活跃在网络上，确认接口是否工作等。实际上，show 是一组命令，用于查看路由器组件及其过程状态。例如：

（1）show interface：显示路由器接口状态。

（2）show version：显示硬件配置信息。

（3）show running-config：显示当前路由器的所有配置。

（4）show startup-config：显示路由器的启动配置。

（5）show history：显示以前使用过的命令。

（6）show clock：显示路由器时间。

(7) show inerface [interface-type interface-number]：显示端口信息。例如，在特权模式下输入“show interface fastethernet0/1”，可以显示快速以太网第0个插槽，第2个端口的配置信息。

具体的show命令还有很多，用户可以输入“show?”，来查阅具体可以使用的show命令参数及其解释说明。

3. 路由器名称设置

路由器的名称设置，需要在全局配置模式下进行，运用hostname命令，命令格式如下：

```
Router(config)# hostname ×××
```

其中，×××是为路由器设置的名称。

名称设置好以后会在系统提示符中显示。如果没有给路由器设置名称，系统缺省的名称是Router。

第一步：进入特权模式（见图5—100）。

```
Router >
Router > enable
Router#
```

图5—100　进入特权模式

第二步：进入全局配置模式（见图5—101）。

```
Router#
Router# config terminal
Router(config)#
```

图5—101　进入全局配置模式

第三步：为路由器命名一个有意义的名字，假设这里将路由器命名为：RouteECNU（见图5—102）。

```
Router(config)#
Router(config)# hostname RouteECNU
RouteECNU(config)#
```

图5—102　将路由器命名为RouteECNU

可以看到，系统提示符变为RouteECNU。

4. 路由器口令设置

路由器的口令有两种，一种是明文口令，没有进行任何加密，显示的是设置的内容，另外一种是加密口令，进行了系统加密，显示的是乱码。这两种口令都需要在全局配置模式下进行设置，用来限制非授权用户进入特权模式。如果设置了两种口令，那么明文口令将自动被加密口令取代。

（1）设置明文口令。

命令格式如下：

```
Router (config)#enable password ×××
```

其中，×××是所要设置的口令。

例如，将路由器明文口令设置为 ECNU，须在全局配置模式下，输入“enable password ECNU”，即：Router (config)#enable password ECNU。

（2）设置加密口令。

命令格式如下：

```
Router(config)#enable secret ×××
```

其中，×××是所要设置的口令。

例如，将路由器加密口令设置为 ECNU，须在全局配置模式下，输入“enable secret ECNU”，即：Router (config)#enable secret ECNU。

5. 路由器工作 IP 地址设置

在接口配置模式下，可以为某端口配置 IP 地址、子网掩码等。命令格式如下：

```
Router(config-if)#ip address [IP address] [IP subnetmask]
```

例如，将路由器的某端口 IP 地址设置为 219.228.152.80，子网掩码设置为 255.255.255.0，需要在接口配置模式下，输入“ip address 219.228.152.80 255.255.255.0”，即：

Router (config-if)#ip address 219.228.152.80 255.255.255.0

6. 配置静态路由

静态路由的配置，需要在全局配置模式下完成。通过配置静态路由，用户可以人为地指定对某一网络访问时所要经过的路径，在网络结构比较简单，且一般到达某一网络所经过的路径唯一的情况下采用静态路由。

命令格式如下：

```
Router(config)#ip route[destination][subnetmask][next-hop]
```

其中，destination 表示目的网络，subnetmask 表示子网掩码，next-hop 表示下

一跳地址。例如，将到达目的网络为“202.113.9.182”的下一跳指定为“219.228.151.1”（见图5—103）。

```
Router(config)#
Router(config)#ip route 202.113.9.182 255.255.255.0 219.228.151.1
Router(config)#
```

图5—103　配置静态路由

7. 其他常用命令

（1）进入控制台。

在全局配置模式下，运用line命令，即可进入控制台（见图5—104）。

```
Router(config)#
Router(config)#line console 0
Router(config-line)#
```

图5—104　进入控制台

（2）进入虚拟终端（见图5—105）。

```
Router(config)#
Router(config)#line console 0
Router(config-line)#
Router(config-line)#line vty 0 4
```

图5—105　进入虚拟终端

（3）启动RIP路由协议。

在全局配置模式下，输入“router rip”即可（见图5—106）。

```
Router(config)#
Router(config)#router rip
Router(config-router)#
```

图5—106　启动RIP路由协议

（4）登录远程主机。

在特权模式下，运行telenet命令。命令格式为：

Router#telnet[hostname 或者 IP address]

其中，hostname为远程主机名称，IP address为远程主机IP地址。例如，Router#telnet 219.228.151.80

（5）路由跟踪。

在特权模式下，运行 trace 命令，来完成路由跟踪。命令格式为：

```
Router#trace[hostname 或者 IP address]
```

其中，hostname 为远程主机名称，IP address 为远程主机 IP 地址。例如，Router#trace 219. 228. 151. 1，即可返回路由跟踪信息。

（6）检查网络是否连通。

检查网络的连通性，运用 ping 命令。命令格式为：

```
Router#ping[hostname 或者 IP address]
```

其中，hostname 为主机名称，IP address 为主机 IP 地址。例如，Router# ping 219. 228. 151. 1，用来测试本机与 IP 地址为 219. 228. 151. 1 的机器是否连通。

（四）路由器配置案例

假设有如下图所示网络，需要将路由器主机名设置为 ECNU，特权模式的口令设置为 ECNUnet2，加密口令为 COMPUTER，路由器 fastethernet0/1 的 IP 地址设置为 219. 228. 151. 80，子网掩码为 255. 255. 255. 0。已知 PC1、PC2 和 PC3 的 IP 地址分别为：219. 228. 151. 81，219. 228. 151. 82，219. 228. 151. 83（见图 5—107）。

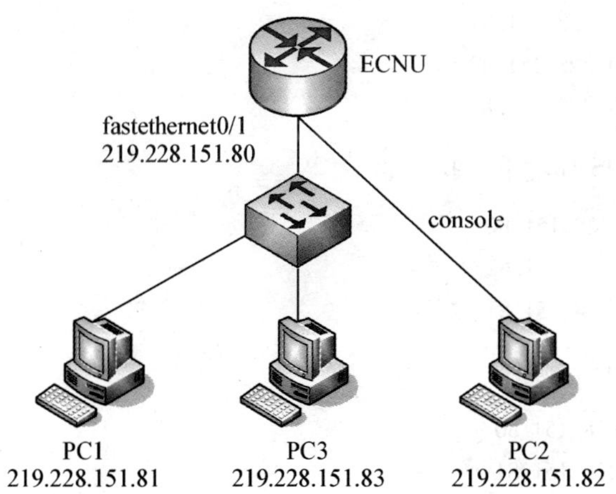

图 5—107　网络连接图

第一步：设置主机名。

```
Router > enable
Router#config terminal
Router(config)#hostname ECNU
```

第二步：设置特权模式的口令。

```
ECNU(config)#enable password ECNUnet2
```

第三步：设置加密口令。

```
ECNU(config)#enable secret COMPUTER
```

第四步：配置以太网端口。

```
ECNU(config)#interface fastethernet0/1
ECNU(config-if)#ip address 219.228.151.80 255.255.255.0
ECNU(config-if)#no shutdown
```

第五步：查看配置。

```
ECNU(config-if)#exit
ECNU(config)#exit
ECNU#show running-config
```

第六步：路由器连通性的检验。

```
ECNU#ping 219.228.151.81
ECNU#ping 219.228.151.82
ECNU#ping 219.228.151.83
```

在 PC1 的 DOS 环境下，执行：

```
Pc > ping 219.228.151.80
Pc > ping 219.228.151.82
Pc > ping 219.228.151.83
```

在 PC2 的 DOS 环境下，执行：

```
Pc > ping 219.228.151.80
Pc > ping 219.228.151.81
Pc > ping 219.228.151.83
```

在 PC3 的 DOS 环境下，执行：

```
Pc > ping 219.228.151.80
```

```
Pc > ping 219.228.151.81
Pc > ping 219.228.151.82
```

如果彼此都能 ping 通，说明此次配置成功。

第七步：保存配置。

```
ECNU#copy running-config startup-config
```

对路由器的配置进行修改之后，一定要将其保存，才能在下一次启动时生效。

网络设备命名

为了便于记忆和管理，校园网中的网络设备都需要进行命名。在具体命名时，通常选择有意义的名字，并且对网络设备编号进行统一编码，要能反映设备所在设备间的位置和设备的类型。

例如，可以将设备编号共分为 4 个域：

{Organization}-{Location}-{DeviceType}-{No.}

Organization：代表一个单位，3～5 个字母或数字，比如 ECNU 代表华东师范大学；
Location：代表设备的地理位置，3～5 个字母或数字，比如“CS”代表计算机系；
DeviceType：代表具体设备型号，3～10 个字母或数字；
No.：可选编码，代表设备编号，两位数字，以区别同一个地方的其他相同设备。

小结

通过这一章的学习，学生认识了制作双绞线、制作信息模块所需要运用的工具，介绍了制作双绞线需要遵循的两个国际标准：T－568A，T－568B。通常把双绞线制作过程分为七个步骤：即：剪线→剥线→排线→剪齐→插线→压线→测线。不同的网络设备之间相互连接用直通线，也叫正线，例如，计算机与交换机之间，交换机与路由器之间。双绞线插入水晶头时，两端都采用相同的线序，即遵循同一种标准，或者都是 T－568B，或者都是 T－568A。同种网络设备之间的相互连接，运用交叉线，也叫反线，例如，计算机与计算机之间，路由器与路由器之间。双绞线插入水晶头时，两端采用不同的线序，遵循的标准不同，即一端采用 T－568A 线序排列，另一端采用 T－568B 线序排列。信息模块的制作过程分为五个步骤：即：剥线→卡线→打线→查线→剪线。

这一章的后半部分讨论了交换机、路由器两种常见的网络设备的配置问题，主要介绍了配置模式，常用命令，并分别提供了具体的配置案例，这些都是必须要重点掌握的。

思考题

1. 什么是直通线？什么是交叉线？当以下设备互联时，须使用直通线还是交叉线？

（1）将交换机或 HUB 与路由器连接。

（2）计算机（包括服务器和工作站）与交换机或 HUB 连接。

（3）交换机与交换机之间通过 uplink 口连接。

（4）HUB 与 HUB 之间连接。

（5）两台计算机直接相连。

（6）路由器接口与其他路由器接口的连接。

2. 在制作双绞线、信息模块时，要用到哪些工具？制作步骤是怎样的？

3. 交换机的访问模式有几种？彼此之间如何切换？

4. 路由器的访问模式有几种？彼此之间如何切换？

5. 说明 T－568A 标准、T－568B 标准。

6. 某交换机的配置命令如下，根据命令后面的注释，写出空缺内容，完成配置命令。

```
Switch(config)#________//将交换机命名为 Sw1。
Sw1(config)#________//将交换机加密口令设置为 wenke。
Sw1(config)#________//设置交换机的默认网关为209.113.151.1。
```

7. 某路由器的配置命令如下，根据命令后面的注释，写出空缺内容，完成配置命令。

```
Router(config)#________//将路由器命名为 RouterA。
RouterA(config)#
RouterA(config)#________//对路由器上第0个插槽上的第 3 个端口进行配置。
```

```
RouterA(config-if)#
RouterA(config-if)#________
//将该端口 IP 地址设置为 219.228.152.80,子网掩码设置为 255.255.255.0。
```

8. 在路由器中可以运用 show 命令，了解设备是否活跃在网络上，确认接口是否工作等。请说明下列 show 命令的含义：

(1) show interface

(2) show version

(3) show running-config

(4) show startup-config

(5) show history

(6) show clock

9. 请解释路由器的如下配置命令：

```
Router > enable
Password: < password >
Router#config terminal
Router(config)#hostname ABC
ABC(config)#line vty 0 4
ABC(config-line)#login
ABC(config-line)#password
ABC(config)#enable password TEST
ABC(config)#enable secret DEIT
ABC(config)#interface ethernet 0
ABC(config-if)#ip address 219.228.136.51 255.255.255.0
ABC(config-if)#no shutdown
ABC#show running-config
```

第六章

校园局域网组建与服务配置

本章提要

本章偏重于具体的组网实践，主要包括三部分的内容。

第一部分讨论了双机直连。

第二部分对局域网的两种网络结构，即对等网络、客户机/服务器网络进行了具体的介绍，并给出了具体的实例。

第三部分介绍了局域网常见的服务器配置，例如，如何配置 DHCP 服务器，如何配置 DNS 服务器，如何配置 Web 服务器，如何配置 FTP 服务器。

一、双机直连

（一）双机直连概述

顾名思义，双机是指两台计算机，直连指“直接连接”，双机直连，就是两台计算机通过一条线缆进行连接，通常线缆选择交叉双绞线。这样连接起来的两台计算机，构成了一个最简单的网络，两台计算机之间可以进行资源共享。

可见，这种方式最大的优点是简单易行、成本低廉、无须购买新设备，只需制作一条线缆即可，最大限度地节约了投资。当然，缺点也显而易见。因为是用一条线缆直接连接，长度有限，因此，双机距离不能太远，通常只能放置在同一个房间内。

（二）双机直连实例

1. 功能需求

某教师换了一台办公室电脑，需要将自己原来办公电脑（装有 Windows 操作系统）中的所有文件复制到新电脑中（也装有 Windows 操作系统）。

2. 思路分析

根据功能需求，可以有如下几种方法：

（1）将旧电脑中的文件拷贝到 U 盘或者移动硬盘上，然后再从 U 盘或者移动硬盘拷贝到新电脑中。

（2）通过 MSN 等软件进行文件互传。

（3）通过 email 等进行中转。

在文件比较小的情况下，这些方法还是可行的。如果文件很大，例如 80G，这些方法都将会非常耗时耗力。运用双机直连，可以轻松地完成这个工作。

3. 拓扑结构

双机直连的拓扑结构见图 6—1 所示。

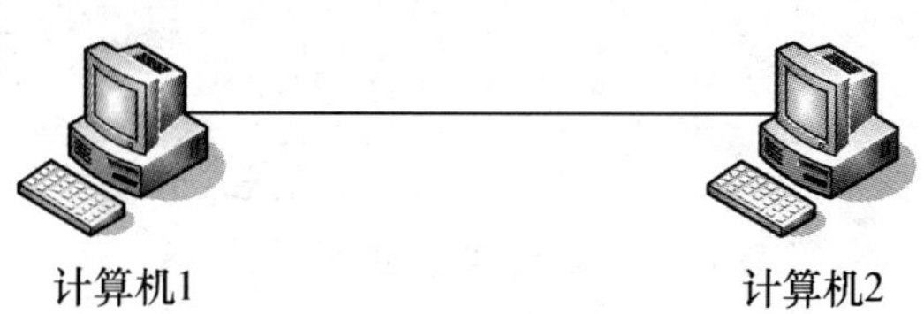

图 6—1　双机直连拓扑结构

4. 材料及环境准备

(1) 两台装有 Windows 操作系统的计算机，并装有网卡，安装好网卡驱动程序。

(2) 一条交叉双绞线。

5. 组建步骤

(1) 硬件连接。

将交叉双绞线的两端分别连接在这两台计算机的 RJ－45 接口上。

(2) 配置 IP 地址和子网掩码。

这里通常使用保留 IP 地址，即 192. 168. 0. 1～192. 168. 0. 255。

在计算机 1 的桌面上，鼠标右键单击“网上邻居”，选择“属性”，打开“网络连接”对话框。在窗口中，右键单击“本地连接”，选择“属性”，打开属性窗口。在属性窗口中，双击“Internet 协议（TCP/IP）属性”，在新的对话框里，选择“使用下面的 IP 地址”（见图 6—2）①。

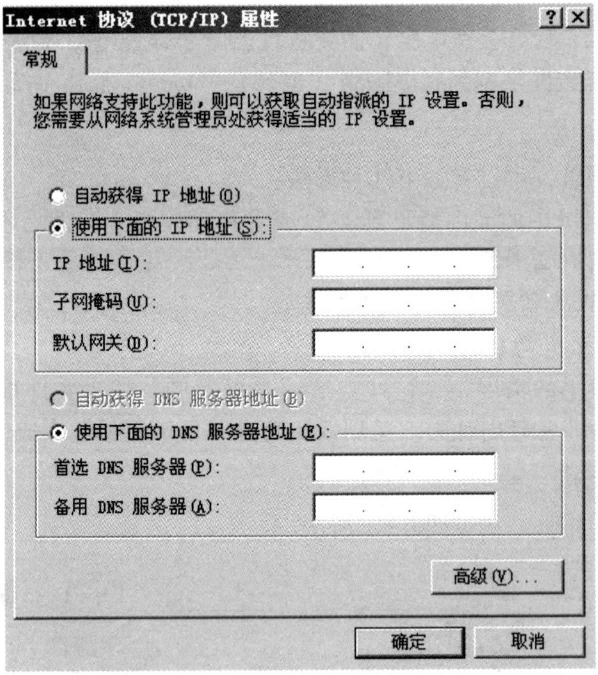

图 6—2 配置 IP 地址和子网掩码

① 本章涉及的 Windows 菜单选择顺序、截图等如无标注，均以 Windows Server 2003 操作系统为例。不同版本的操作系统可能会有所不同。

在“IP 地址”中输入 192.168.0.2，“子网掩码”中输入 255.255.255.0，“默认网关”中输入 192.168.0.1，确定即可。

同理，对计算机 2 进行设置。

计算机 2 的“IP 地址”设置为 192.168.0.3，“子网掩码”设置为 255.255.255.0，“默认网关”设置为 192.168.0.1。

(3) 测试网络的连通性。

第一，在计算机 1 中，单击“开始”菜单，选择“运行”，输入“cmd”，进入命令对话框。输入“ipconfig”，查看本机 IP 地址，显示如下（见图 6—3）：

```
PC > ipconfig
IP Address...................... : 192.168.0.2
Subnet Mask..................... : 255.255.255.0
Default Gateway................. : 192.168.0.1
```

图 6—3　查看本机 IP 地址

第二，继续输入“ping 192.168.0.3”，ping 计算机 2 的 IP 地址，测试计算机 1 和计算机 2 是否连通，若显示结果如图 6—4 所示，表示计算机 1 和计算机 2 已经连通。若连续出现“request time out”表示计算机 1 和计算机 2 没有连通，需要将双绞线重新连接，再进行测试（见图 6—5）。

```
PC > ping 192.168.0.3
Pinging 192.168.0.3 with 32 bytes of data:

Reply from 192.168.0.3: bytes = 32 time = 31ms TTL = 128
Reply from 192.168.0.3: bytes = 32 time = 31ms TTL = 128
Reply from 192.168.0.3: bytes = 32 time = 31ms TTL = 128
Reply from 192.168.0.3: bytes = 32 time = 32ms TTL = 128

Ping statistics for 192.168.0.3:
    Packets: Sent = 4, Received = 4, Lost = 0 (0% loss)
Approximate round trip times in milli - seconds:
    Minimum = 31ms, Maximum = 32ms, Average = 31ms
```

图 6—4　两台计算机 ping 通后的显示结果

(4) 设置文件共享。

假设计算机 1 是原来的办公电脑，计算机 2 是新办公电脑。根据要求，将计算机 1 的文件复制到计算机 2 中。那么需要将计算机 1 中所有需要复制的文件夹设置为共享。步骤如下：

第一，点鼠标右键，选择要共享的文件夹，打开属性对话框。

第二，选择“共享”选项卡，在“共享这个文件夹”前面的复选框上打钩。

```
PC > ping 192.168.0.3
Pinging 192.168.0.3 with 32 bytes of data:

Request timed out.
Request timed out.
Request timed out.
Request timed out.

Ping statistics for 192.168.0.3:
    Packets: Sent = 4, Received = 0, Lost = 4 (100% loss)
```

图 6—5　两台计算机没有 ping 通的显示结果

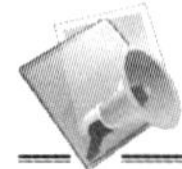

建议……

本例中，为了便于整理，建议将计算机 1 中每个磁盘中的所有文件，放在一个文件夹中，并以该磁盘名称命名。例如，将 E 盘所有要复制的文件，放在一个文件夹中，文件夹取名为“E 盘文件”。

（5）复制文件。

打开计算机 2 的网上邻居，找到计算机 1 并双击，可以看到计算机 1 所共享的文件夹，直接复制到本机即可。

二、对等网络

根据网络连接的用户数目以及这些用户所要求提供的服务要求，校园局域网的网络结构通常有两种：对等网络、客户机/服务器网络。

（一）对等网络概述

对等网络又称工作组（workgroup），是小型网络常见的组网方式，网络中所有计算机是平等的，各自保存自己的帐号信息和配置信息，管理的时候是分散管理（见图 6—6）。此外，所有的计算机具有相同的权限和功能，都同时具有客户机、服务器两种角色，无主从之分，因此，不需要专用的服务器，也没有专用的工作站，任一台计算机都既可作为服务器，设定共享资源供网络中其他计算机使用，又可作为工作站，访问其他用户提供的资源。在 Windows 系统中，网络邻居中的工作组就是这种对等网络的表现。

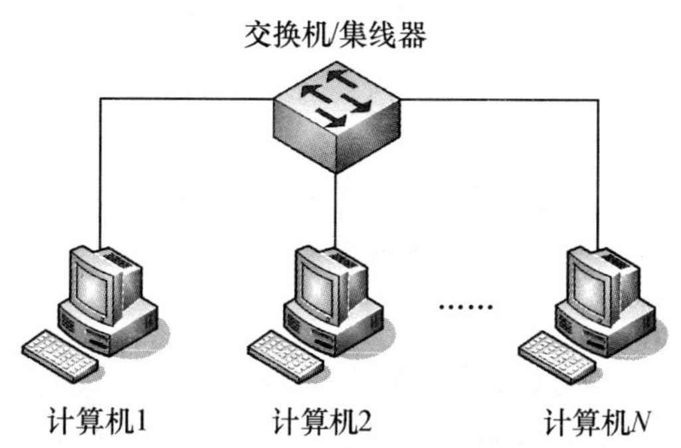

图 6—6 对等网络结构图①

对等网络具有如下特点：

第一，对等网络比较简单，网络中计算机的数量比较少，一般计算机数目在10 台以内。

第二，对等网络分布范围比较小，通常在一间办公室或一个宿舍内。

第三，网络安全管理分散，因此数据保密性差。

第四，组网成本低，不需要专门的服务器来做网络支持，也不需要其他的组件来提高网络性能。

第五，组建对等网络最常见的拓扑结构是星型结构，最常用的传输媒体是双绞线。

补充知识

工作组

工作组就是将不同的计算机按某种方式分别列入不同的组中，以方便管理。例如，在某校园网内，可能有成百上千台计算机，如果不分组，都列在“网上邻居”内，网络邻居可能会看起来非常乱。为此，可以按照部门来进行分组，语文教研室的计算机全部列入一个工作组（例如语文组），数学教研室的计算机全部列入一个工作组（例如数学组）。每个工作组内的计算机，自动构成了一个对等网络。如果想访问某个工作组内的计算机，只要在“网上邻居”中找到相应的工作组，双击进入，即可看到相应的计算机。

加入工作组的方法也很简单，只需要右击 Windows 桌面上的“网上邻居”，在弹出的菜单中选择“属性”，在“计算机名”一栏中添入相应的名字，在“工

① 这里以装有 Windows XP 操作系统的客户机为例。

作组”一栏中添入想加入的工作组名称。如果输入的工作组名称不存在，则会新建一个工作组，该工作组内只有自己的计算机。

注意：计算机名和工作组名的长度都不能超过15个英文字符，可以输入汉字，但是也不能超过7个汉字。

若想退出某个工作组，只要将工作组名称改变一下即可。可见，工作组可以随意加入，随意退出，可以说是“出入自由”。

组建对等网络很简单。例如，把需要入网的所有计算机都分别连接在一个交换机或者小HUB上，并把它们加入相同的工作组，设置相同的子网掩码和一定范围的IP地址。甚至有时连IP地址都可以不用设，只要每台机器的工作组设为workgroup即可，一般默认的工作组就是workgroup，所以相当方便。

（二）对等网络组建实例

这里以宿舍局域网组建为例。

1. 功能需求

某宿舍有5台计算机（均装有Windows操作系统），请配置一个局域网，使这5台计算机能够在局域网内实现文件共享。

2. 思路分析

根据功能需求，可以将这5台计算机通过一个8端口交换机或者集线器组建成一个对等网络。

3. 拓扑结构

对等网络的拓扑结构实例见图6—7。

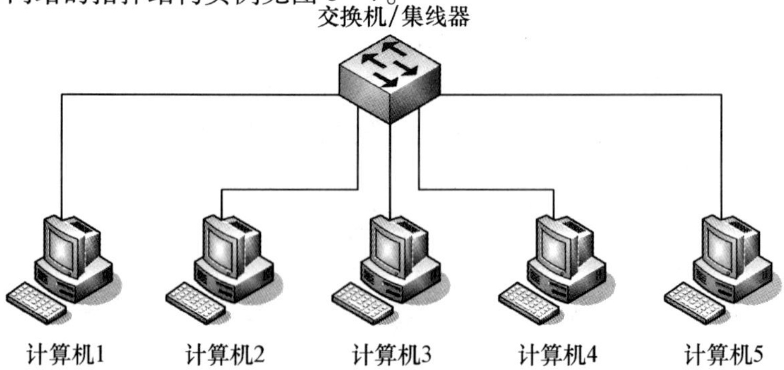

图6—7 对等网络拓扑结构实例

4. 材料及环境准备

（1）5台装有 Windows 操作系统的计算机，并装有网卡。

（2）8端口的交换机（或者集线器）一台，端口速率 10/100Mbps。

（3）5条直连双绞线。

5. 组建步骤

（1）硬件连接。

将5台计算机的 RJ－45 接口分别用双绞线连接到交换机/集线器的 RJ－45 接口上。

（2）配置 IP 地址和子网掩码。

在计算机1的桌面上，鼠标右键单击“网上邻居”，选择“属性”，打开“网络连接”对话框。在窗口中，右键单击“本地连接”，选择“属性”，打开属性窗口，在属性窗口中，双击“Internet 协议（TCP/IP）属性”，在新对话框中，选择“使用下面的 IP 地址”（见图6—8）。

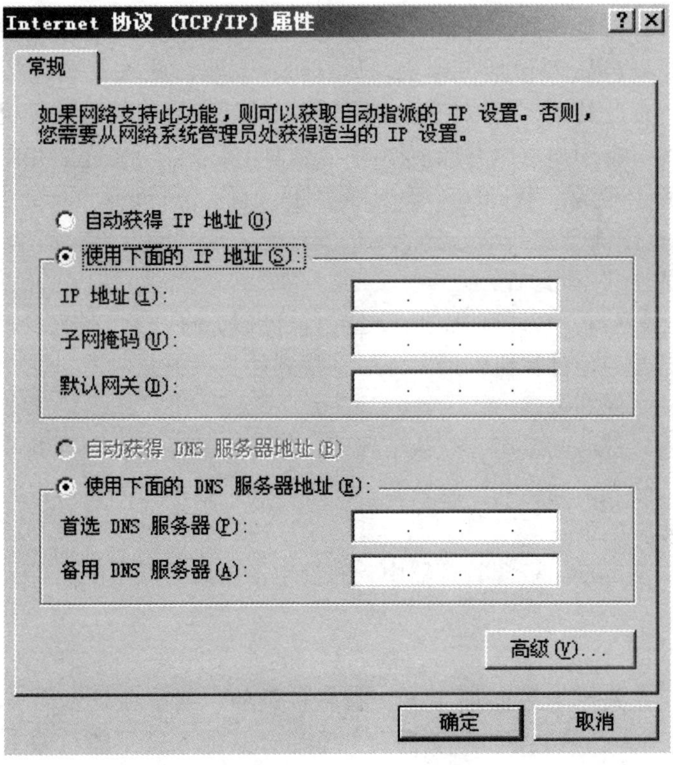

图6—8 配置 IP 地址和子网掩码

在“IP 地址”中输入 192.168.0.2，“子网掩码”中输入 255.255.255.0，确定即可。

同理，对其他计算机进行设置，具体见表 6—1。

表 6—1　　IP 地址、子网掩码分配表

计算机名称	IP 地址	子网掩码
计算机 1	192.168.0.2	255.255.255.0
计算机 2	192.168.0.3	255.255.255.0
计算机 3	192.168.0.4	255.255.255.0
计算机 4	192.168.0.5	255.255.255.0
计算机 5	192.168.0.6	255.255.255.0

（3）测试网络的连通性。

在计算机 1 中，点击“开始”菜单，选择“运行”，输入“cmd”，进入命令对话框。运行 ping 命令，ping 计算机 2 的 IP 地址，测试计算机 1 和计算机 2 是否连通。同理，测试其他几台计算机彼此之间的连通性。

（4）设置文件共享。

所谓共享，就是共同享有，共同使用。网络中的资源既包括硬件资源，也包括软件资源。硬件资源包括打印机、传真机、光驱，软件资源包括数据、程序等。通过设置资源共享，可以使网络中的用户访问和使用其他计算机的资源。例如，网络中的所有用户可以共同使用同一台打印机来打印文件，共同访问某台计算机上的文件。通常，Windows 系统环境下，只有 administrator 和 power users/server operators 组能创建共享，其他用户没有这个权限。

这里以文件共享为例：

第一，任意选择一台计算机，假设选定计算机 1，将一个文件夹设置为共享。

第二，打开其他计算机的网上邻居，找到计算机 1 并双击，找到共享的文件夹，复制相关文件即可。

创建了网络资源共享后，默认情况下，任何人都可以访问已共享的资源。如果只希望一部分人访问已共享的资源，而不允许其他人访问，可以将资源设置为隐藏共享。步骤如下：

第一，在 Windows 资源管理器中，右键单击要设为共享的文件夹，打开属性对话框。

第二，选择“共享”选项卡，在“共享这个文件夹”前面的复选框上打钩，输入共享名。在共享名后面加“$”符号，例如，共享名设置为“校园网讲义$”，则此共享为隐藏共享。设为隐藏共享后，其他人就不能从网上邻居看到该共享的文件夹。

第三，如果要访问隐藏共享，在“开始”菜单中，单击“运行”，打开运行对话框。在运行对话框中，输入隐藏共享的路径“\\ 计算机名或计算机的 IP 地址 \ 共享名 $”，确定即可。这样设置后，只允许知道访问路径的人来访问隐藏的共享资源，其他人不能随意访问。

三、客户机/服务器网络

（一）客户机/服务器网络概述

客户机和服务器是计算机中的应用进程，是软件的概念，运行这些进程的计算机构成客户机主机和服务器主机，有时不严格地称之为客户机和服务器（指硬件）。在客户机/服务器网络中，服务器处于核心和主导地位，是网络的管理中心，它处理来自客户机的请求，为用户提供网络服务，并负责整个网络的管理维护工作，实现网络资源和用户的集中式管理。管理员可以在服务器上为每个用户创建用户帐号，并为不同帐号设置不同的操作权限，从而限制每一个用户的操作行为，此外，服务器还是资源和服务中心，为客户机提供相关的资源和各种各样的服务，客户机处于从属地位，接受服务器的管理，并从服务器获得相关服务。与对等网络相比较，客户机/服务器网络可以提供组建大型网络的能力，当联网的计算机数在几十台、几百台甚至更多时，必须将网络配置成客户机/服务器模式。

客户机/服务器网络结构，如图 6—9 所示。

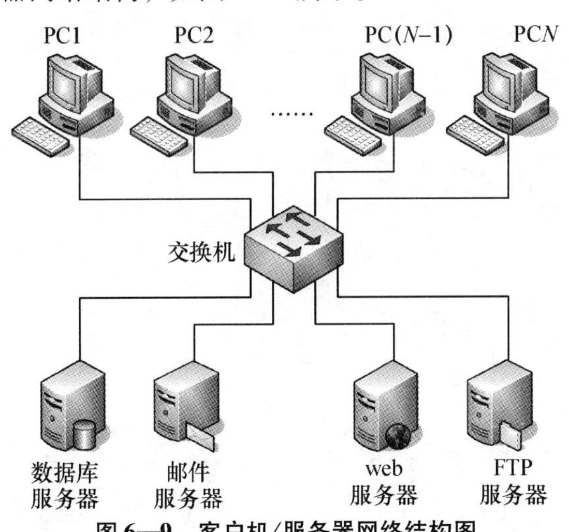

图 6—9　客户机/服务器网络结构图

可见客户机/服务器网络完全不同于对等网络，对等网络没有中心管理员，而客户机/服务器网络至少需要一名专门的管理员；对等网络中文件分散存放，而客户机/服务器网络中，网络文件全部存放在服务器上；对等网络组建成本低，不需要服务器硬件和软件的额外开销，每台计算机都是平等的，而客户机/服务器网络的组建成本相对要贵一些，需要专门的硬件和软件支持，此外对等网络只适合小规模的网络，例如2～10台计算机，而客户机/服务器网络可以适合任何规模的网络（见表6—2）。

表6—2　对等网络与客户机/服务器网络的区别

对等网络	客户机/服务器网络
适合2～10台计算机	适合任何规模的网络
没有专门的管理员，管理简单	需要至少一名专门的管理员
安全性相对较差	安全性相对较好
网络文件存放分散	网络文件集中存放
成本低，不需要服务器硬件及软件的额外开销	相对更贵一些，需要专门的硬件和软件支持

（二）客户机/服务器网络组建实例

这里以办公局域网组建为例。

1. 功能需求

某系有20台计算机（均装有Windows操作系统），一台服务器，请配置一个局域网，要求使这20台计算机都能够连接到服务器上，访问服务器的资源。

2. 思路分析

根据功能需求，可以将这20台计算机通过一个24端口交换机或者集线器组建成一个客户机/服务器网络。

3. 拓扑结构

客户机/服务器网络的拓扑结构实例见图6—10。

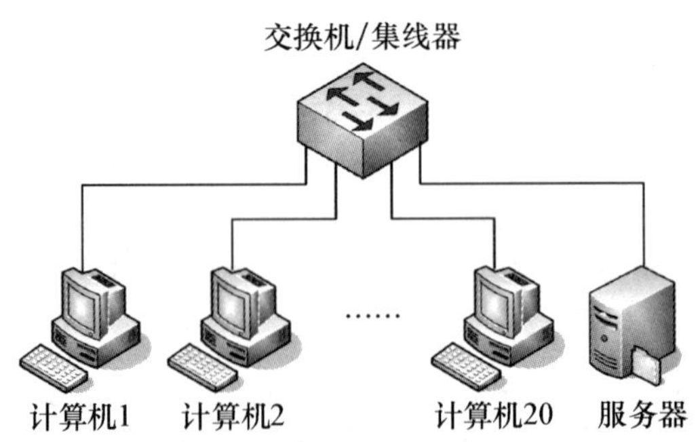

图6—10　客户机/服务器网络拓扑结构实例

4. 材料及环境准备

（1）20台装有Windows操作系统的计算机，并装有网卡，安装好网卡驱动程序。

（2）24端口的交换机（或者集线器）一台，端口速率10/100Mbps。

（3）一台服务器。

（4）21条直连双绞线。

5. 组建步骤

（1）硬件连接。

将20台计算机、服务器分别用双绞线连接到交换机上。

（2）安装服务器操作系统。

第一，确认服务器的系统盘是否是NTFS分区，如果不是，需要将其转化为NTFS分区。

第二，在服务器上安装好Windows Server 2003。

（3）配置服务器的IP地址和子网掩码。

在服务器桌面上，用鼠标右键单击“网上邻居”，选择“属性”，打开“网络连接”对话框。在窗口中，右键单击“本地连接”，选择“属性”，打开属性窗口。在属性窗口中，选择“Internet 协议（TCP/IP）属性”，在新对话框中，为该服务器配置“IP地址”为192.168.0.22，“子网掩码”为255.255.255.0，“默认网关”为192.168.0.1（见图6—11）。

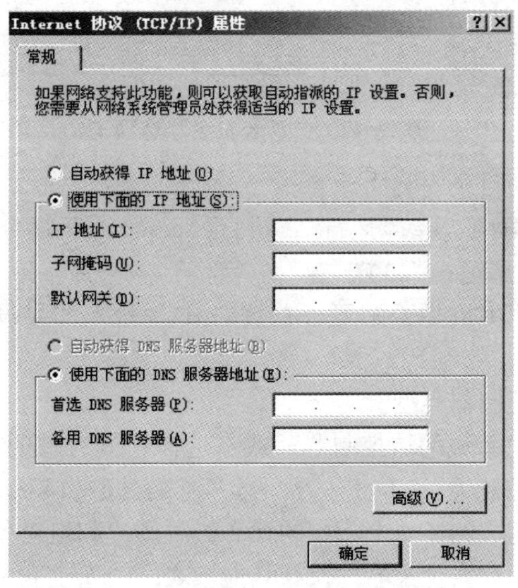

图6—11　配置IP地址和子网掩码

(4) 安装服务器的活动目录。

在 Windows 环境下，组建客户机/服务器网络，主要是通过活动目录来实现的。活动目录（Active Directory）是保存于域控制器计算机中的大型数据库，存储着网络的配置信息、帐号信息等，便于管理员管理整个网络。

第一，安装前，首先确认服务器是否已经安装活动目录。

鼠标右键单击“我的电脑”，选择“属性”，再单击“计算机名”选项卡，确认计算机是工作组成员而不是域控制器（见图 6—12）。

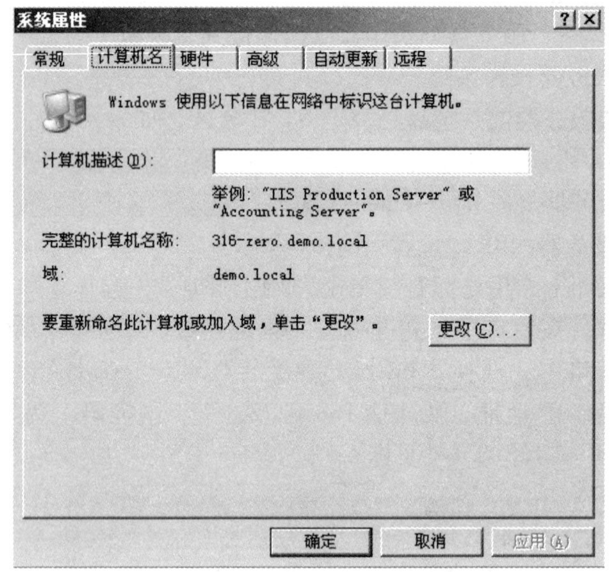

图 6—12 “计算机名”选项卡

第二，启动活动目录安装向导。

在“开始”菜单中选择“运行”，执行“dcpromo”命令，启动“Active Directory 安装向导”（见图 6—13）。

系统会自动检测本机是否配置了有效的 IP 地址。如果没有正确配置，就无法继续安装活动目录。

第三，选择域控制器类型。

要求用户选择“新域的域控制器”或者选择“现有域的额外域控制器”，这里选择“新域的域控制器”，单击“下一步”（见图 6—14）。

域是由管理员定义的逻辑上相关的计算机、用户和组对象的集合。这些对象共享公用目录数据库、安全策略以及与其他域之间的安全联系。域内的计算机属于同一个网络，该网络中，至少有一台服务器负责每台联入网络的计算机和用户

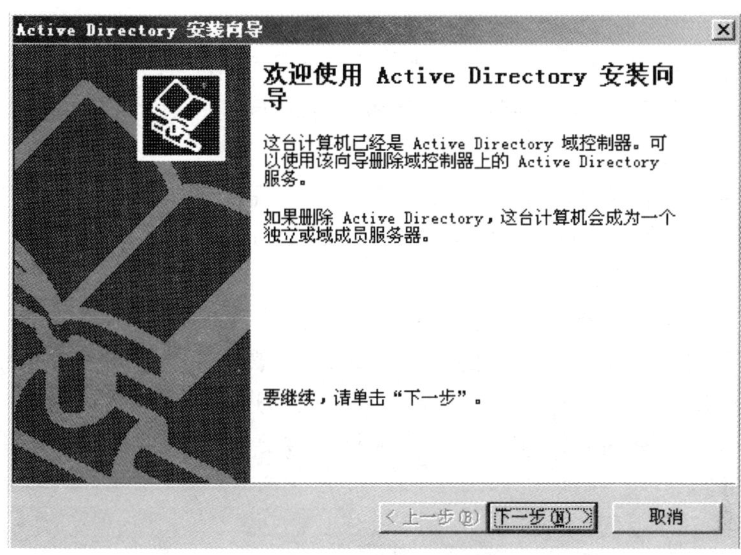

图 6—13　活动目录安装向导

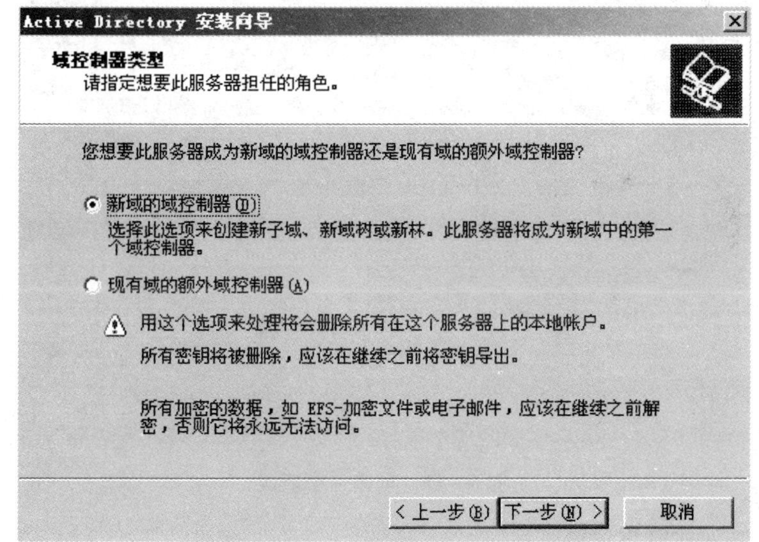

图 6—14　域控制器类型

的验证工作，称之为“域控制器”（domain controller，DC）。域控制器中包含了这个域的帐户、密码以及网络配置等信息。管理员通过域控制器来实施对网络的管理和控制，例如哪些用户能够登录网络，登录后具有什么权限，能执行哪些操作，等等。域管理员只能管理域的内部，只有其他的域赋予他管理权限，他才能够访问或者管理其他的域。

当某计算机接入网络时，域控制器首先要鉴别用户使用的登录帐号是否存在、密码是否正确，以此来判断该计算机是否属于这个域。如果不属于本域，域控制器就会拒绝本次登录，从而保证网络安全性。

当创建第一个域控制器的时候，也就在创建第一个域（也称为“林根域”）和第一个林。林由一个或多个共享公共架构和全局编录的域组成。

第四，选择创建域的类型。

在该对话框中，要求用户选择创建一个新的“在新林中的域”，“在现有域树中的子域”还是“在现有的林中的域树”。因为目录树是建立在目录林下的，所以逻辑上 Active Directory 安装向导必须知道这棵目录树是在一个新的目录林中还是在已有的目录林中。这里选择“在新林中的域”，单击“下一步”（见图 6—15）。

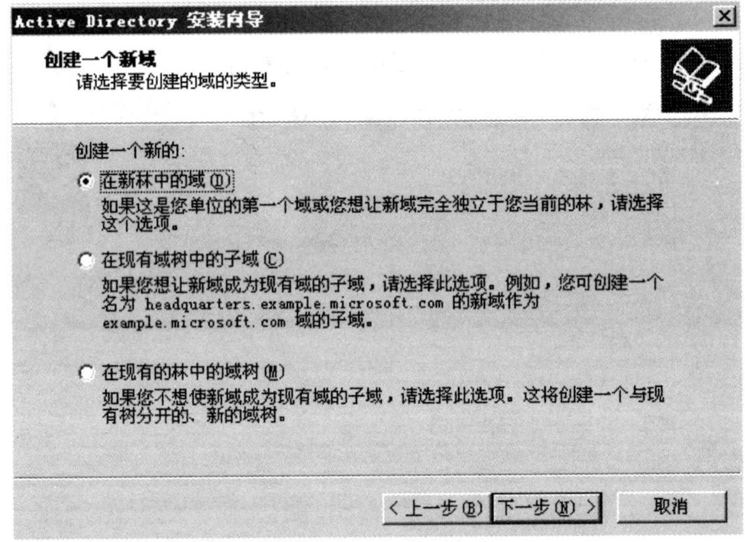

图 6—15　创建一个新域

第五，为新域指定域名。

此时系统要求输入新域的域名，这里输入适当的域名，假设这里输入“demo. local”，单击“下一步”（见图 6—16）。

第六，为新域指定 NetBIOS 名称。

要求输入新域的 NetBIOS 名称，这里输入适当的名称或者默认即可，单击“下一步”（见图 6—17）。

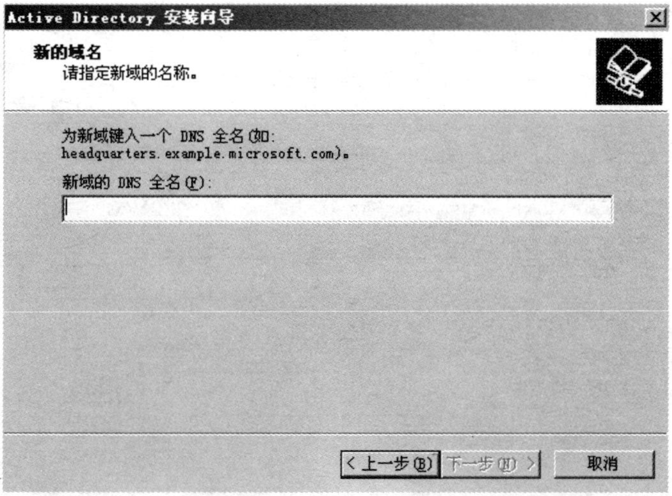

图 6—16　新域的名称

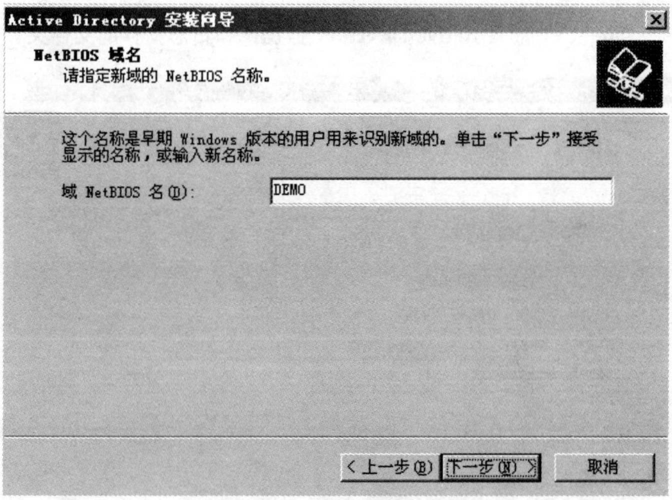

图 6—17　NetBIOS 域名

第七，选择存放 Active Directory 数据库和日志文件的位置。

这里要求选择存放 Active Directory 数据库文件夹和日志文件夹的位置。注意：要求此目录必须是 NTFS 格式。这里选择默认，单击“下一步”（见图 6—18）。

第八，指定 SYSVOL 文件夹的位置。

系统要求指定 SYSVOL 文件夹的位置，此文件夹必须位于 NTFS 分区，这里选择默认，单击“下一步”（见图 6—19）。

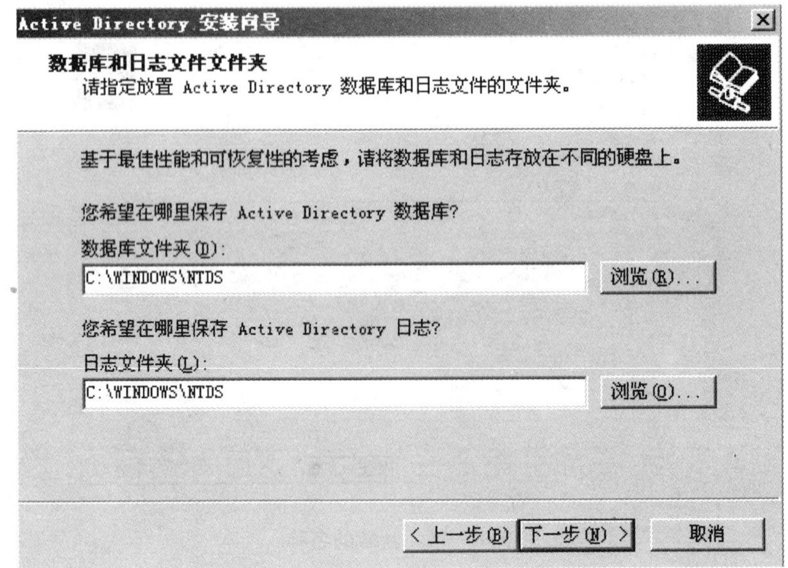

图 6—18　放置 Active Directory 数据库和日志文件的文件夹

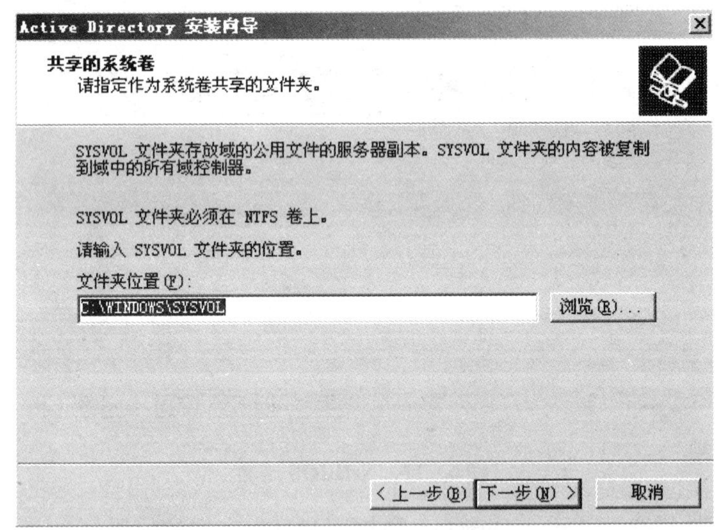

图 6—19　指定 SYSVOL 文件夹位置

第九，设定兼容级别。

系统要求选择“与 Windows 2000 之前的服务器操作系统兼容的权限”还是“只与 Windows 2000 或 Windows Server 2003 操作系统兼容的权限”，这里选择后者，单击“下一步”（见图 6—20）。

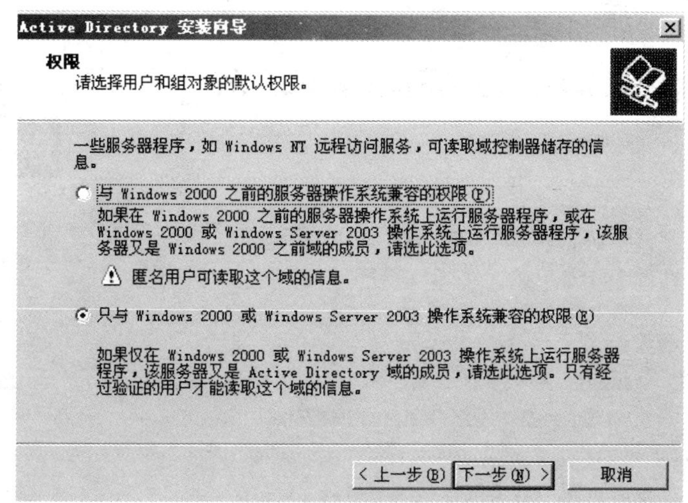

图 6—20　设定兼容级别

第十，设置目录服务还原模式的管理员密码。

输入相应的密码后，单击“下一步”（见图 6—21）。

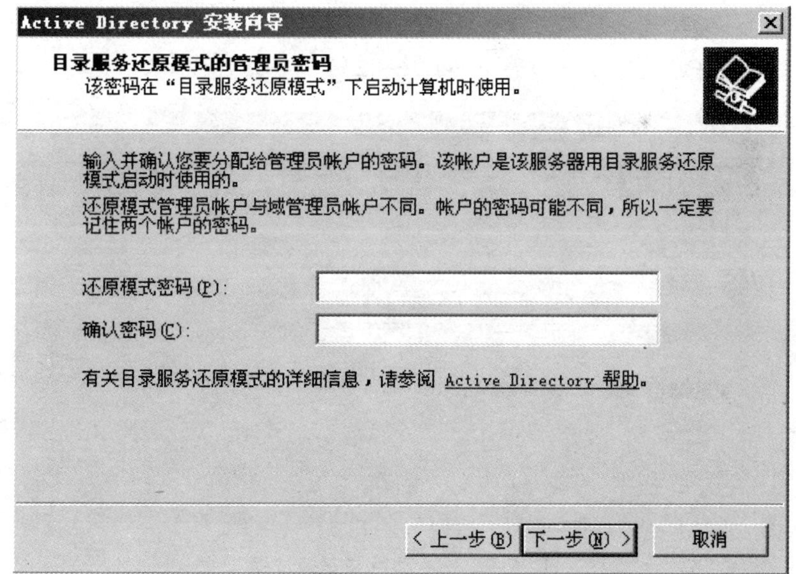

图 6—21　设置管理员密码

第十一，显示安装摘要。

检查并确认选定的选项，如果需要更改，可以返回更改，无须更改就直接单击“下一步”即可（见图6—22）。

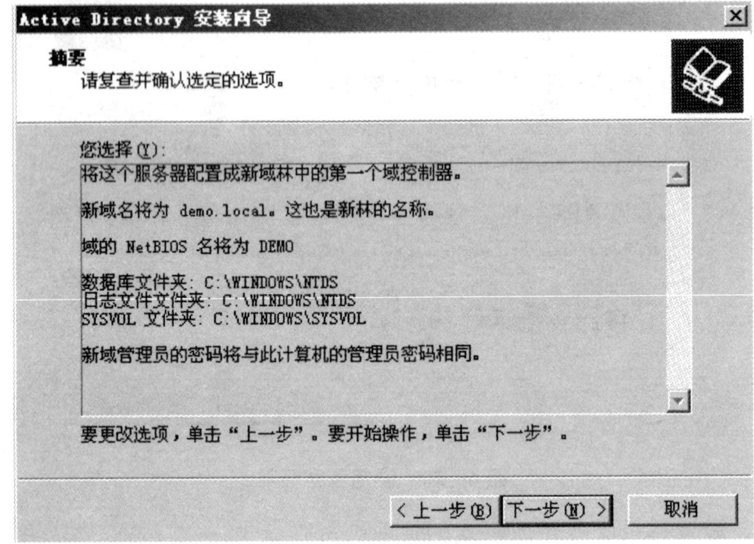

图6—22　安装摘要

第十二，安装活动目录。

这时系统开始安装活动目录（见图6—23）。

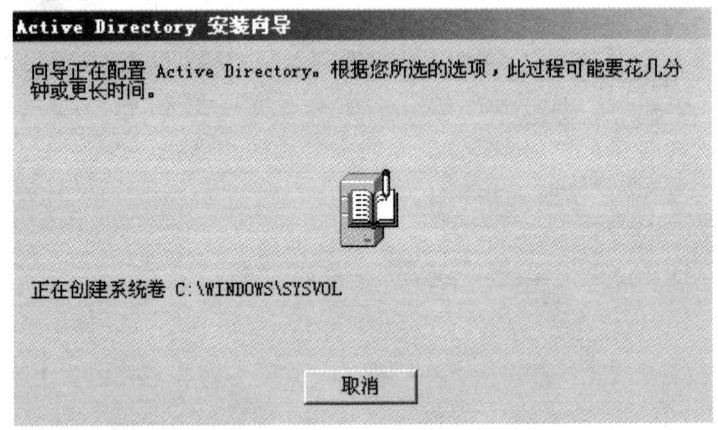

图6—23　活动目录安装过程

安装完成后，出现“完成安装向导”的字样，单击“完成”后，系统要求重新启动。单击“立即重新启动”。重启后，活动目录安装完成，此时服务器已经成为域控制器。

（5）配置客户机的 IP 地址、子网掩码和默认网关。

可选择计算机 1，在桌面上鼠标右键单击“网上邻居”，选择“属性”，打开“网络连接”对话框。在对话框中，右键单击“本地连接”，选择“属性”，打开属性窗口，在属性窗口中，选择“Internet 协议（TCP/IP）属性”，在新对话框中，为该计算机配置 IP 地址、子网掩码和默认网关，这里将首选 DNS 地址设为域控制器地址（见图 6—24）。

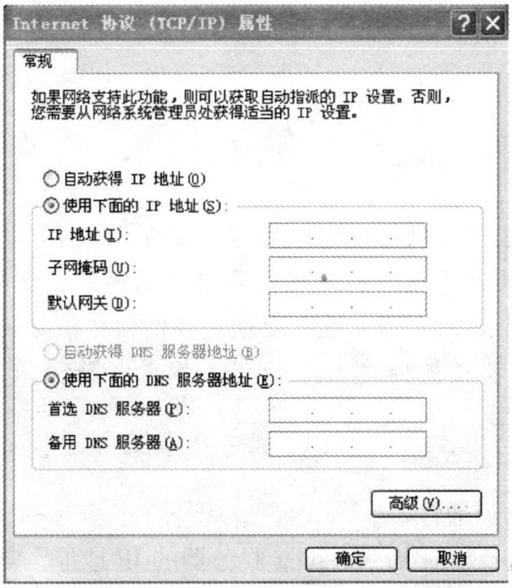

图 6—24　配置 IP 地址、子网掩码和默认网关

同理，对其他计算机进行设置，具体如表 6—3 所示。

表 6—3　　客户机的 IP 地址、子网掩码和默认网关分配表

计算机名称	IP 地址	子网掩码	默认网关
计算机 1	192. 168. 0. 2	255. 255. 255. 0	192. 168. 0. 22
计算机 2	192. 168. 0. 3	255. 255. 255. 0	192. 168. 0. 22
计算机 3	192. 168. 0. 4	255. 255. 255. 0	192. 168. 0. 22
⋮	⋮	255. 255. 255. 0	192. 168. 0. 22
计算机 20	192. 168. 0. 21	255. 255. 255. 0	192. 168. 0. 22

（6）将客户机加入域。

安装了域控制器后，接下来需要将客户机加入域。

第一，输入要加入的域。

在桌面上，右键单击“我的电脑”，单击“属性”按钮，选择“计算机名”选项卡，单击“更改”按钮，打开“标识更改”对话框。在该对话框中，在“隶属于”下面单击“域”单选按钮，并输入要加入的域名 demo. local，最后单击“确定”即可。

第二，输入用户名和密码。

此时系统提示输入域用户的用户名和密码，通常输入域管理员的用户名和密码。若网络配置正常，系统会显示“欢迎加入××××域”，重启计算机，完成加入。

试一试

构建域后，管理员可以在控制器上为所有的网络用户创建域用户帐号，用户可以在客户机上通过管理员创建的帐号登录到域中，访问域的资源。同时，管理员还可以对每个域用户帐号进行管理和控制，从而实现统一管理。请你动手试一试，为每台客户机创建一个域用户帐号，并登录到域中，访问域的资源。

（7）测试网络的连通性。

在客户机上，运行 ping 命令，ping 服务器的 IP 地址，测试网络是否连通。

四、局域网常见服务器配置

（一）配置 DHCP 服务器

为保证网络正常工作，TCP/IP 网络中的所有计算机都必须有 IP 地址。IP 地址有两种设置方法：一种是在每台计算机上手动配置 IP 地址，也就是采用静态分配 IP 地址的方法，另外一种方法就是自动获取 IP 地址。自动获取 IP 地址的方法需要在服务器端安装 DHCP 服务器。客户端的计算机使用网络时，会自动向服务器发出申请，DHCP 服务器根据申请为客户端计算机自动分配 IP 地址。如何配置 DHCP 服务器呢？主要做三件事情：安装 DHCP 服务器、创建作用域、配置 DHCP 客户机。

1. 安装 DHCP 服务器

（1）在光驱中放入 Windows Server 2003 安装光盘。

（2）选择“添加 Windows 组件”。打开“Windows 组件向导”，选中“网络服务”（见图 6—25）。

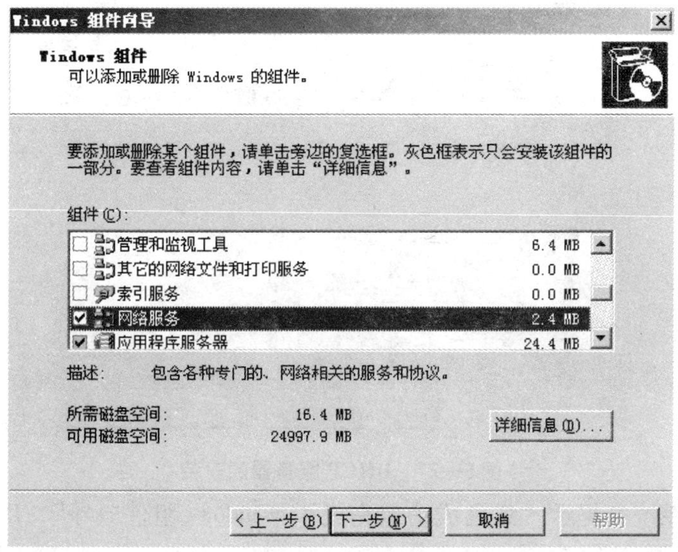

图 6—25 Windows 组件选项卡

（3）单击“详细信息”，在“网络服务的子组件”下，单击“动态主机配置协议（DHCP）”（见图 6—26）。

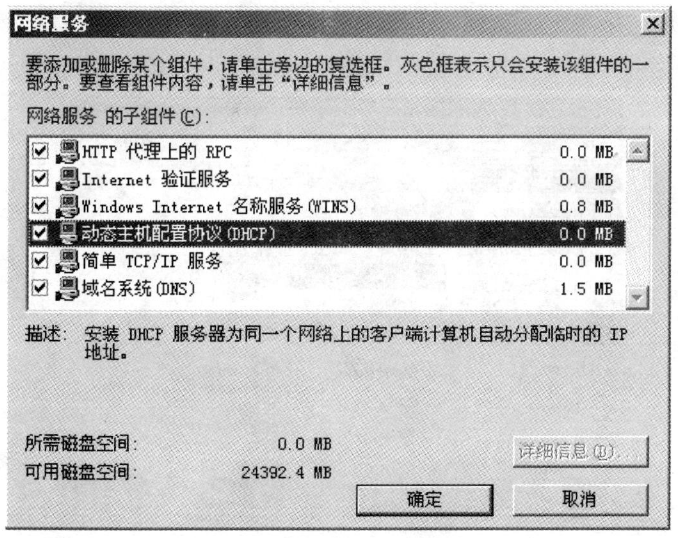

图 6—26 网络服务对话框

(4) 然后单击“确定”，系统开始自动安装 DHCP 服务器（见图 6—27）。

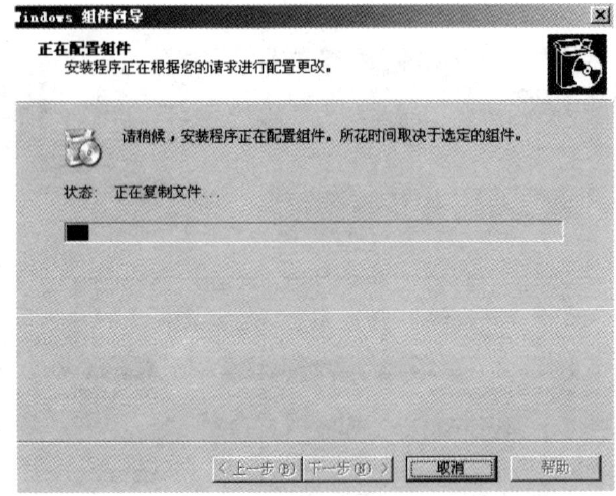

图 6—27　DHCP 服务器的安装

完成时系统会提示“您已成功地完成了 Windows 组件向导”，DHCP 服务器的安装结束。

注意：DHCP 服务器必须使用静态 IP 地址来配置。

2. 创建新作用域

(1) 打开 DHCP。

在“开始”菜单中，选择“控制面板/管理工具”，双击打开“DHCP”（见图 6—28）。

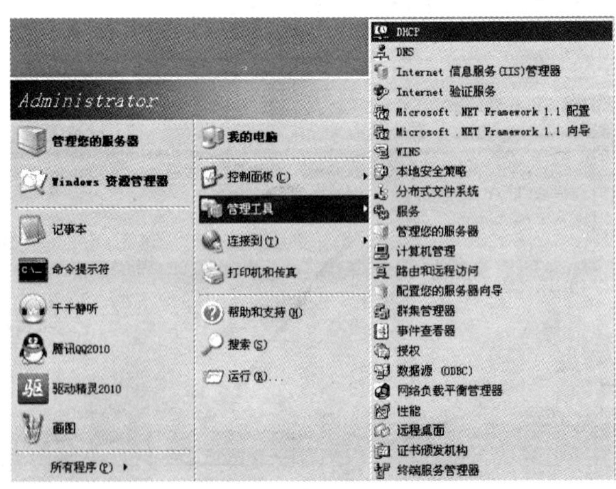

图 6—28　打开 DHCP

（2）单击控制台树中相应的 DHCP 服务器（见图 6—29）。

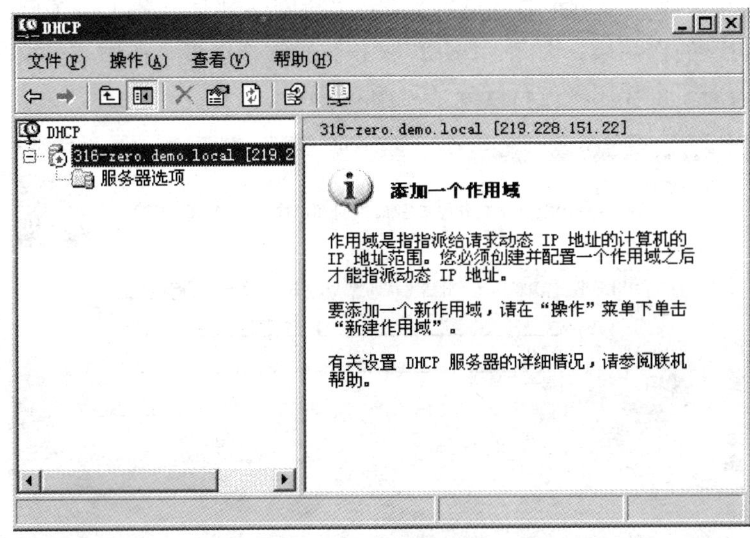

图 6—29　DHCP 服务器

（3）新建作用域。

在“操作”菜单上，单击“新建作用域”，弹出“新建作用域向导”。根据向导提示，新建作用域要经过输入作用域名、输入 IP 地址范围、添加排除、设置租约期限、配置 DHCP 选项共五大步骤，在接下来的步骤（4）~（8）中，分别给予具体的描述（见图 6—30）。

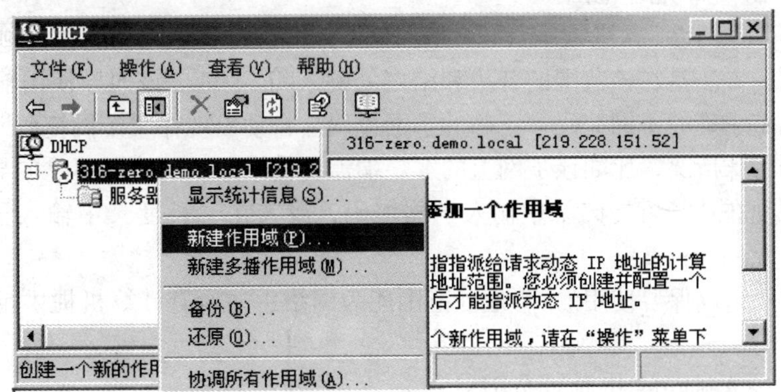

图 6—30　新建作用域

（4）输入作用域名。

在“新建作用域向导”的“名称”框中，输入要创建的作用域的名称。在“描述”框中，键入说明文字（可选）。大多数网络都具有若干个子网，每个子网都需要自己的作用域，因此，DHCP 服务器通常管理多个作用域。填写名称和描述，以便对多个作用域进行区分（见图 6—31）。

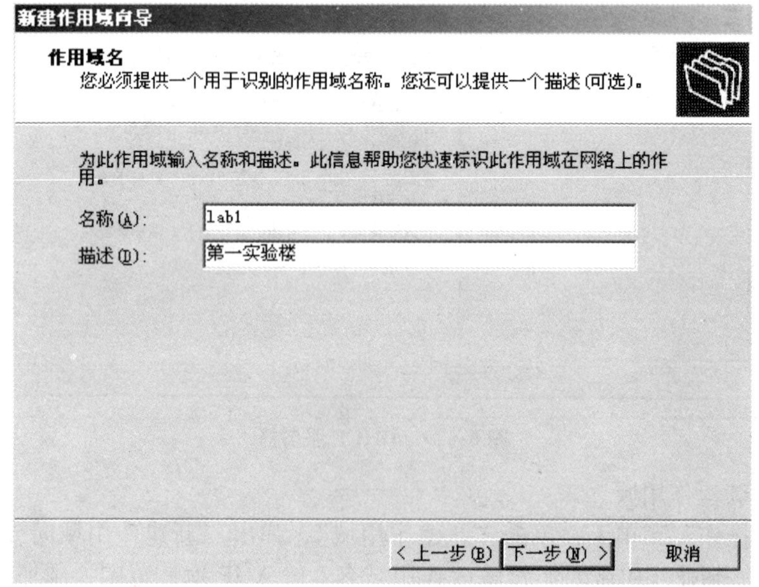

图 6—31　作用域名

（5）输入 IP 地址范围。

单击“下一步”，进入“IP 地址范围”窗口，要求定义在此作用域中的 IP 地址范围，方法是在该范围的开头和结尾处键入 IP 地址。该向导使用输入的 IP 地址来确定正确的子网掩码。正确的子网掩码会自动出现在“子网掩码”中。

遇到特殊情况，比如该子网上的客户端需要使用的子网掩码不是向导所提供的，就必须在“子网掩码”中输入子网掩码，或者在“长度”中输入子网掩码的位数（见图 6—32）。

注意：请确保要使用的 IP 地址范围能为网络中的所有计算机提供足够的 IP 地址。

（6）输入排除的 IP 地址范围。

单击“下一步”，进入“添加排除”页面，可以定义 DHCP 服务器不应分发给客户端的 IP 地址。例如，DHCP 服务器自身具有不可以分发给客户端的静态 IP 地址。默认网关和各种网络设备都如此，比如与网络连接的打印机的 IP 地址

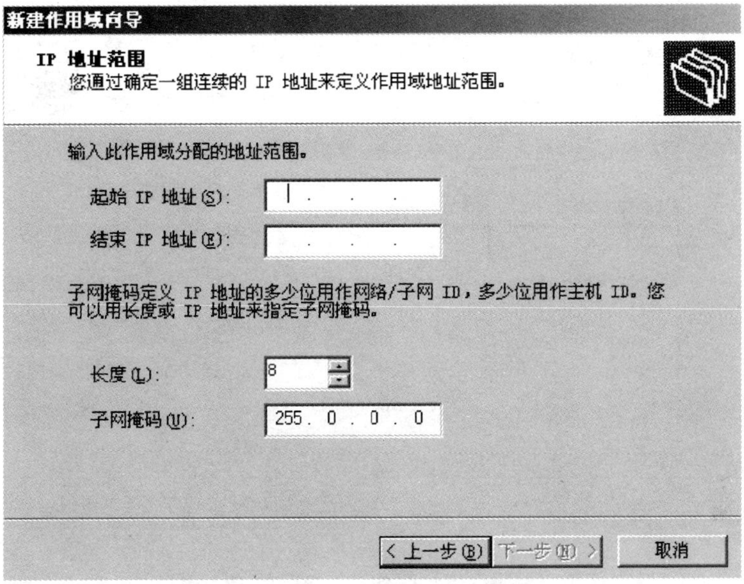

图 6—32　IP 地址范围

也是静态 IP 地址。只有事先排除这些 IP 地址，DHCP 服务器才不会将它们分发给客户端。

建议在排除当前需要排除的 IP 地址的基础上多排除一些，因为截去排除范围要比展开它容易一些。排除 IP 地址要从可能的 IP 地址范围的开头和结尾处进行，而不是从中间进行。例如，如果该子网上的 IP 地址范围是 10.0.0.1 到 10.0.0.254，并且希望排除 10 个 IP 地址，那么，将排除范围定义为下面两种的任何一种：

第一，10.0.0.1 到 10.0.0.10。

第二，10.0.0.245 到 10.0.0.254。

对于每个要排除的 IP 地址范围，都要在“起始 IP 地址”中范围的开头处输入 IP 地址，在“结束 IP 地址”中范围的结尾处输入 IP 地址，然后单击“添加”（见图 6—33）。

该步骤方便了客户端管理，但它是可选的。如果将该页的所有字段留空并单击“下一步”，那么客户端仍然能够从 DHCP 服务器获得 IP 地址。

（7）设置租约期限。

单击“下一步”，进入“租约期限”窗口，可以定义客户端可在多长时间内使用来自该作用域的 IP 地址。DHCP 服务器将 IP 地址租借给其客户端。每个租用都有到期日和到期时间。如果客户端要继续使用该 IP 地址，就必须重新租用。

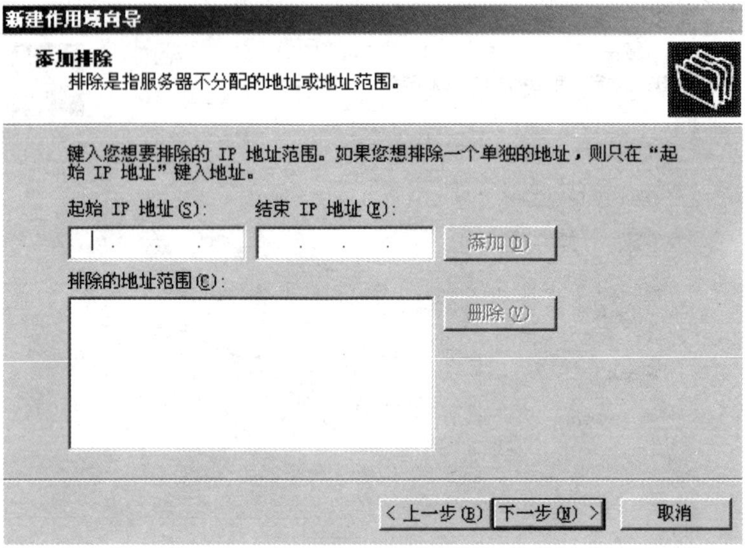

新建作用域向导

添加排除

排除是指服务器不分配的地址或地址范围。

键入您想要排除的 IP 地址范围。如果您想排除一个单独的地址，则只在“起始 IP 地址”键入地址。

起始 IP 地址(S): 结束 IP 地址(E):

添加(D)

排除的地址范围(C):

删除(V)

< 上一步(B) 下一步(N) > 取消

图 6—33 添加服务器不分配的 IP 地址

默认的租约期限是 8 天（见图 6—34）。

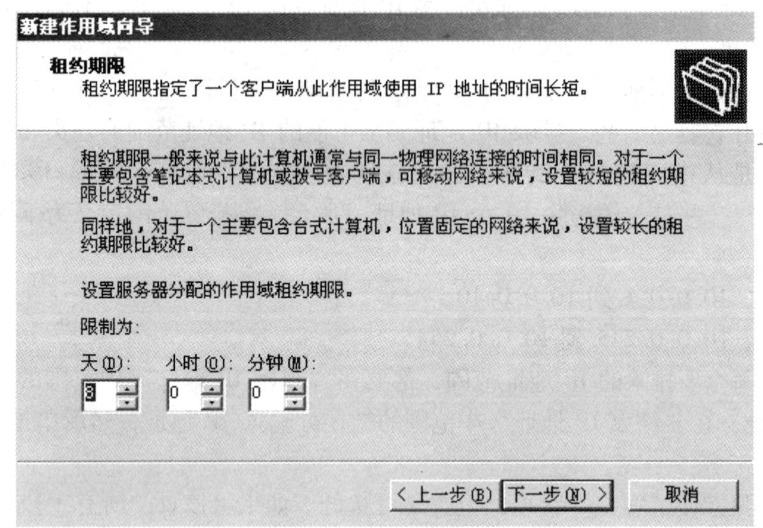

图 6—34 租约期限

（8）配置 DHCP 选项。

单击“下一步”，进入“配置 DHCP 选项”窗口，可以确定是否为作用域配置 DHCP 选项（见图 6—35）。

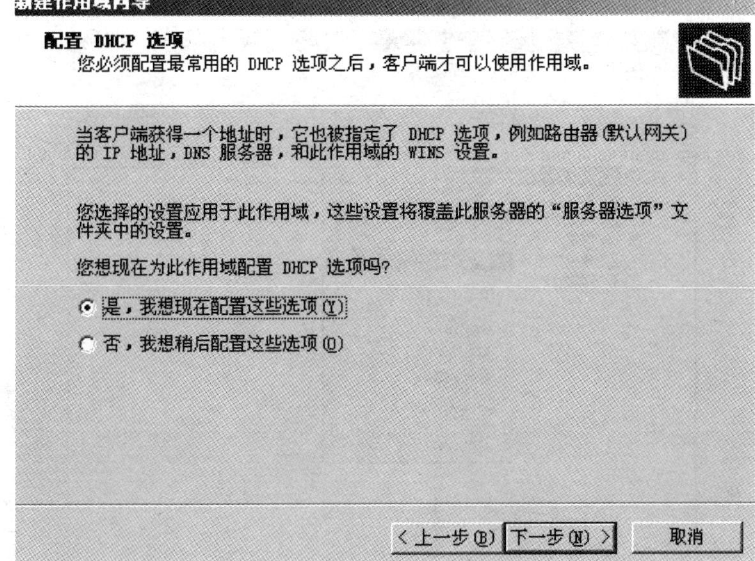

图 6—35　配置 DHCP 选项

这时出现两个选项，如果选择“否，我想稍后配置这些选项”，单击“下一步”后，会弹出完成新建作用域向导的对话框，单击“完成”即可。在 DHCP 服务器可以开始为客户端计算机租借 IP 地址之前，必须使用 DHCP 控制台来激活作用域，这样客户端才能接收来自该作用域的 IP 地址。激活方法如下：

第一，打开 DHCP，单击控制台中要激活的作用域（见图 6—36）。

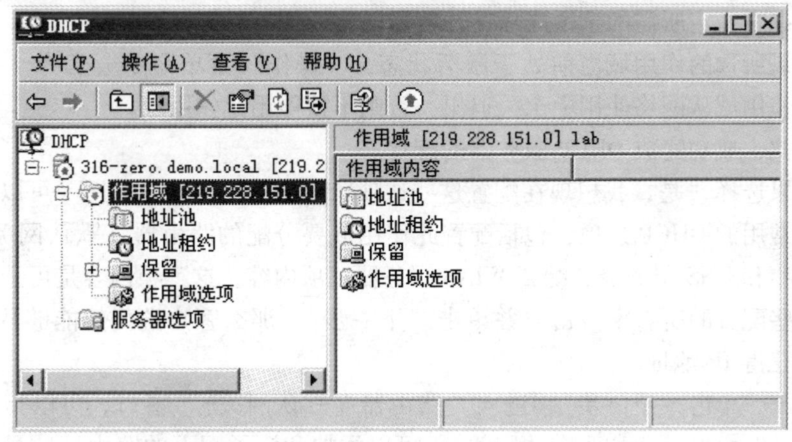

图 6—36　DHCP 作用域

第二，在“操作”菜单上，单击“激活”(见图6—37)。

图6—37 激活作用域

注意：

只有在新作用域启动租约分配时才需要激活作用域。必须激活作用域以使其可由 DHCP 客户端使用。

只有在指定所需的选项之后，才能激活作用域。

如果所选的作用域当前处于激活状态，“操作”菜单命令会变为“停用”。除非将作用域从网络使用中永久退出，否则不得停用此作用域。

至此，成功完成 DHCP 服务器的配置。

如果选择“是，我想现在配置这些选项”，那么单击“下一步”，可以根据需要配置常用的 DHCP 选项，包括配置此作用域要分配的路由器（默认网关）、配置域名称和 DNS 服务器、配置 WINS 服务器三项内容，这三项内容是可选项，如果将这些配置的所有字段留空并单击“下一步”，那么客户端仍然能够从 DHCP 服务器获得 IP 地址。

第一，单击“下一步”，进入“路由器（默认网关）”窗口，可以指定客户端使用的路由器（也称为默认网关）。可以添加和该子网上的路由器数量一样多的 IP 地址（见图6—38）。

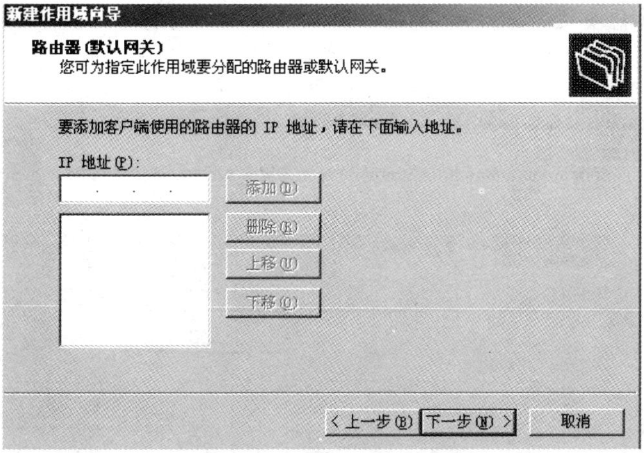

图 6—38　配置路由器（默认网关）

第二，单击“下一步”，进入“域名称和 DNS 服务器”窗口，配置域名和 DNS 服务器。可以指定该子网上的客户端在解析 DNS 名称时使用的域的名称，也可以指定客户端解析 DNS 名称所使用的 DNS 服务器；可以输入 DNS 服务器的 IP 地址，也可以输入其名称并单击“解析”，向导将确定 IP 地址；可以添加多个 DNS 服务器（见图 6—39）。

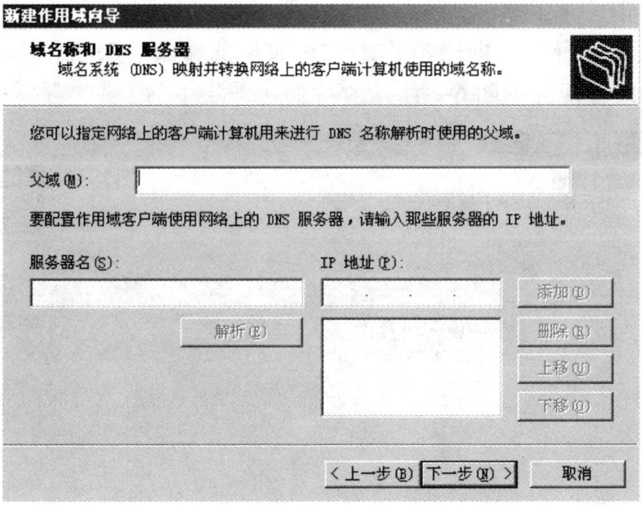

图 6—39　配置域名和 DNS 服务器

第三，单击“下一步”，进入“WINS 服务器”窗口，可以指定客户端为注册和解析 NetBIOS 名称并与之通讯的 WINS 服务器。可以输入 WINS 服务器的 IP

地址，也可以输入其名称并单击“解析”，向导将确定 IP 地址，可以添加多个 WINS 服务器（见图 6—40）。

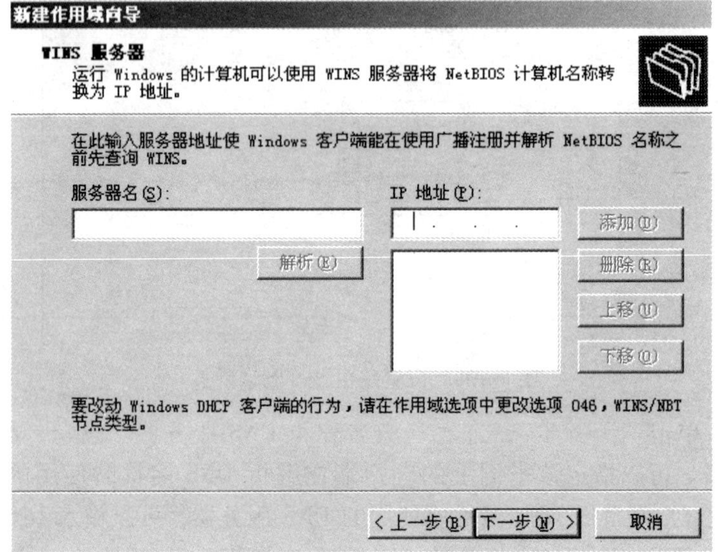

图 6—40　配置 WINS 服务器

第四，单击“下一步”，可以激活作用域或选择以后激活它。大多数情况下，应接受默认设置并立即激活作用域。如果选择以后激活作用域，可以使用 DHCP 控制台来实现（见图 6—41）。

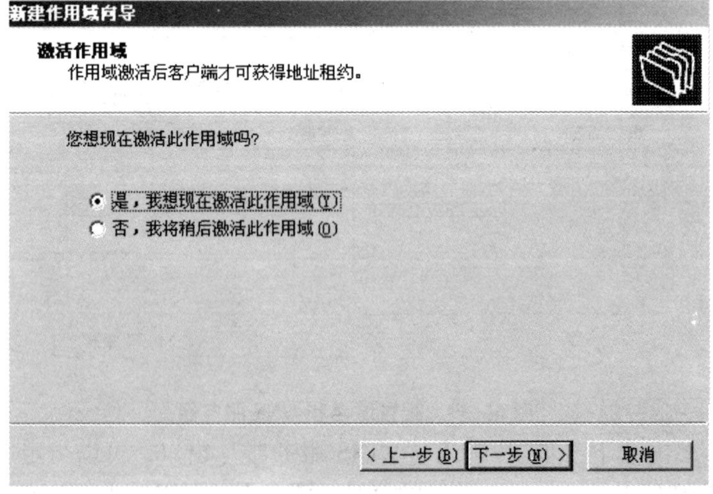

图 6—41　激活作用域

第五，激活作用域后，单击“下一步”，进入“正在完成新建作用域向导”，可以单击“上一步”以便返回上级菜单更改设置。要应用选择的内容的话，请单击“完成”，来完成“配置您的服务器向导”。

3. 测试 DHCP 客户机 IP 地址

成功配置 DHCP 服务器后，将客户机连接到服务器上，打开客户机的“Internet 协议（TCP/IP）属性”，选择“自动获得 IP 地址”，单击“确定”（见图 6—42）。运行 ipconfig 命令（在“开始”菜单中选择“运行”输入“cmd”，进入命令行窗口，输入“ipconfig”），测试客户机是否成功获得了 IP 地址。

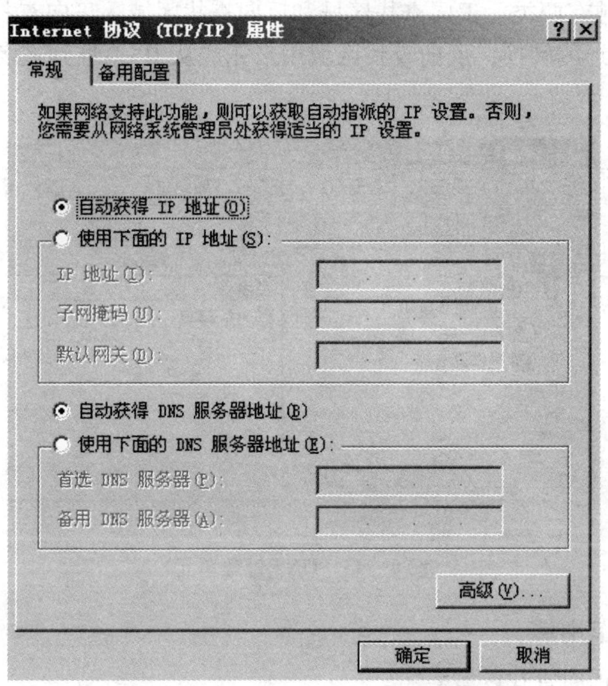

图 6—42 测试客户机的 IP 地址

（二）配置 DNS 服务器

1. 准备工作

DNS 服务可以实现域名和 IP 地址之间的转换。将计算机配置为 DNS 服务器之前，需要做两件事：

第一，为计算机配置静态的 IP 地址。自动配置的 IP 地址在 IP 地址更改时可能会导致 DNS 客户端出现问题。

第二，安装 DNS 服务。

首先将 Windows Server 2003 安装光盘放入光驱，然后在计算机的控制面板中，双击“添加/删除程序”，打开“添加/删除程序”窗口，单击“添加/删除 Windows 组件”，在网络服务中选择“域名系统 DNS”，确定即可。

通常安装全新 Windows Server 2003 操作系统时，默认情况下 DNS 服务会自动安装。

2. 打开 DNS 管理单元

在“开始”菜单中，选择“管理工具”，单击“DNS”，打开 DNS 管理单元。可以看见作用域有两类：正向查找区域和反向查找区域。正向查找区域用来完成从域名到 IP 地址的转换，反向查找区域用来完成从 IP 地址到域名的转换（见图 6—43）。

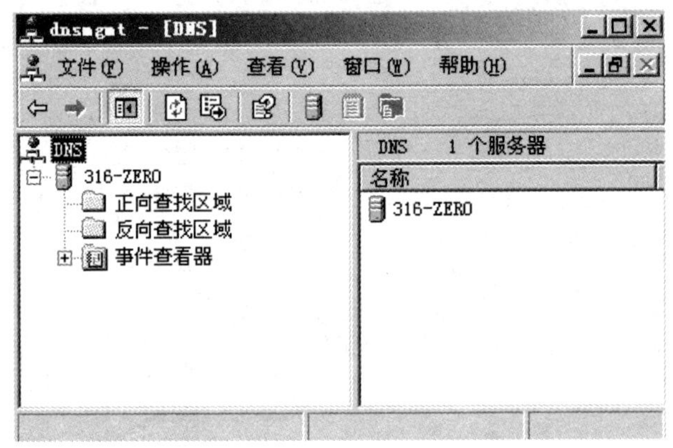

图 6—43 DNS 管理单元

3. 创建作用域

(1) 添加正向查找区域。

第一，打开新建区域向导。

右键单击控制台中的“正向查找区域”，然后单击“新建区域”打开新建区域向导（见图 6—44）。

第二，选择要创建的区域类型。

单击“下一步”，进入“区域类型”窗口，用户可以在这里选择要创建主要区域、辅助区域还是存根区域（见图 6—45）。

这里选择主要区域，并将“在 Active Directory 中存储区域”前面多选框中的勾选去掉。

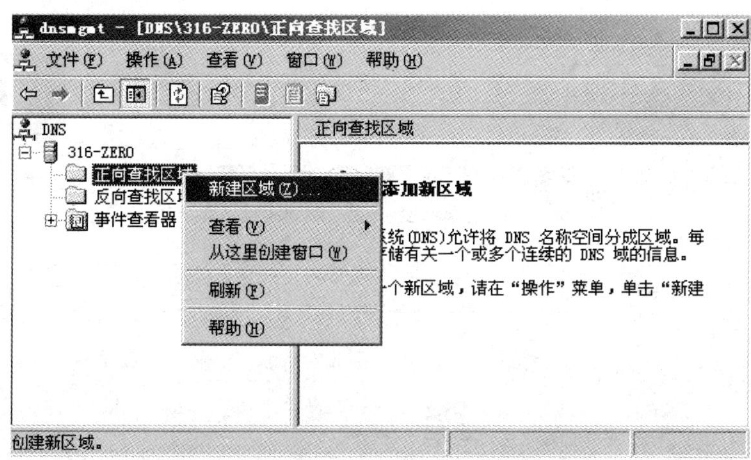

图 6—44 新建正向查找区域

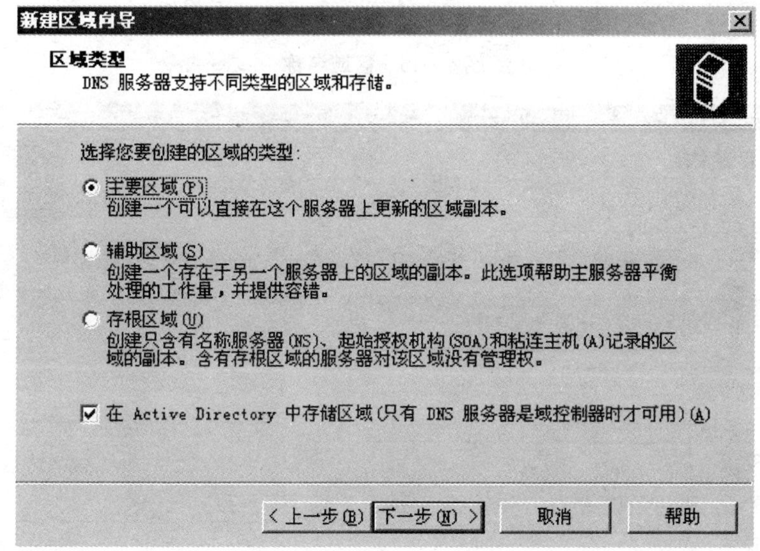

图 6—45 区域类型

第三，输入域名。

单击“下一步”，进入“区域名称”窗口，在这里输入相应的名称，例如输入“mypage. com”（见图 6—46）。

第四，是否创建新区域文件。

单击“下一步”，选择“创建新文件”还是“使用此现存文件”。这里选择“创建新文件”（见图 6—47）。

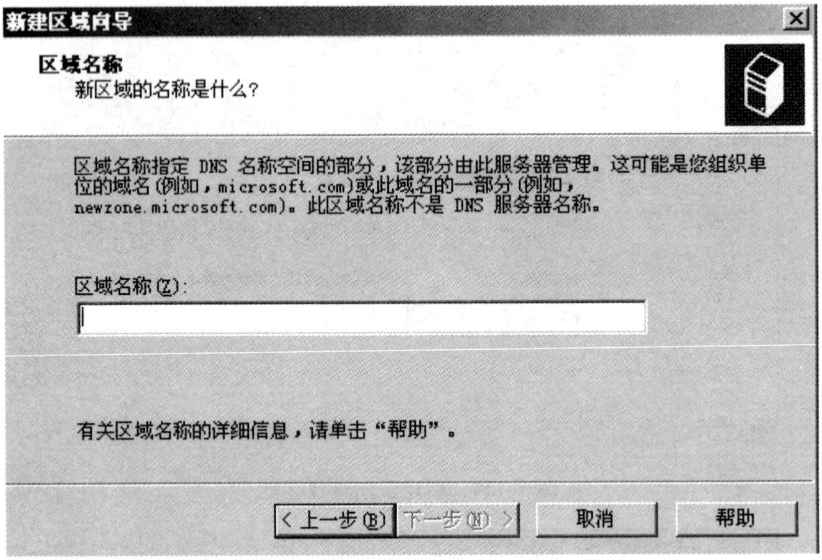

新建区域向导
区域名称
新区域的名称是什么?
区域名称指定 DNS 名称空间的部分，该部分由此服务器管理。这可能是您组织单位的域名(例如，microsoft.com)或此域名的一部分(例如，newzone.microsoft.com)。此区域名称不是 DNS 服务器名称。
区域名称(Z):
有关区域名称的详细信息，请单击“帮助”。
< 上一步(B)
下一步(N) >
取消
帮助

图 6—46　区域名称

新建区域向导
区域文件
您可以创建一个新区域文件和使用从另一个 DNS 服务器复制的文件。
您想创建一个新的区域文件，还是使用一个从另一个 DNS 服务器复制的现存文件?
创建新文件，文件名为(C):
mypage.com.dns
使用此现存文件(U):
要使用此现存文件，请确认它已经被复制到该服务器上的 %SystemRoot%\system32\dns 文件夹，然后单击“下一步”。
< 上一步(B)
下一步(N) >
取消
帮助

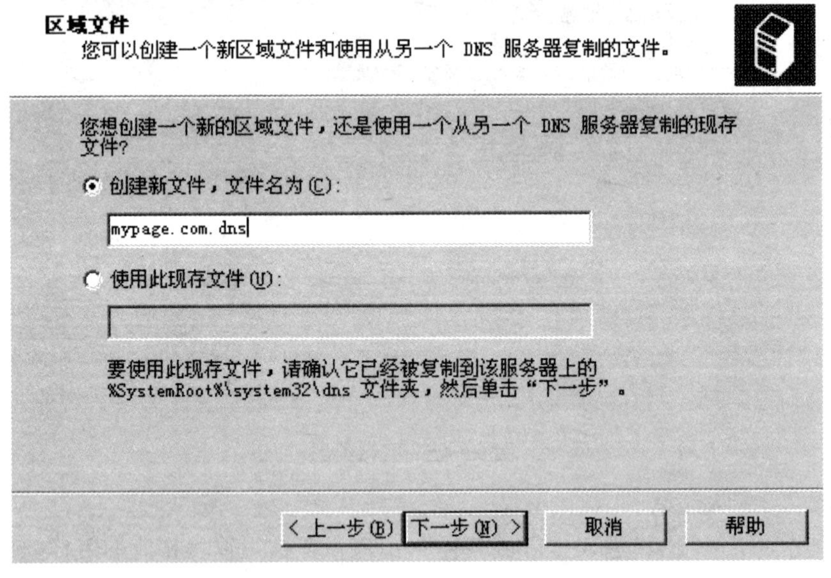

图 6—47　区域文件

第五，设置动态更新。

单击“下一步”，进入“动态更新”窗口，可以指定这个 DNS 区域接受安全、不安全或非动态的更新，这里选择“不允许动态更新”（见图 6—48）。

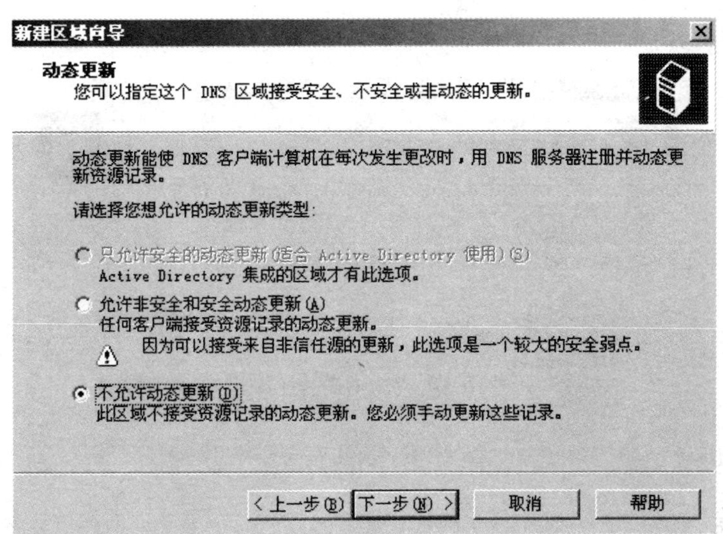

图 6—48　设置动态更新

第六，完成配置。

单击“下一步”，可以查看区域配置信息，单击“完成”，结束正向查找区域配置。

（2）添加反向查找区域。

第一，打开新建区域向导。

右键单击控制台中的“反向查找区域”，然后单击“新建区域”打开新建区域向导（见图 6—49）。

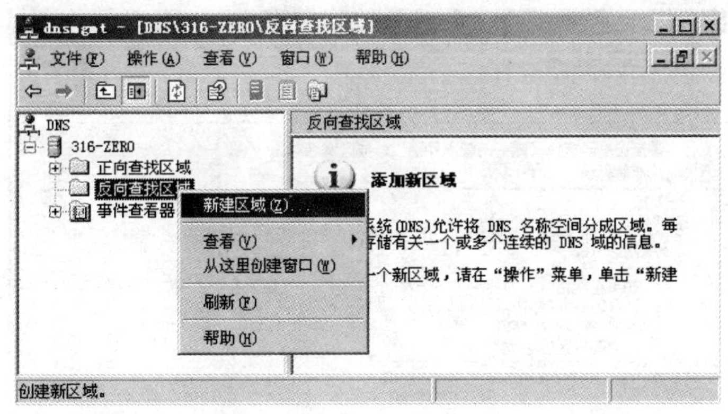

图 6—49　新建“反向查找区域”

第二，选择要创建的区域类型。

单击“下一步”，用户可以在这里选择要创建新的主要区域、辅助区域还是存根区域（见图6—50）。

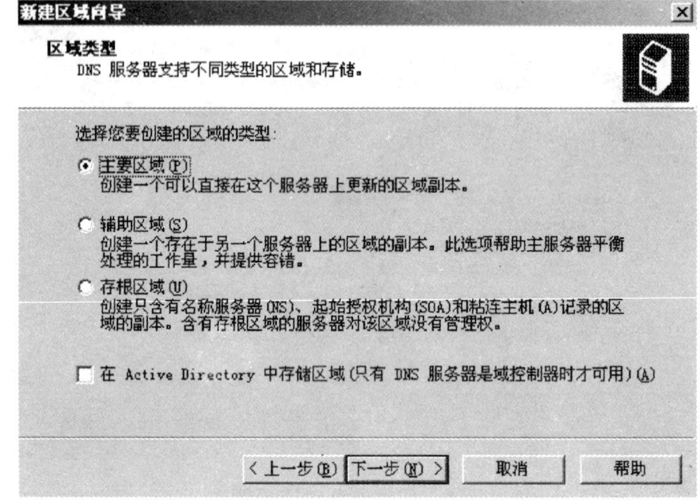

图6—50　区域类型

这里选择“主要区域”，并将“在 Active Directory 中存储区域”前面多选框中的勾选去掉。

第三，输入反向查找区域名称。

单击“下一步”，进入“反向查找区域名称”窗口，通常在“网络ID”处，输入相应的IP地址，这里输入“219.228.151”（见图6—51）。

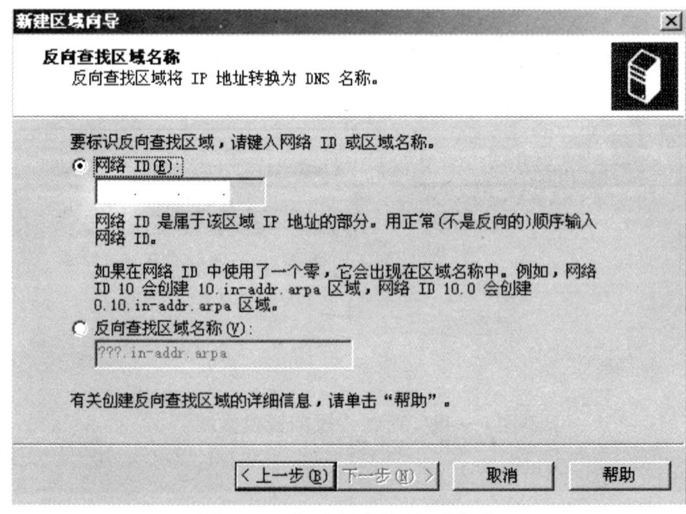

图6—51　反向查找区域名称

第四，选择是否创建新区域文件。

单击“下一步”，进入“区域文件”窗口，这里采用默认设置（见图6—52）。

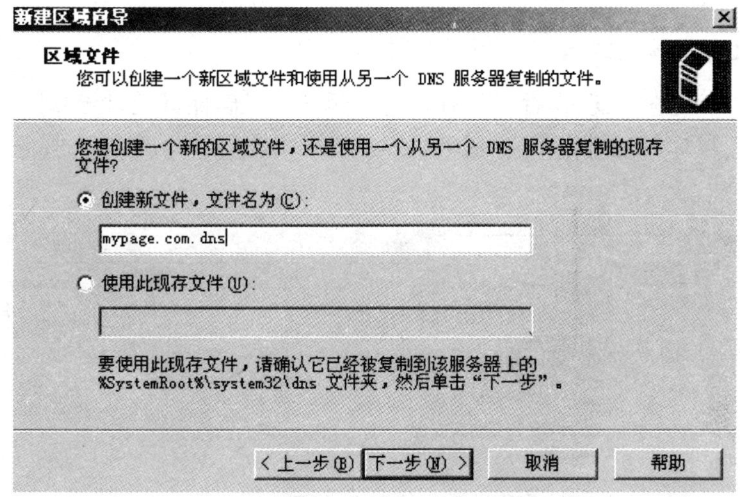

图6—52　区域文件

第五，设置动态更新。

单击“下一步”，进入“动态更新”窗口，可以指定这个DNS区域接受安全、不安全或非动态的更新，这里选择“不允许动态更新”（见图6—53）。

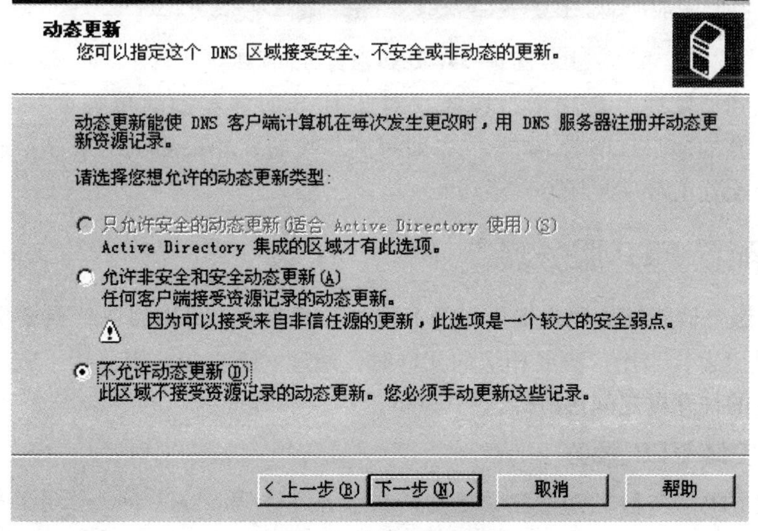

图6—53　设置动态更新

第六，完成配置。

单击“下一步”，可以查看区域配置信息，单击“完成”，结束反向查找区域配置。

4. 测试 DNS 配置

完成 DNS 服务器配置后，要对其进行测试，以确保其正常工作。在 DNS 管理窗口中，鼠标右键选择 DNS 服务器，选择“属性”，弹出 DNS 服务器属性窗口（见图 6—54）。

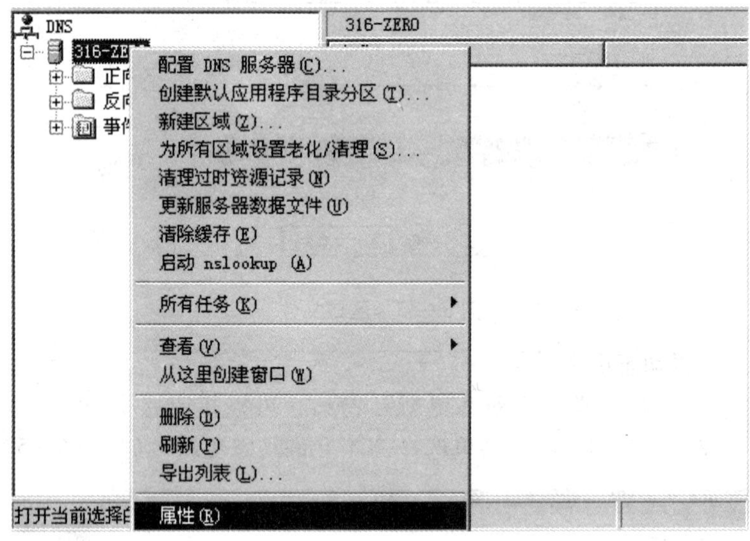

图 6—54 DNS 服务器的属性

切换到“监视”选项卡，选择“对此 DNS 服务器的简单查询”和“对此 DNS 服务器的递归查询”，单击“立即测试”按钮，如果测试结果显示通过，表示服务器配置正常（见图 6—55）。

（三）配置 FTP 服务器

FTP 服务器能够为用户提供文件上传与下载功能，可以将一些重要资料存放在 FTP 站点上，当用户需要相应的文件时，通过网络直接从服务器下载，无须在各自独立的计算机之间进行传送。

1. 安装 FTP 服务

配置 FTP 服务器，首先需要安装 FTP 服务。将 Windows Server 2003 安装光盘放入光驱，选择“安装可选的 Windows 组件”，弹出“Windows 组件向导”窗口。

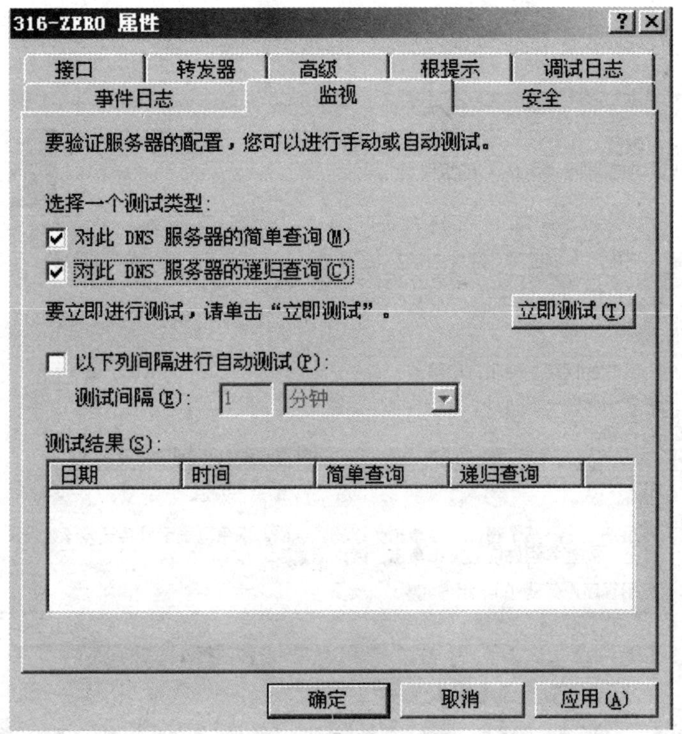

图 6—55 “监视”选项卡

在该窗口中双击“应用程序服务器”，在弹出窗口中双击“Internet 信息服务（IIS）”，弹出新窗口，找到“文件传输协议（FTP）服务”，确定即可完成 FTP 服务器的安装（见图 6—56）。

2. 建立 FTP 站点

（1）打开 Internet 信息服务（IIS）管理器窗口。

在“开始”菜单中，选择“管理工具”，单击“Internet 信息服务（IIS）管理器”，打开该窗口（见图 6—57）。

（2）新建 FTP 站点。

在 Internet 信息服务（IIS）管理器窗口中，右键单击“FTP 站点”，选择“新建/FTP 站点”，弹出“FTP 站点创建向导”（见图 6—58）。

（3）站点描述。

单击“下一步”，系统要求输入站点描述，这里可以为站点起个名字，例如 zeroftp（见图 6—59）。

Windows 组件向导

Windows 组件
可以添加或删除 Windows 的组件。

要添加或删除某个组件，请单击旁边的复选框。灰色框表示只会安装该组件的一部分。要查看组件内容，请单击“详细信息”。

组件(C):

☐	其它的网络文件和打印服务	0.0 MB
☐	索引服务	0.0 MB
☑	网络服务	2.4 MB
☑	应用程序服务器	24.4 MB

应用程序服务器

要添加或删除某个组件，请单击旁边的复选框。灰色框表示只会安装该组件的一部分。要查看组件内容，请单击“详细信息”。

应用程序服务器 的子组件(C):

☐	ASP.NET	0.0 MB
☑	Internet 信息服务(IIS)	18.0 MB

Internet 信息服务(IIS)

要添加或删除某个组件，请单击旁边的复选框。灰色框表示只会安装该组件的一部分。要查看组件内容，请单击“详细信息”。

Internet 信息服务(IIS) 的子组件(C):

☐	NNTP Service	1.2 MB
☑	SMTP Service	1.3 MB
☑	公用文件	1.0 MB
☐	后台智能传送服务 (BITS) 服务器扩展	0.2 MB
☑	万维网服务	8.0 MB
☑	文件传输协议(FTP)服务	0.1 MB

描述：为创建用于上载和下载文件的 FTP 站点提供支持。

所需磁盘空间： 0.0 MB
可用磁盘空间： 24389.0 MB

详细信息(D)... 确定 取消

图 6—56 安装 FTP 服务

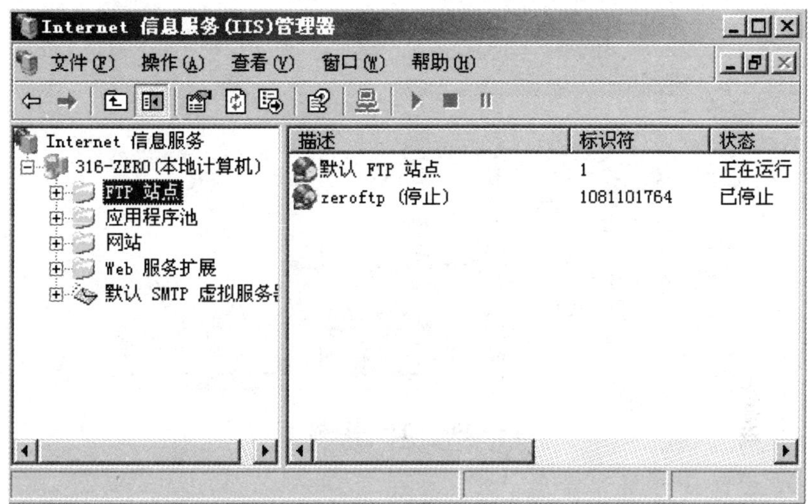

图 6—57　IIS 管理器窗口

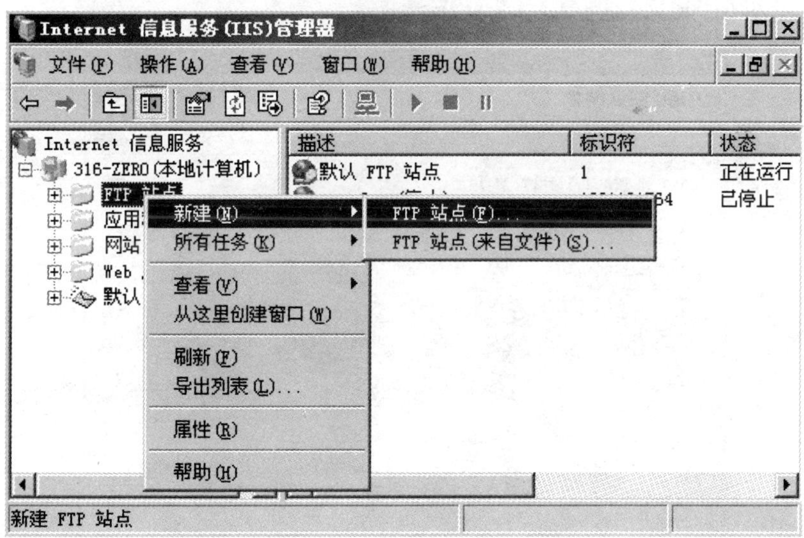

图 6—58　新建 FTP 站点

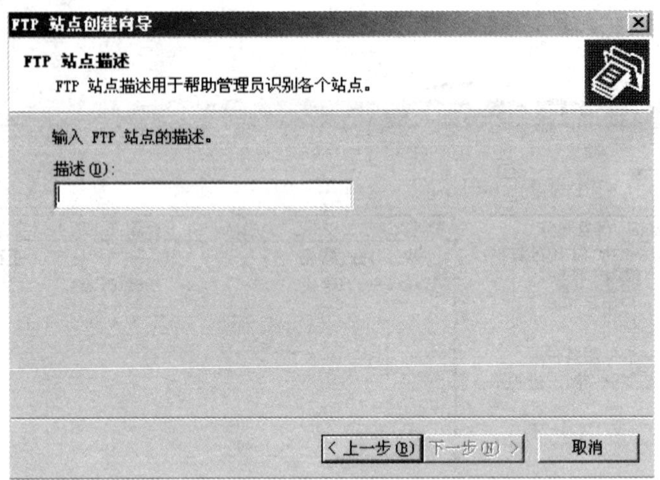

图 6—59 FTP 站点描述

(4) 设置 IP 地址和端口。

单击"下一步",系统要求输入 IP 地址并设置相应端口。IP 地址通常设置为 FTP 服务器的 IP 地址。这里输入本机 IP 地址 219.228.151.22,端口采用默认端口 21(见图 6—60)。

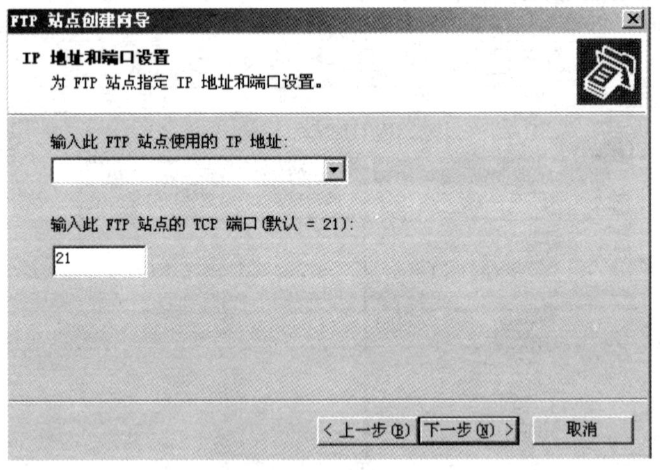

图 6—60 设置 IP 地址和端口

(5) 确定是否进行用户隔离。

单击"下一步",进入"FTP 用户隔离"页面,要求用户选择是否将 FTP 用户限制到他们自己的主目录,提供三个选项:一是不隔离用户,二是隔离用户,三是用 Active Directory 隔离用户。用户设置时，要根据自己的情况进行选择。这里选择“不隔离用户”（见图 6—61）。

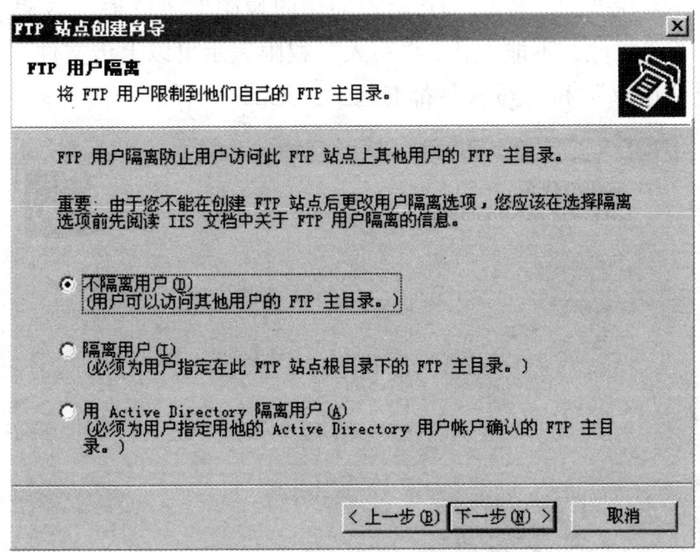

图 6—61　FTP 用户隔离

（6）输入 FTP 站点主目录。

单击“下一步”，要求用户输入主目录的路径。主目录是文件存放的路径（见图 6—62）。

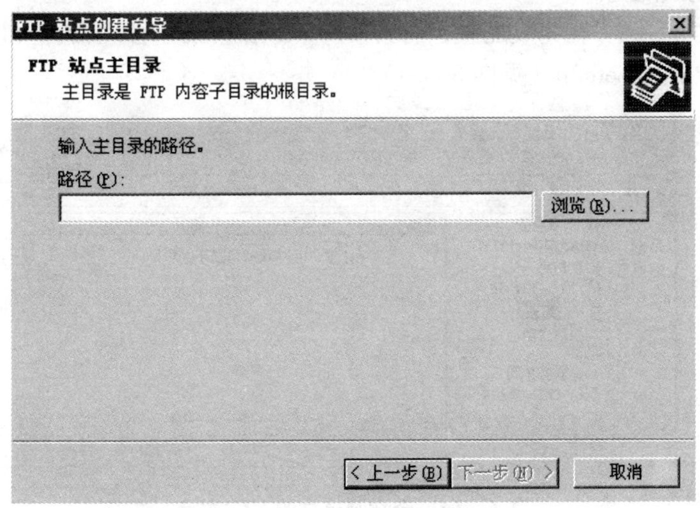

图 6—62　FTP 站点主目录

这里选择 D 盘下的 test 文件夹。

(7) 设置站点访问权限。

单击“下一步”，设置此 FTP 站点的访问权限。“读取”权限表示只能从 FTP 站点上下载文件，不能上传，“写入”权限表示可以上传文件，但不能下载文件。这里“读取”和“写入”都勾选上（见图 6—63）。

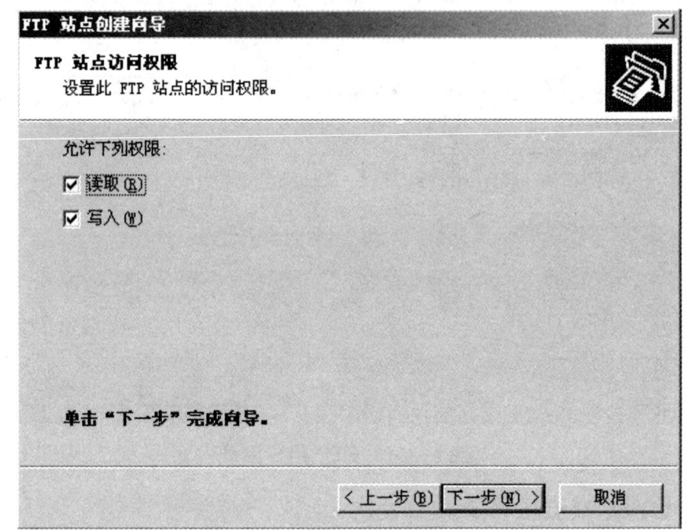

图 6—63　FTP 站点访问权限设置

(8) 完成配置。

单击“下一步”，完成配置，打开 Internet 信息服务管理器，可以看见刚刚建立的 FTP 站点 zeroftp（见图 6—64）。

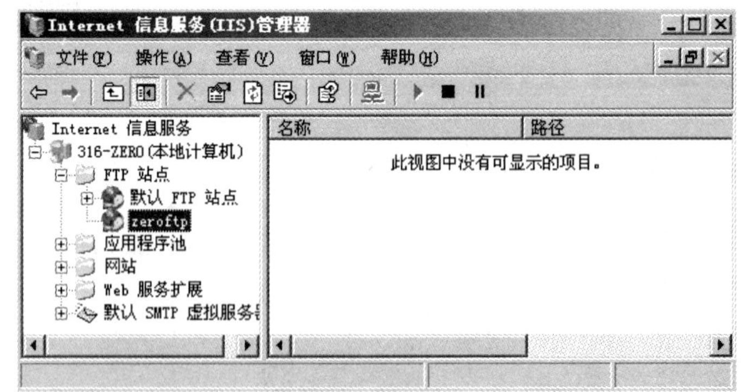

图 6—64　查看刚建立的 FTP 站点

3. 访问 FTP 站点

配置好 FTP 服务器以后，用户就可以访问服务器上的资源了。访问的方法最直接的有两种：一种是通过 IP 地址访问，另外一种是通过域名访问。

（1）通过 IP 地址访问 FTP 站点。

打开浏览器，和浏览普通网页一样，在地址栏中输入 ftp://服务器的 IP 地址，回车即可。这里输入 ftp://219.228.151.22，可以看到刚刚设置好的 FTP 服务器上，有两个文件（见图 6—65）。

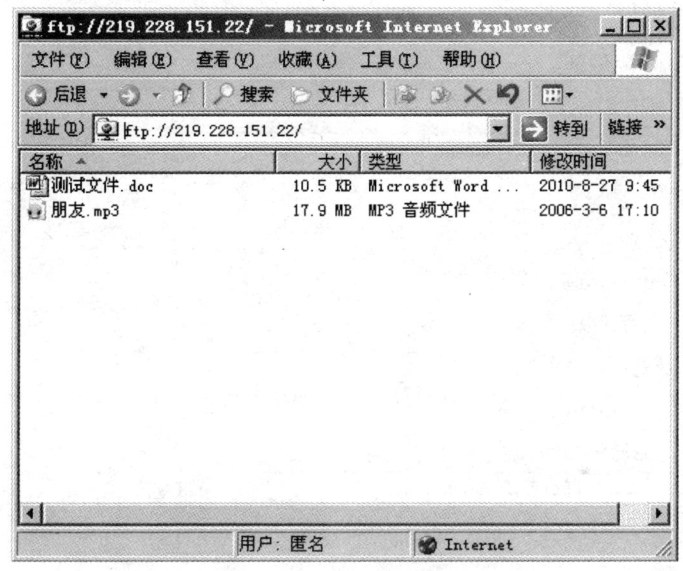

图 6—65　通过 IP 地址访问 FTP 站点

（2）通过域名访问 FTP 站点。

通过域名访问 FTP 站点首先需要运用 DNS 服务器为 FTP 站点建立 IP 地址和域名的映射，将 FTP 服务器的 IP 地址解析为域名，然后在浏览器的地址栏中输入 ftp://ftp 服务器的域名，例如刚刚建立的 FTP 服务器的 IP 地址是 219.228.151.22，对应的域名是 zeroftp.com，那么在地址栏中输入 ftp://zeroftp.com 即可。

如何建立 DNS 服务器前面已经介绍过，因此，通过域名访问 FTP 服务器的具体步骤留给读者自己练习，这里不再赘述。

4. 配置 FTP 站点

如果想修改 FTP 站点的配置，可以在 Internet 信息服务（IIS）管理器窗口中，鼠标右键单击刚刚建立的站点，选择“属性”，打开站点的属性窗口。属性窗口有五个选项卡，分别是 FTP 站点、安全帐户、消息、主目录、目录安全性。

（1）FTP 站点选项卡。

此选项卡可以修改站点的名称、IP 地址、端口、连接参数等信息（见图6—66）。

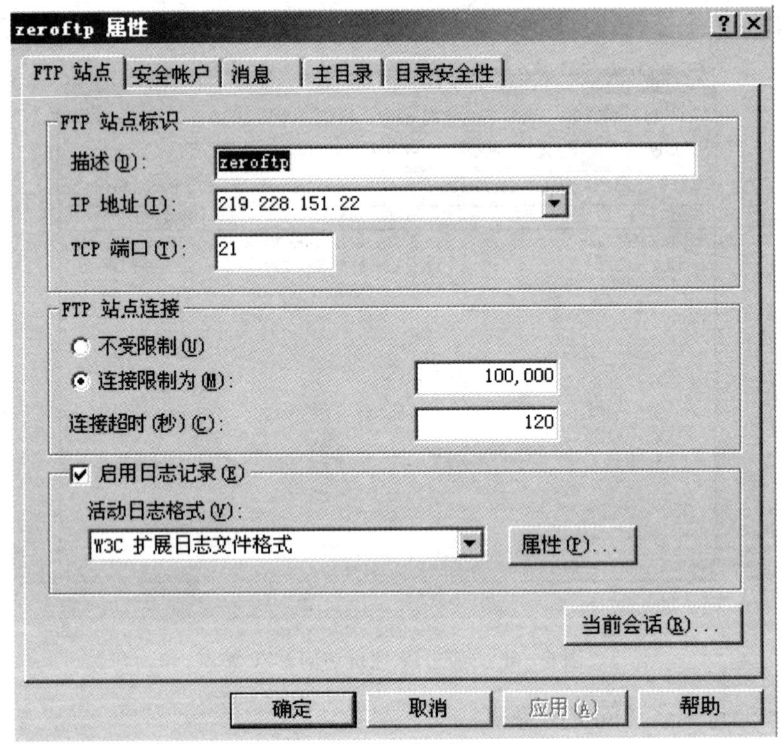

图 6—66　FTP 站点选项卡

（2）安全帐户选项卡。

此选项卡用来配置站点的身份验证方式，如果选择“允许匿名连接”，用户访问此站点时不用输入用户名和密码（见图 6—67）。

（3）消息选项卡。

此选项卡可以配置用户访问站点和离开站点时的提示信息，例如用户登录时显示“欢迎来到个性化学习网站”，用户退出时显示“欢迎下次再来”，还可以配置站点的标题（见图 6—68）。

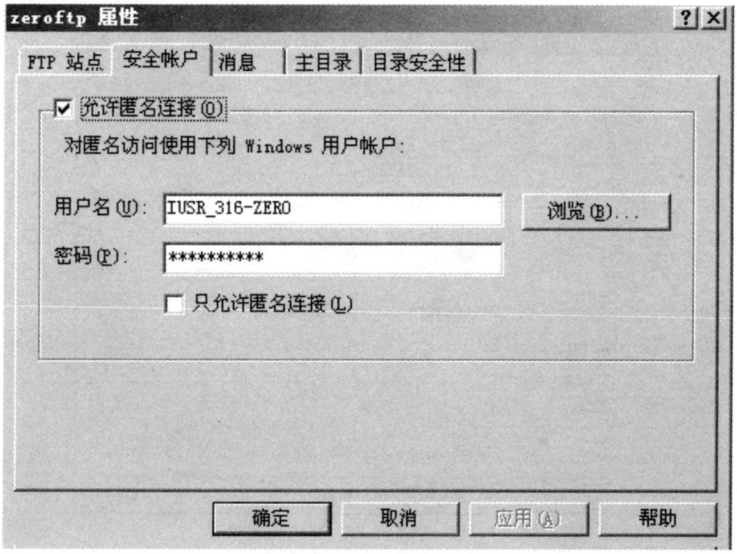

图 6—67　安全帐户选项卡

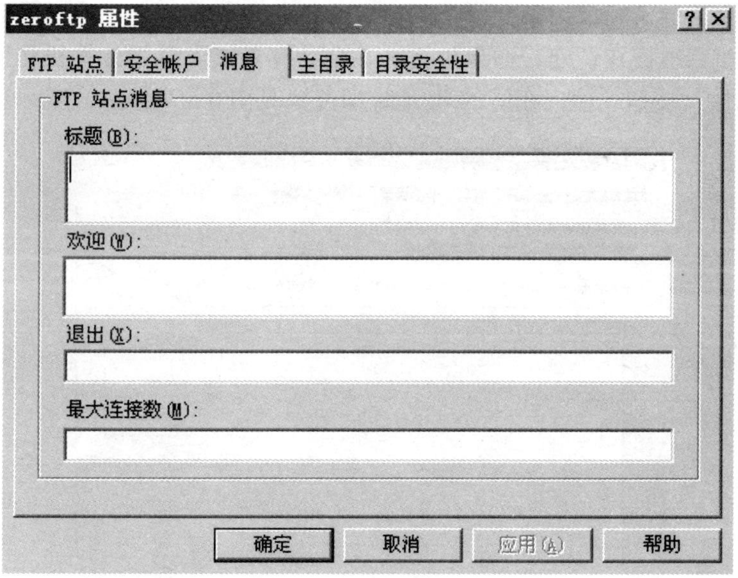

图 6—68　消息选项卡

（4）主目录选项卡。

主目录选项卡用来配置站点主目录路径以及用户的访问权限（见图 6—69）。

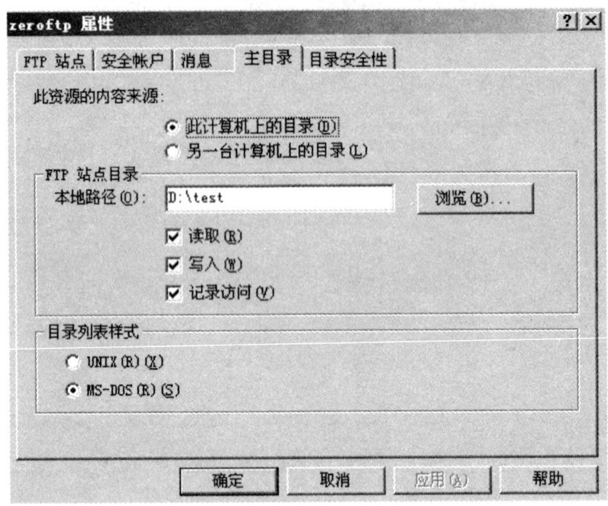

图 6—69　主目录选项卡

（5）目录安全性选项卡。

目录安全性选项卡用来配置拒绝或允许某些用户访问此站点。默认情况下，所有计算机都被授权访问，如果想拒绝某台计算机或者某组计算机访问此站点，单击“添加”按钮，输入相应的 IP 地址即可（见图 6—70）。

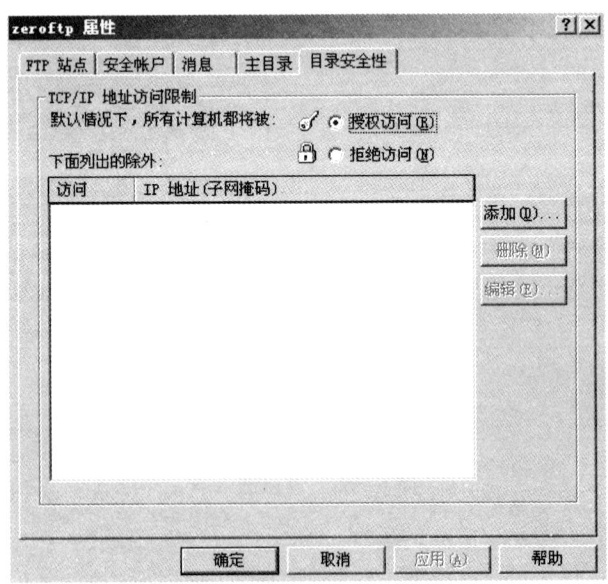

图 6—70　目录安全性选项卡

（四）配置 Web 服务器

在教学、科研或者学习过程中，有时需要配置 Web 服务器来发布网站。配置 Web 服务器的方法很多，具体选择哪种方法要取决于网站所采用的技术。这里介绍采用 Windows Server 2003 系统下的 IIS 来配置 Web 服务器。

1. 准备工作

（1）确认系统是否已经正确安装了 IIS 服务，如果没有安装，需要将 Windows Server 2003 安装盘放入光驱中，通过添加 Windows 组件的方法安装。默认情况下，系统只要正确安装了 IIS 服务，就可以打开默认站点。

（2）确认是否已经准备好一个已经制作完成的网站，再将这个网站发布到 IIS 中。

2. 建立 Web 站点

（1）打开 Internet 信息服务（IIS）管理器窗口。

在“开始”菜单中，选择“管理工具”，单击“Internet 信息服务（IIS）管理器”，打开该窗口（见图 6—71）。

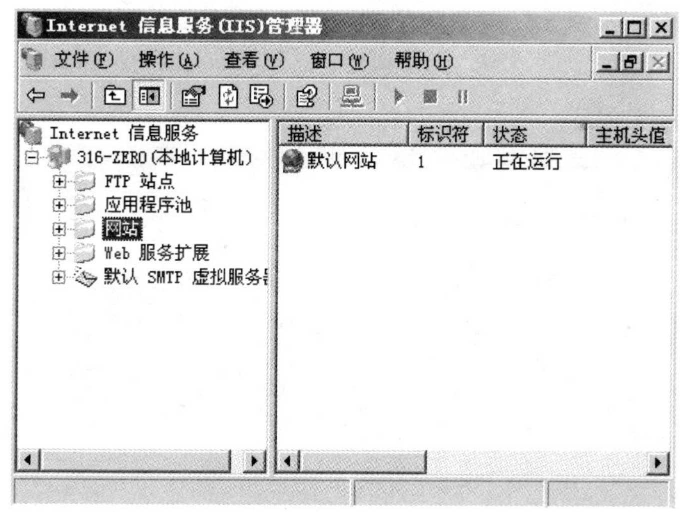

图 6—71　IIS 管理器

（2）新建 Web 站点。

在该窗口中，右键单击“网站”，选择“新建/网站”，弹出“网站创建向导”（见图 6—72）。

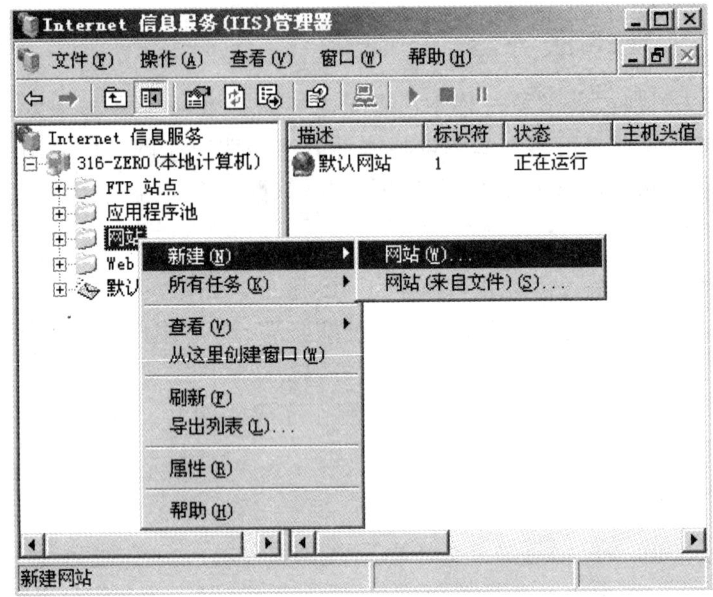

图 6—72　新建 Web 站点

(3) 描述网站。

单击“下一步”，要求输入网站描述，这里可以输入网站名称，例如“个性化学习网站”(见图 6—73)。

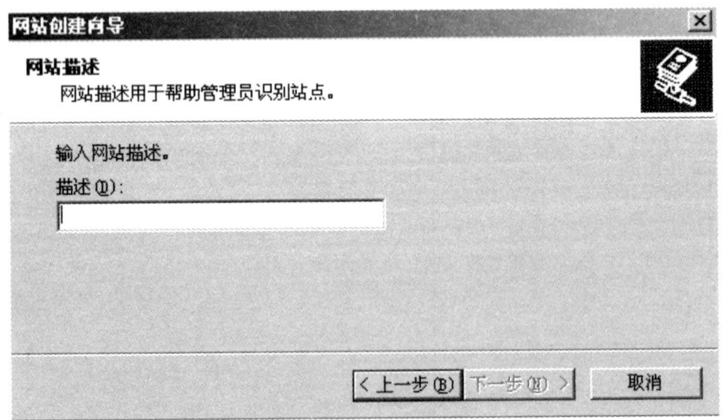

图 6—73　描述网站

(4) 设置 IP 地址和端口。

单击“下一步”，系统要求输入 IP 地址并设置相应端口。IP 地址通常设置为 Web 服务器的本机 IP 地址，这里本机地址是“219. 228. 151. 22”，端口默认是

80。如果目前80端口没有被占用，那么采用默认即可。如果目前该IP地址对应的80端口已经被用来发布了一个网站，那么需要更改端口，例如改成8080，以免冲突（见图6—74）。

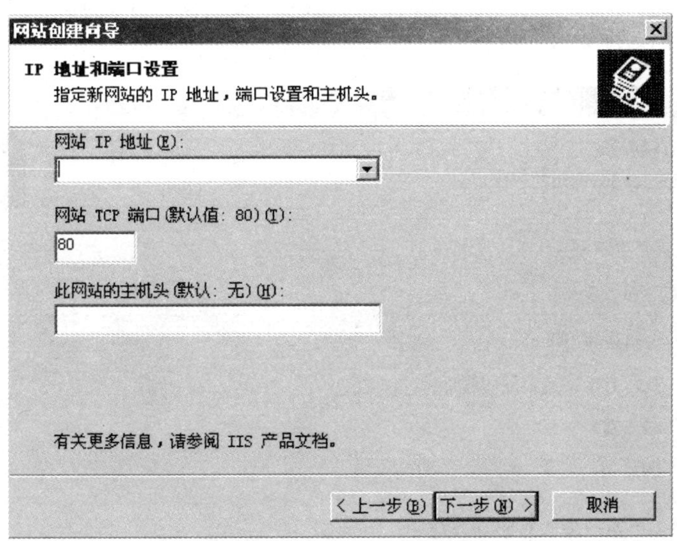

图6—74 设置IP地址和端口

（5）设置网站主目录。

单击“下一步”，进入“网站主目录”，要求用户选择主目录的路径，也就是已经搭建好的网站的存放路径（见图6—75）。

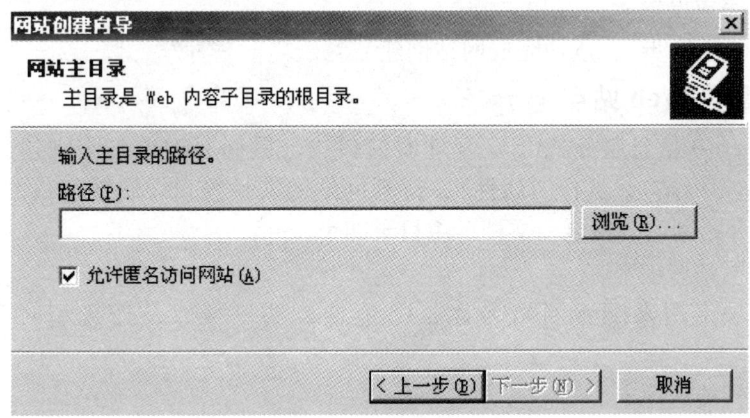

图6—75 设置网站主目录

这里选择“D:\ test”。注意：路径中不能包含中文名称，否则会导致页面无法显示。

（6）设置访问权限。

单击“下一步”，设置此网站的访问权限，在新窗口中选择“读取”和“运行脚本”即可（见图6—76）。

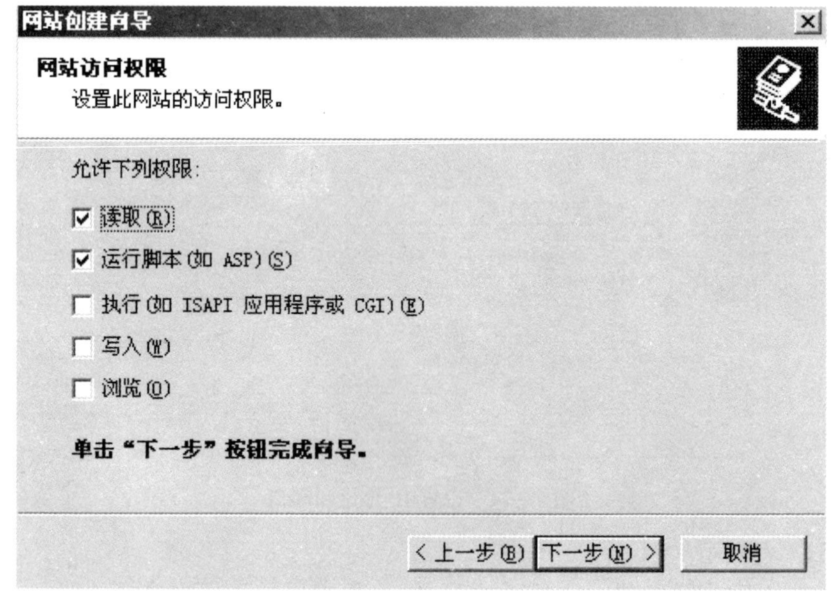

图6—76 设置访问权限

（7）完成设置。

单击“下一步”，成功完成网站创建。

3. 配置Web站点

在Internet信息服务（IIS）管理器窗口中，鼠标右键单击刚刚建立的网站（个性化学习网站），选择“属性”，打开网站的属性窗口。属性窗口的选项卡，以下主要介绍网站、性能、文档、主目录四个。

（1）网站选项卡。

该选项卡用来配置网站名称、IP地址、端口号以及连接超时等（见图6—77）。

（2）性能选项卡。

该选项卡主要用来限制网站可以使用的网络带宽和网站连接（见图6—78）。

（3）文档选项卡。

这里用来设置用户访问 Web 站点时，首先打开的 Web 页面，即主页。这里可以将原来的默认文档删除，再单击“添加”按钮，将自己的主页名称输入即可（见图 6—79）。

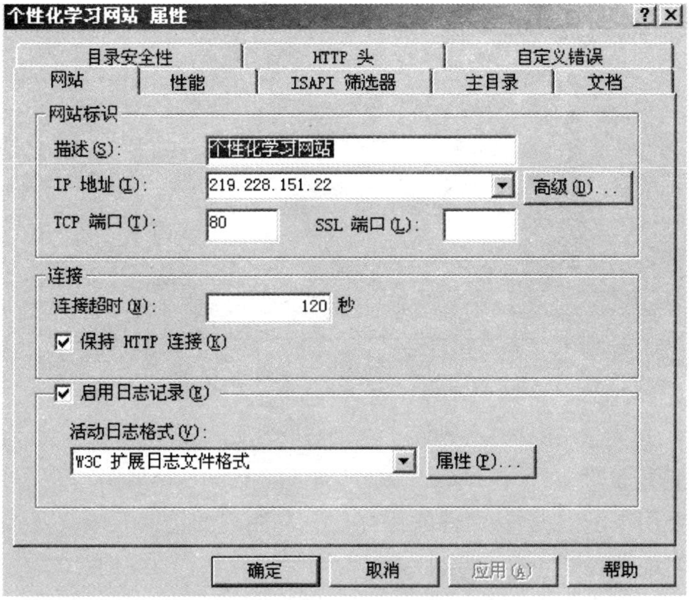

图 6—77 网站选项卡

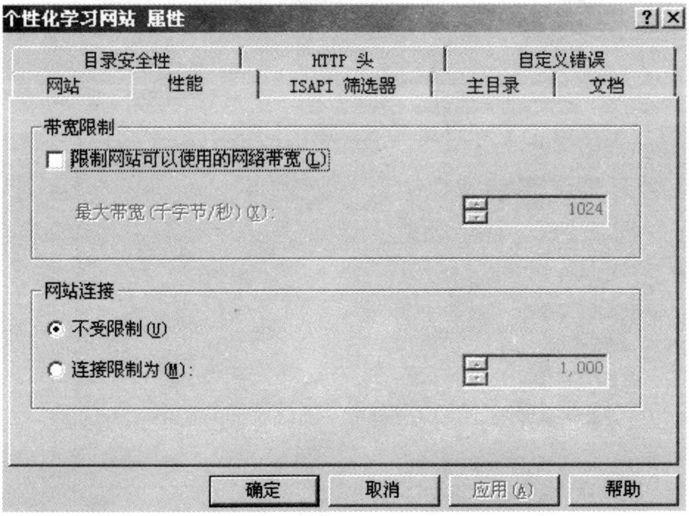

图 6—78 性能选项卡

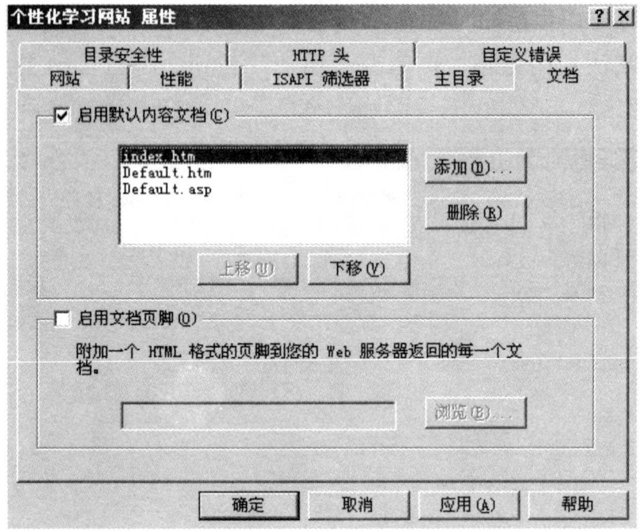

图 6—79　文档选项卡

(4) 主目录选项卡。

这里主要用来配置 Web 文件的保存位置和用户的访问权限（见图 6—80）。注意：本地路径中不能包含中文，否则会导致页面无法显示。

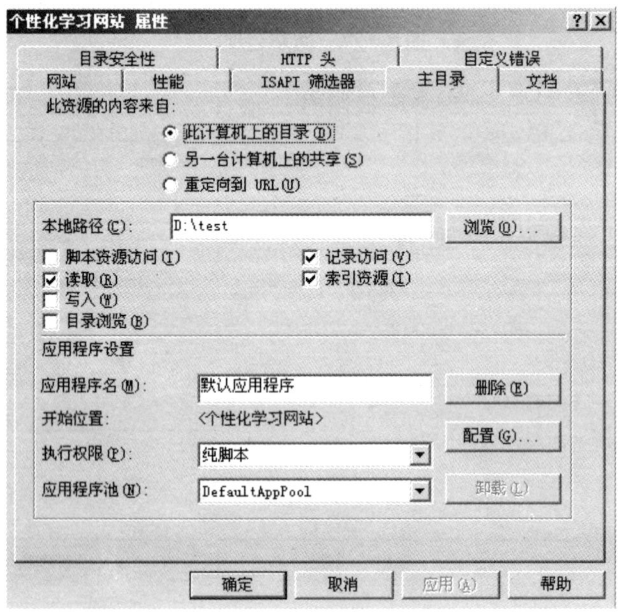

图 6—80　主目录选项卡

4. 访问 Web 站点

访问 Web 站点常用两种方法，一种是通过 IP 地址访问，另外一种是通过域名访问。

（1）通过 IP 地址访问。

打开浏览器，在地址栏中输入 http://Web 站点的 IP 地址：端口号，回车。如果采用了默认的端口号 80，那么端口号可以省略。这里输入“http://219.228.151.22”，就可以看到网站的主页了（见图 6—81）。

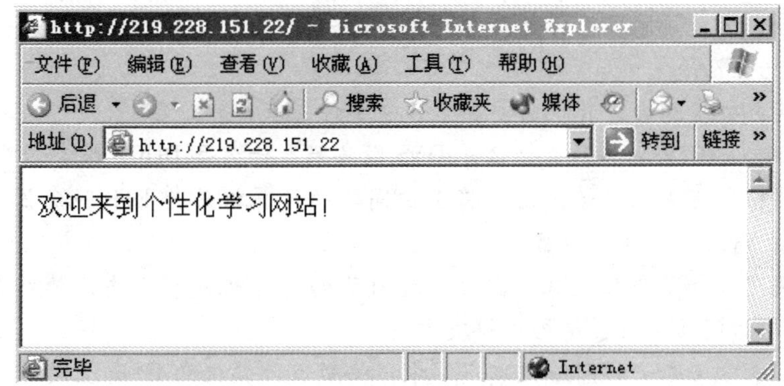

图 6—81　通过 IP 地址访问 Web 站点

（2）通过域名访问。

通过域名访问网站，首先需要运用 DNS 服务器将网站的 IP 地址解析成域名，然后在浏览器的地址栏中直接输入域名即可。这个内容留给读者自己练习。

小结

在这一章，我们讨论了三个内容。

首先讨论了双机直连。双机是指两台计算机，直连指“直接连接”，双机直连，就是两台计算机通过一条线缆进行连接，通常线缆选择交叉线。这样连接起来的两台计算机就构成了一个最简单的网络，两台计算机之间可以进行资源共享。

其次讨论了对等网络、客户机/服务器网络。对等网络中所有计算机是平等的，各自保存自己的帐号信息和配置信息。所有的计算机具有相同的权限和功能，任一台计算机都既可作为服务器，设定共享资源供网络中其他计算机使用，又可作为工作站，访问其他用户提供的资源。在客户机/服务器网络中，服务器在网络中处于核心和主导地位，是网络的管理中心，它处理来自客户机的请求，为用户提供网络服务，并负责整个网络的管理维护工作，实现网络资源和用户的集中式管理。客户机处于从属地位，接受服务器的管理，并从服务器获得相关服务。

最后讨论了常见的DHCP服务器配置、DNS服务器配置、FTP服务器配置以及web服务器配置，给出了具体的配置步骤。

思考题

1. 什么是对等网络？什么是客户机/服务器网络？二者有什么区别？各自适用于什么场合？

2. 某办公室两台计算机需要相互传送文件，有哪些方法？

3. 什么是FTP服务器？什么是DNS服务器？什么是DHCP服务器？

4. 某宿舍有4位同学，需要将1位同学的计算机作为FTP服务器，组建1个局域网，请给出具体的步骤。

5. 某同学做了个人主页，需要通过自己的计算机发布出去，使宿舍其他3位同学能够访问该主页，请给出解决方案。

6. 在本章第二节的网络组建实例中，将所有计算机的IP地址设置为自动获取IP地址，然后将它们加入相同的工作组，测试一下，网络是否连通？

7. 请查阅相关资料，说明活动目录的逻辑结构是怎样的？什么是OU？什么是域树？什么是域森林？什么是子域？如何运用域树、域森林？

8. 无法安装域控制器的原因有哪些？如何解决？无法向现有域中添加域控制器的原因有哪些？如何解决？

9. 下列设备是现今常用的网络连接设备：

(1) 100Mbps交换机；(2) 10Mbps集线器；(3) 双绞线；(4) 同轴电缆；(5) 光纤；(6) 终结器；(7) 水晶头；(8) BNC头；(9) 10Mbps网卡；(10) 100Mbps网卡；(11) 路由器；(12) 中继器。

现欲将某办公室5台计算机连接为1个星型局域网，要求网络传输速率高，不需要访问Internet。请从上述设备中选取必需的网络设备，并说明理由。

10. 请在自己的计算机上安装Windows Server 2003，配置一下web服务器、FTP服务器、DHCP服务器。

11. 将3台计算机组建成对等网路，共享一台打印机来打印文件，请给出具体的步骤。

第七章

校园网管理与维护

本章提要

本章主要讨论了三个方面的问题：

第一，介绍了校园网管理包括哪些内容，管理与维护校园网需要哪些工具，平时要准备好哪些资料，有哪些具体措施。

第二，详细阐述了网络数据存储管理问题，包括数据备份，数据恢复等。

第三，分门别类介绍了一些常用的网络管理工具。

一、校园网管理概述

随着教育信息化的深入，校园网应用的迅速普及，网络管理的问题也逐渐凸显。如何对校园网进行合理、有效的管理已成为迫在眉睫的问题。

（一）校园网管理内容

校园网管理从管理对象上包括六大方面的内容：第一方面是对网络的用户，也就是人类资源的管理与协调，例如用户访问权限的设置等；第二方面是硬件资源的管理，例如管理网络中的路由器、交换机、防火墙等；第三方面是网络配置管理，例如交换机端口的配置、防火墙访问控制策略等；第四方面是网络应用服务的管理；第五方面是对网络数据的管理；最后是对网络性能的综合管理。

1. 用户管理

校园网用户通常可以分成五类：第一类是教师，第二类是学生，第三类是网络管理员，第四类是家长，第五类是校友以及其他一些访客。为了加强对用户的有效管理，通常需要做好以下工作：

（1）制定合理的制度。

要提高网络的性能，合理的制度保障是前提。例如用户必须使用自己的学号或者教师的工号才能接入网络。使用网络，尤其是使用公共机房的网络，必须有严格的机房管理制度，例如不能带饮料、零食等进入机房，每位同学可以固定座位，使用完毕要做好登记，等等。

（2）科学地分配用户权限。

不同的用户对于不同的内容，扮演着不同的角色，同时也具有不同的访问权限，每位用户都只能在自己的访问权限内使用网络。

（3）合理地限制用户行为。

校园网用户中，学生是一个比较特殊的用户群体：一方面，他们年轻，有朝气，充满活力，对新事物充满好奇，勇于尝试；另一方面，他们思想不够成熟。因此，需要合理地限制用户的一些行为，同时过滤和屏蔽一些违反社会道德标准、违反法律法规的信息。

2. 硬件管理

硬件是校园网运行的基础设施，包括网络各层的交换机、路由器、防火墙、各种通信链路、各种服务器、工作站等。一旦某个硬件出现问题，就可能导致网络瘫痪，影响正常的教学、科研、管理工作。具体需要做好以下几项工作：

（1）注意网络硬件设施的日常保养与维护，设备运行过程中，不要随意冷启动。

（2）注意防止人为破坏，例如被盗，被毁坏。

（3）注意散热、除湿，小心雷电、水、有害气体，远离电磁辐射。

3. 配置管理

配置管理是校园网管理的一项关键内容，主要包括对校园网内网络设备的初始化，更改设备参数，监控参数的变化情况，例如某台路由器更换了和某设备的连接端口，某台工作站加入了某个 VLAN，等等。具体来说，要做好以下两项工作：

（1）自动监测网络设备参数的变化情况，例如路由器的接口开启（关闭），关键设备的响应情况，并定期生成报告，做好报告的存档。

（2）网络设备参数的配置要定期进行备份，以便在出现问题时，可以快速恢复，以保障网络的正常运行。

4. 应用服务管理

校园网不仅提供了 Web 服务、FTP 服务、电子邮件服务等各种应用服务，还运行着各种应用平台，例如教学支持平台，管理信息化平台。机房还提供了教师教学、学生学习的各种应用服务支撑环境。这些往往是校园网日常工作中非常重要的一部分。具体要做好以下工作：

（1）对于关键的应用服务，要定期做好系统的备份工作。

（2）教师教学、学生学习的应用服务支撑环境，例如机房，要安装硬盘保护卡，通过设置保护卡密码来保护系统，硬盘保护卡也叫硬盘还原卡，主要功能是还原硬盘上的系统和数据。通常保护卡提供 C 盘保护、全盘保护和自由选择三种保护方式。设置成功后，计算机每次开机可以自动还原，硬盘保护卡总是让硬盘的部分或者全部分区能恢复先前的内容，使对硬盘上受保护的分区的修改都无效，这样就起到了保护硬盘数据的内容，以免影响日常的教学工作的作用。机房管理员为 PC 机安装软件时只需在开机时切换到相应的界面，输入保护卡密码即可。

（3）对于特别重要的内容，可以设置访问权限，例如采用加密锁等。加密锁是一种智能的软件保护工具，它的外形和 U 盘类似，插在计算机的并行接口上或者 USB 接口上进行使用，俗称加密狗，通常用于学生机房。管理员在对机器进行一定的设置后，只有拥有加密狗的用户才能使用这些机器，这样可以对机器的硬件和数据进行一定的保护。

5. 数据管理

数据是网络资源的核心，数据管理也是网络管理的核心内容。校园网中的数据种类多，覆盖面广，既有公共数据也有个人数据，既有教学数据，也有管理数据，既有系统数据，也有用户数据，因此，数据管理尤为重要。具体要做好以下几项工作：

（1）做好应用服务与数据存储服务分离工作。

（2）做好公共数据与个人数据分离工作。

（3）做好敏感数据、保密数据的处理工作。

（4）做好有害信息的处理工作。

（5）做好数据备份与灾难恢复工作。

6. 性能管理

性能管理是通过对网络节点的监控，根据各种参数，如延时、抖动、丢包率、带宽利用率、各种通信协议的传输量、各种系统资源的消耗等，了解网络的运行情况，及时发现网络故障，诊断网络问题，以提高网络的可靠性、稳定性。具体说来主要做好以下几项工作：

（1）平时做好性能测试工作。网络管理员要运用工具软件，实时监测网络，了解网络的运行情况，例如网络主干、关键节点设备的实时流量情况，网络中是否有 IP 地址冲突，接口利用率的情况，等等，以便及早发现问题，解决问题。

（2）根据各种参数，定期对网络的运行性能进行评估，并生成报告。

（3）发现网络瓶颈，要迅速查找原因并解决，做好相应记录。

（4）发现网络故障，找到故障所在节点，做好网络故障隔离与恢复工作，并做好相应记录。

（5）做好安全工作，例如路由器的加密口令，防火墙的访问控制策略，等等，以防非法用户擅自使用网络资源，破坏网络系统，修改网络参数，增删网络数据，等等。

（二）校园网管理与维护的措施

校园网的日常管理与维护是一件琐碎、复杂却又非常重要的工作，可以从以下五个层面着手：

1. 网络管理机构层面

学校要有合理的网络管理机构，机构中每个部门要有细致的分工，要各尽其职，网络任何地方出了问题，要有专人负责处理，切实保证校园网的正常运行。

2. 制度层面

校园网中，用户具有很大的流动性，业务也在不断更新，因此网络的使用需要有完善的规章制度，例如制定相应的校园网管理办法，学生上机管理规定，告诉用户哪些行为是允许的，哪些行为是不允许的，如果违反了规定，就要受到相应的处罚。

3. 网络日常维护与管理工作层面

网络管理人员要做好网络的日常管理工作，无论是硬件、应用系统，还是用户、数据，都要做好日常维护，防患于未然。

4. 网络管理人员的素质层面

网络管理人员的素质是校园网管理的关键，建议定期对网络管理人员进行岗位培训，使其能不断学习新的网络知识和实践技能，提高业务能力，同时网络管理人员也要养成良好的工作习惯。

（1）时刻准备好必备的工具。

第一，常用工具。

常用工具包括双绞线、水晶头、剥线钳、压线钳、测线仪、螺丝刀等。

第二，常用工具软件。

常用工具软件包括系统软件和应用软件。系统软件如 LINUX，UNIX，Windows等。常用工具软件包括办公软件，视频音频服务软件，FTP 服务软件，图像处理、图像浏览软件等。

第三，正版杀毒软件。

目前，可以说网络病毒已经到了防不胜防的程度，因此，正版的杀毒软件是网络管理人员必不可少的工具。常用的正版杀毒软件有卡巴斯基、金山毒霸、诺顿等。

第四，ghost 文件。

一旦计算机中毒或者软件出现问题，ghost 文件就派上用场了，尤其是在机房中用得最多。它可以大大减轻网络管理人员的负担，只按一键，轻松恢复系统。因此，计算机一定要做好 ghost 备份，关键的软件也可以一起备份到 ghost 文件中。

（2）时刻准备好必备的资料。

第一，网络布线图。

网络布线图也许平时用得不多，但是一旦网络哪个节点出现了故障、甚至断路，网络布线图就可以大显身手了。此外，对于网络布线图建议复印一份，把重要节点、特殊节点以及关键布线路径标注出来，以防时间久了忘记线路的部署。

第二，IP 地址表。

IP 地址是网络中识别计算机的依据。对于 IP 地址的分配，例如，哪个网段分配给了哪个院系，哪个网段分配给了哪个教研室，尤其是采用静态方式划分的 IP 地址，网络管理人员需要做好地址分配的登记存档工作。此外，一些使用者自己设置的 IP，有时会导致网络中出现 IP 地址冲突问题，如果是小范围的网络，可以采取 IP 地址和硬件地址绑定的方法，这时需要网络管理人员制作一份 IP 地址与硬件地址相对应的 IP 地址分配表，并做好存档工作。

第三，重要的文档。

文档是网络管理和规范化的基础。重要的文档包括：网络系统结构，例如拓扑图使用的路由协议；网络设备参数，例如系统版本号，硬件指标；网络安全控制表，例如用户的权限，服务资源的分布；设备保修卡；机房维护记录；设备检测记录；等等。

（3）做标记的习惯。

为了日后维护的便利，关键设备、关键线路一定按照工程的规范，做好标记工作，例如交换机或集线器上的端口线，一定要标清哪个端口连接了哪台设备，万万不可图一时省事，不标线号，否则一旦网络出现故障，查找故障点将是非常困难的事。

（4）文档、工具软件等分门别类管理。

为了查找的方便，不同的文档一定要做好归档工作。不同的工具软件，例如驱动光盘，系统光盘，不同的应用软件光盘，都要贴好标签，分门别类放置。

（5）禁止使用 USB 口。

公共机房或者语音教室等场所可以禁用学生机的 USB 口，以免学生通过 USB 口拷贝文件时令机器感染病毒，从而提高局域网的安全性。例如，语音教室可以采用无盘工作站的方式配置。学生机统一从语音教室的服务器上读取数据，学生机上不提供 USB 口，这样就防止了计算机病毒通过 USB 口传染给语言教室的电脑。

（6）公共机房适当限制接入互联网。

对于公共机房的安全防范，限制学生在公共机房联入互联网无疑是重要措施之一，因为很多病毒都是通过网络扩散传播侵入计算机的。在计算机房上课时，如果上课内容无须上网查阅资料，就尽量禁止机房内计算机联入互联网。

（7）定期做好网络杀毒工作 。

目前，可以说是一个计算机病毒泛滥的时代，冲击波、arp、CodeRed、Nimda等病毒与今天的病毒、木马比起来似乎是小儿科了！网络病毒防不胜防，这已经对网络安全构成了严重威胁，管理员务必做好全面的保护措施，在校园网络中安装好网络版杀毒软件，并做到定时升级，定时杀毒，将危害降到最小。

5. 用户的网络安全教育层面

校园网作为学校的基础设施，安全问题日益凸显。一方面，网络、操作系统以及软件自身存在漏洞，另外一方面，用户安全意识淡薄，加上好奇心强，喜欢登录一些新潮但安全性不高的网站，这就导致校园网安全问题频频发生。因此，要加强宣传教育，增强用户的网络安全意识，共同营造安全、健康的网络环境。

二、校园网络数据存储管理

校园网是一个承载教学、办公自动化、资料在线查阅等多种业务和应用的平台，要面对用户类型复杂，业务需求量大，用网时间集中，数据类型多样等情况。一旦数据损害或丢失，重新生成几乎是不可能的，因此，维持数据的连贯性、安全性非常重要，这就是数据存储管理问题，可以从以下几个方面来考虑。

（一）应用服务与数据存储服务分离

通常，很多学校，尤其是中小学，为了降低总体运行成本，将数据进行集中管理。各种服务，例如，Web 服务、邮件服务等，都放在一个服务器上。然而，服务器进入工作状态后，数据开始积累，将来无论是系统升级还是更新应用服务，数据总是需要延续和保护的。此外，一旦该服务器出现故障，就将威胁到数据的安全。因此，只要实现了应用服务与数据存储服务分离，应用的扩展和维护就可以轻松得多了。一方面可确保数据存储的稳定性和安全性，另一方面又可降低应用服务器的负载，即使应用服务器系统出现故障，也与数据存储无关，不必担心数据的安全。

（二）公共数据与个人数据分离

校园网中的数据，既有公共数据，又有教师和学生的个人数据。公共数据部分是共享的，例如全校的课程设置情况、选课情况、学生信息、每次考试的情况等，这部分数据是不容许出现差错的，是需要保护的核心数据。另外一部分数据是教师和学生的个人数据，例如教师自己上课的讲义、辅导资料等，这部分数据相对来说，要求可以适当降低，一般教师或者学生个人自己会有备份。因此，建议将公共数据与个人数据分离，以便于维护和管理。

此外，校园网中，网络磁盘空间相对有限，为了避免某些用户无节制地使用磁盘空间，造成磁盘空间的浪费，可以限制用户或者组的最大磁盘使用容量，通常把这叫做磁盘配额。磁盘配额管理器会根据网络系统管理员设置的标准，跟踪对被保护卷的写操作，如果被保护卷达到或超过了某一级别，写卷的人就会收到消息，警告他该卷已经接近配额，或者磁盘配额管理器将阻止用户继续向该卷写数据。因此，任何用户都不可能超出分配给他的配额。在 Windows 中，如果要使用磁盘配额，须满足下列要求：

（1）磁盘必须用 NTFS 的文件系统。

（2）必须是 Administrators 组的成员才可以管理配额。

（3）磁盘必须从根目录共享。

Windows Server 的磁盘配额管理是根据用户标识和用户存放信息的文件夹而进行的，所以，磁盘配额管理不仅可以控制一个用户所用空间的大小，而且可以控制用户可使用空间的位置。

1. 配额和用户

磁盘配额监视个人用户在服务器上的磁盘使用情况，每个用户对磁盘空间的利用都不会影响同一卷上的其他用户的磁盘配额。例如，如果卷 D 的配额限制是 200MB，而某用户已在卷 D 中保存了 200MB 的文件，那么该用户必须首先从中删除或移动某些现有文件之后才可以将其他数据写入卷中。只要有足够的空间，其他每个用户都可以在该卷中保存最多 200MB 的文件。

磁盘配额是基于文件所有权的，不受卷中用户文件的文件夹位置限制。例如，如果用户把文件从一个文件夹移到相同卷上的其他文件夹，则卷空间使用不变。但是，如果用户将文件复制到相同卷上的不同文件夹中，则卷空间使用将加倍。例如，某用户将 A 文件夹内一个 20MB 的文件移动到相同卷上 B 文件夹内，那么该用户的卷空间使用不变。如果是复制到 B 文件夹内，那么卷空间使用将增加 20MB。再如，某用户创建了 500KB 的文件，另一用户取得了该文件的所有权，那么前者的可使用磁盘空间将减少 500KB，而后者的磁盘使用额将相应地增加 500KB。

2. 配额和卷

磁盘配额只应用于磁盘卷，且不受卷的文件夹结构及物理磁盘上的布局的影响。如果卷有多个文件夹，则分配给该卷的配额将整个应用于所有文件夹。例如，如果 \\Instruction\NET 和\Instruction\Public 是 E 卷上的两个共享文件夹，则用户存储在这两个文件夹中的用户文件不能使用多于 E 卷配额限制设置的磁盘空间。

如果单个物理磁盘包含多个卷，并把配额应用到每个卷，那么每个卷配额只适于它自己。例如，你共享两个不同的卷，分别是 F 卷和 G 卷，则即使这两个卷在相同的物理磁盘上，也要分别对这两个卷的配额进行跟踪。

如果一个卷跨越多个物理磁盘，则整个跨区卷使用该卷的同一配额。例如，F卷的配额限制为30MB，则不管F卷是在一个物理磁盘上还是跨越三个物理磁盘，每个用户都不能把超过30MB的文件保存到F卷。

3. Windows系统本地磁盘配额

（1）Windows磁盘配额启用方法。

在已包含文件的卷上启用配额时，Windows系统对磁盘使用空间的计算，截至该时间节点为止。具体将计算在该卷复制文件、保存文件或取得文件所有权的所有用户使用的磁盘空间。根据计算的结果将配额限度和警告级别应用于当前所有用户，以及从那个时间点开始使用卷的用户。然后，administrators组的成员就可以为某个或多个用户设置不同的配额或禁用配额了，也可以为那些还没有在卷上复制文件、保存文件和取得文件所有权的用户设置配额。

在本地服务器上启用用户磁盘配额的步骤如下：

第一，双击“我的电脑”选项，在要启用磁盘配额的磁盘卷上，例如E卷，鼠标单击右键，然后选择“属性”选项，在打开的对话框中选择“配额”选项（见图7—1）①。

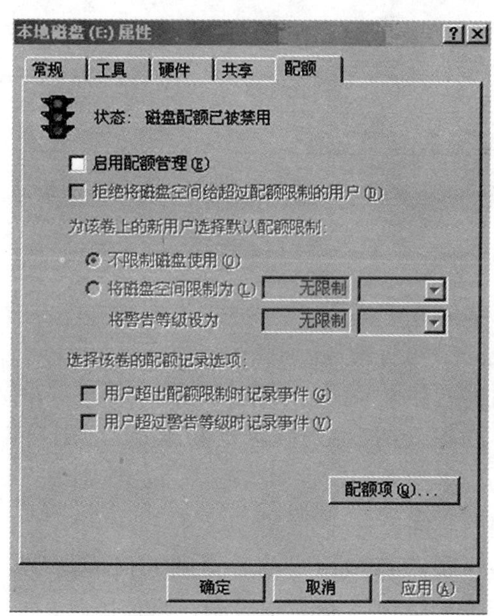

图7—1　“配额”选项

① 本章涉及的Windows系统截图以Windows Server 2003操作系统为例，不同版本的操作系统可能会有所不同。

此时，磁盘配额默认是禁用状态，各个选项处于灰色不可用。

第二，选中“启用配额管理”复选项，这时所有的配额选项将变为可选状态（见图7—2）。

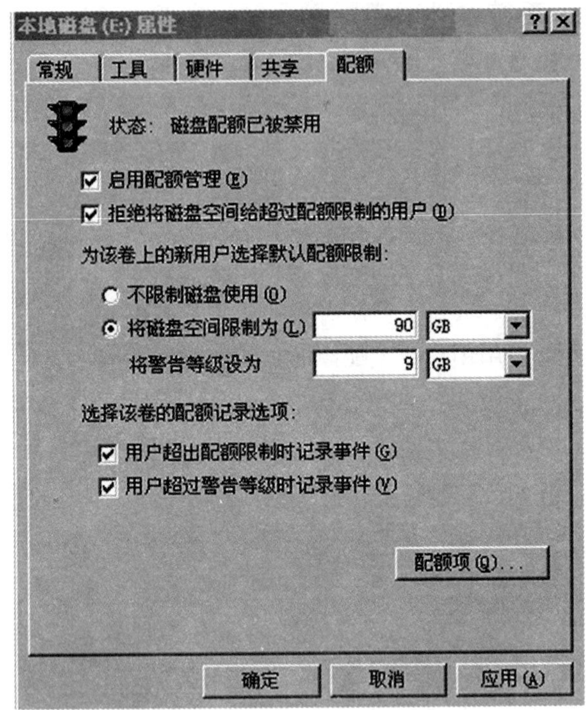

图7—2　启用配额选项卡

第三，配置磁盘配额各个选项。

- 拒绝将磁盘空间给超过配额限制的用户

选择了此复选项后，如果某用户对空间的使用超过其配额限制，那么该用户将收到来自Windows的提示信息：“磁盘空间不足”。用户需要删除或者移动一些现存文件，否则无法将额外的数据写入卷中。如果不勾选该复选框，用户可以使用超过其配额限制的空间。

此外，如果只是想跟踪每个用户的磁盘空间使用情况，但不限制用户的使用，可以勾选“启用配额管理”和“不限制磁盘使用”。

- 将磁盘空间限制为

选择此单选项，可输入允许卷的新用户使用的磁盘空间量。例如，这里设置为20MB，如果用户想往该卷中传入一个大于20MB的文件，那么该文件将遭到系统拒绝。这里有两个输入框：左侧输入框要求输入十进制数值，如“30”，右侧输入框有一个下拉列表，用户可以从下拉列表中选择适当的单位（如 KB、MB、GB 等）。

在“将磁盘空间限制为”选项下还有一个警告级别选项，用户可以进行设置。警告等级的设置值要求小于或等于配额限制。当它大于配额限制时，Windows会让你重新编辑该值，直到它小于或等于配额限制为止。同理，这里也有两个输入框：左侧输入框要求输入十进制数值，如“20”，右侧输入框有一个下拉列表，用户可以从下拉列表中选择适当的单位。只要设置了警告级别的文件大小，一旦用户对磁盘空间的使用超出设置值，系统将弹出提示信息。

- 用户超出配额限制时记录事件

如果选择此复选项，在启用配额后，只要用户超过其配额限制，事件就会写入本地计算机的系统日志中。管理员可以用事件查看器，通过筛选磁盘事件类型来查看这些事件。

- 用户超过警告等级时记录事件

如果选择此复选项，在启用配额后，只要用户超过其警告级别，事件就会写入本地计算机的系统日志中。该选项的其他规定与选择“用户超出配额限制时记录事件”复选项一样。

第四，当这些参数配置完成后，点击窗口下的“确定”按钮，即可完成对磁盘配额功能的初步配置，这时用户可能会发现，原本还有很多剩余空间的分区，现在可用空间变得所剩无几，也无法向这个分区中写入大于配额的文件了。这个配置对于系统中所有的用户都有效，包括 administrators 组中的用户。

第五，对用户进行个性化设置。

磁盘配额的这些设置，如果应用对象是系统中所有用户，显然很不方便。为此，在磁盘配额功能中还提供了一个针对不同用户划分使用空间的功能，需要使用配额窗口中的“配额项”选项卡。点击“配额项”按钮，弹出“配额项目”窗口（见图 7—3）。

在该窗口中，可以添加、删除和编辑配额项，可以针对不同的用户设置不同的配额值，还可以以多种方式排列配额项。此外，还可以把选定的几项配额信息导出以应用到其他卷，甚至是其他计算机上的卷，也可以把其他卷上的配额信息导入该卷，简化设置过程（见图 7—4）。

运用“导出”功能，还可以实现磁盘配额的备份和恢复。

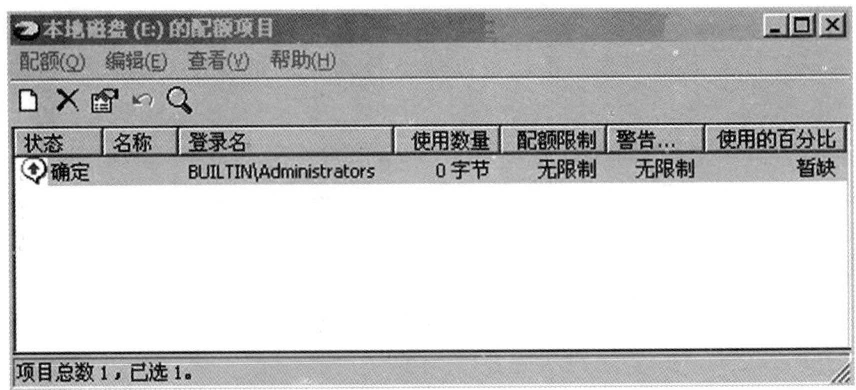

图 7—3 “配额项目”窗口

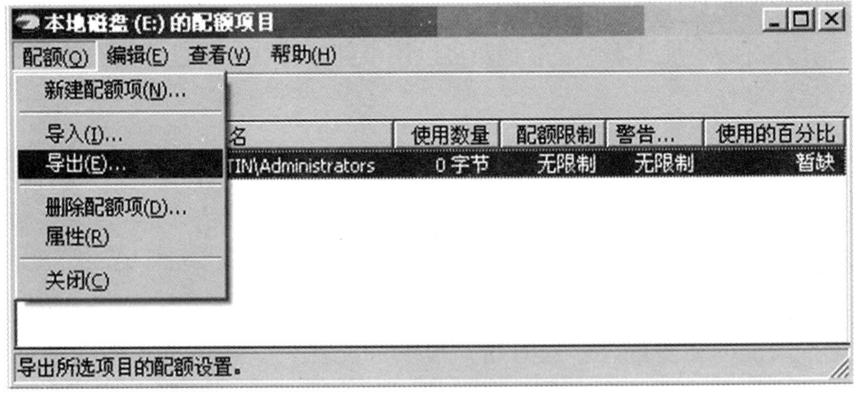

图 7—4 导出配额项目

点击“配额/导出”，在“文件名”栏中为备份文件起个名字，最后点击“保存”按钮，完成磁盘配额项目的备份。

恢复磁盘配额项目同样简单，在配额项目管理对话框中，点击“配额/导入”，然后找到备份文件，点击“打开”按钮后，接着在磁盘配额提示框中点击“是”按钮，完成磁盘配额项目的恢复。

注意：磁盘配额项目的备份和恢复都是以磁盘盘符为单位的，在进行备份和恢复时，只有 NTFS 文件系统的磁盘分区才能进行以上操作。

（2） Windows 远程磁盘配额管理方法。

要启用远程计算机卷上的配额，必须从卷的根目录共享这些卷，并且用户必须是远程计算机的 administrators 组的成员。另外，这些卷必须格式化成 NTFS，而且存在于运行 Windows 操作系统的计算机上。

第一，在“我的电脑”上单击鼠标右键，然后选择“映射网络驱动器”选项（见图7—5）。

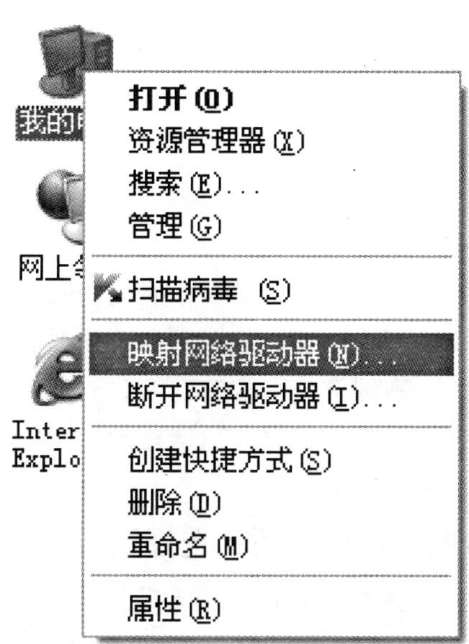

图7—5　选择“映射网络驱动器”

第二，在“映射网络驱动器”对话框的“文件夹”文本框中，输入要管理磁盘配额的远程计算机上的卷路径，然后单击“完成”按钮，远程计算机的对应卷就连接到本地服务器上了（见图7—6）。

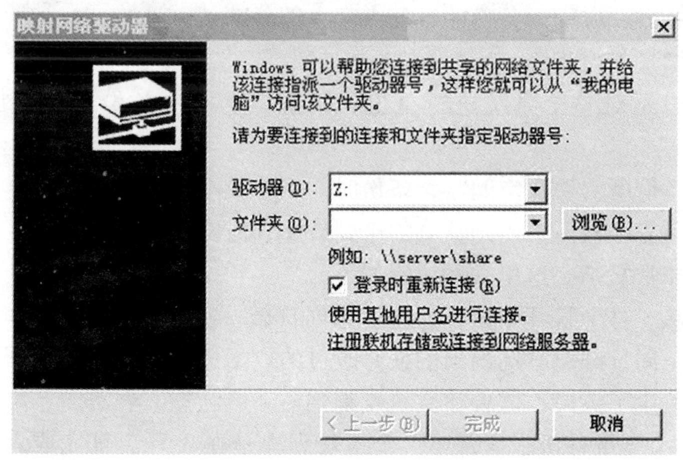

图7—6　映射网络驱动器属性

第三，接下来的具体配置步骤与上面所介绍的在本地服务器上进行磁盘配额设置的方法一样。

（三）数据备份与数据恢复

1. 数据备份概述

校园网中的数据和用户使用网络产生的历史记录，都是重要的资源，而且有些数据和记录具有不可再生性。然而，日常工作中，这些数据时刻都面临着威胁，例如，系统的硬件故障，用户的误操作，非法访问者的恶意破坏，网络病毒感染，等等。这些威胁一旦变成现实，数据遭到破坏或者丢失，就会使多年的积累瞬间化为乌有，甚至会影响到学校正常的教学、科研、管理等。因此，需要采取先进、有效的措施，对数据进行备份。数据备份是指为防止数据丢失，将全部或部分数据复制到其他存储介质的过程。

2. 数据备份的分类、存储介质的选择及备份工具

（1）按备份的策略，分为完全备份、增量备份和差分备份。

第一，完全备份。

顾名思义，完全备份是对整个系统进行完整的备份，包括系统和数据。

优点：备份的资料完整，只用一个最新的备份副本，就可以将系统和数据恢复到最新的正确状态。

缺点：一方面，备份的数据庞大，需要大量的存储空间，备份工作所需时间长，成本高；另一方面，备份的数据内容大部分都是重复的。

第二，增量备份。

增量备份不对整个系统进行备份，只备份上一次备份后新增加和修改的数据。

优点：备份所需磁盘空间小，备份时间短，成本低。

缺点：可靠性较差。当磁盘真的遭到破坏，需要进行数据恢复工作时，数据的恢复步骤非常复杂。这里举例说明如下：

某系统从 3 月 1 日开始运行，此后每周日做一次增量备份，也就是说，自 3 月 1 日后，每周日都对本周内新的或修改过的数据进行增量备份。假设 6 月 1 日早晨，系统发生了故障，需要将系统恢复到最新的状态。经查看，发现这 3 个月期间共有 13 个增量备份副本，第一个备份副本是在 3 月 7 日完成，最新的备份副本是在 5 月 30 日完成，因此需要将该系统恢复到 5 月 30 日的状态。那么，系统管理员接下来就需要找出 3 月 7 日的备份副本进行系统恢复，完成后再找到 3

月 14 日的备份副本进行系统恢复，这样下去，一直到 5 月 30 日副本恢复完成，期间要进行 13 次恢复工作。

可见，这种方式恢复起来非常烦琐，期间任何一个备份副本出现问题，都会导致整个恢复工作失败。

第三，差分备份。

差分备份要做两个工作：先定期做一次完全备份，然后再备份上一次完全备份之后新增加和修改的数据。

例如，管理员先在周日进行一次系统完全备份，然后在接下来的几天里，管理员再将当天所有与周日不同的数据（新的或修改过的）备份到存储介质上。

这种备份方式节省磁盘空间，所需时间短，灾难恢复很方便，只需要完全备份与最新的差分备份两个副本，即可进行系统恢复。

注意

增量备份与差分备份

增量备份是上一次备份（可能还是增量备份）后新增加和修改的数据。

差分备份是备份上一次完全备份后新增加和修改的数据。也就是说，每次增量备份是和上一次增量备份做差，而差分备份是和上一次的完全备份做差。

（2）按备份介质存放的位置，分为本地备份、异地备份。

第一，本地备份。

本地备份是指备份文件副本与本机不分离，通常是在本地硬盘的特定区域备份文件。

第二，异地备份。

异地备份是指将文件备份到与计算机分离的存储介质，如移动硬盘、光盘、磁带等介质，便于转移到异地，或者通过网络直接在异地备份，便于当发生地震、火灾、机器毁坏等灾难时，可使用异地备份实现数据及整个系统的灾难恢复。

通常，对于重要的数据，一般要求既要有本地备份，也要有异地备份，而且特别重要的异地备份要放在尽量远离本机的地方，例如不同的建筑物，不同的地区、省市等，以保证数据安全。

（3）按备份后的数据是否可更改，分为活备份与死备份。

活备份与死备份，主要在于存储介质的差别。

第一，活备份。

活备份是指备份到可擦写存储介质，以便更新和修改。

第二，死备份。

死备份是指备份到不可擦写的存储介质，以防错误删除和别人恶意篡改。

（4）按选择的备份软件的功能，分为静态备份与动态备份。

第一，静态备份。

静态备份是指在数据备份过程中，为保持数据原貌，不允许对数据进行存取、修改等操作。

第二，动态备份。

动态备份是指在数据备份过程中，允许对文件进行存取或者修改，数据产生变化后的内容，也会随时自动备份。

数据备份分类的对比见表7—1。

表7—1　　数据备份的分类

分类方法	具体分类	说明
按备份的策略分类	完全备份	完全备份是对整个系统进行完整的备份，包括系统和数据。
	增量备份	增量备份是备份上一次备份后新增加和修改的数据。
	差分备份	差分备份是备份上一次完全备份之后新增加和修改的数据。
按备份介质存放的位置分类	本地备份	备份文件副本与本机不分离，通常是在本地硬盘的特定区域备份文件。
	异地备份	文件备份到与计算机分离的存储介质或者直接将备份数据存放在异地。
按备份后的数据是否可更改分类	活备份	备份到可擦写存储介质，以便更新和修改。
	死备份	备份到不可擦写的存储介质，以防错误删除和恶意篡改。
按选择的备份软件的功能分类	静态备份	在数据备份过程中，不允许对数据进行存取、修改等操作。
	动态备份	在数据备份过程中，允许对文件进行存取或者修改，数据产生变化后的内容，也会随时自动备份。

常用的存储介质类型有：移动硬盘、磁带、光盘等。其中，磁带和光盘具有较高的性价比，在大容量的数据存储方面比较常用，移动硬盘等进行小量数据的备份比较方便。

在选择备份介质时，需要注意：数据备份的目的是为了在发生事故时，能提供相应的补救方案，方便进行灾难恢复，而不是数据的永久归档。由于发生事故毕竟是小概率事件，因此，备份数据的存取速度不是重要的考虑因素，而存储介质的容量却是一个非常重要的指标。数据备份过程中，存储介质容量不足，中途更换介质，会降低数据的可靠性。

用户可以通过如下方法计算出所需的备份容量：

第一，网络中的总数据量 Q_1。

第二，数据备份时间表，即增量备份的天数 d，例如用户每天做一个增量备份，周末做一个完全备份，那么 $d=6$。

第三，每日数据改变量 Q_2。

第四，期望无人干涉的时间 m，假定为 3 个月，则 $m=3$。

第五，数据增长量的估计 i，假定每年以 20% 递增，则 $i=20\%$。

第六，考虑坏带，不可预见因素 u，一般为 30%，则 $u=30\%$。

通过以上各因素考虑，可以推算出备份设备的大概容量为：

$$C=[(Q_1+Q_2*d)*4*m*(1+i)]*(1+u)$$

用户根据推算的备份容量，再考虑一定的冗余即可。

校园网中，数据备份的工具与方法通常有如下五种：系统自带的数据备份程序。应用系统本身的备份工具，如 SQL Server/Oracle。向第三方厂商购买专业用备份系统。GHOST 数据备份。通过网络进行数据备份。用户根据自己的需要，进行适当的选择。

3. 校园网常用的数据备份方法

校园网中，数据可以分为四种类型，不同类型数据备份方法亦不同。

（1）系统文件。

系统文件主要是安装系统软件和应用软件形成的文件，以及一些系统设置信息。

系统文件的作用是为网络的应用提供环境支持，即使网络出现故障，通过重新安装也可获得。不过在机房或者实验室环境中，为了保证正常的教学秩序，通常采用 GHOST 的方法，本地备份，并且要静态备份，以保证文件的原始价值。

（2）网络资源。

网络资源是校园网提供的数据资源，例如数字图书资源、论文资源、网络课程资源等。

网络资源是学校的无形资产，为全校教师的教学、科研，学生的学习都提供了丰富的资源，这些信息会随着网络应用的逐步深入而不断更新变化。因此，需要做本地活备份，便于恢复。

（3）管理信息。

这些信息通常是随着校园网应用的逐步深入，计算机自动生成或用户添加形成的信息，如学生信息，考试成绩信息，科研信息等。

管理信息很多是动态生成的，并且随时都在更新变化，大部分数据一旦遭到破坏或者丢失，就不可能重新建立，因此建议做本地动态的活备份。

（4）用户文件。

前三部分文件都属于公共文件，还有一部分文件属于用户的私有文件，是用户自己在学习工作中编辑积累的文件或者从网上下载的资料，例如教师的讲义，学生的作业，网上下载的软件等。

这是用户自己的劳动果实，当然要备份，而且尽量采用动态备份，随时记录最新形态，以便万一出错时进行恢复。文件完成后要做个死备份，以防文件丢失、被篡改。

4. 数据恢复

所谓数据恢复，就是指数据遭到破坏或者造成数据丢失时，把保留在介质上的备份副本数据重新恢复的过程。通常，数据恢复操作分为三类，即全盘恢复、个别文件恢复和重定向恢复。

（1）全盘恢复。

全盘恢复也叫系统恢复，一般应用在服务器发生意外灾难导致数据全部丢失、系统崩溃时，把系统恢复到最后一次成功备份的状态。

（2）个别文件恢复。

个别文件恢复更为常见，通常由操作失误引发个别文件丢失或者被破坏，利用数据恢复功能，恢复指定文件即可。

（3）重定向恢复。

重定向恢复是将备份的副本文件恢复到另一个不同的位置或系统，而不是当初备份时所在的位置，这需要慎重考虑，要确保系统或文件恢复后的可用性。

想一想

我们在自己的计算机上，有时也会误操作，按下 shift + delete，将重要文件删除，那么该如何恢复呢？与上面提到的个别文件恢复有何不同？

三、校园网络管理工具

(一) 校园网络管理工具概述

广义的校园网络管理工具，既包括网络硬件工具，也包括软件管理工具，还包括一些用于网络管理的命令，例如 ping，tracert 等。狭义的校园网络管理工具专指软件工具。这里采用狭义的含义。

校园网络管理工具的来源有三种：第一种是操作系统自带的网络管理工具，例如 Windows 自带的网络监视器，性能监视器；第二种是购买网络硬件设备时，随机带的网络管理工具；第三种是第三方软件。

校园网络管理工具根据各自的功能作用，可以分为网络克隆工具、IP/MAC 地址管理工具、网络监管诊断工具、网络性能和带宽测试工具、网络安全工具等。

(二) 校园网络管理常用工具介绍

1. 网络克隆工具

提到网络克隆工具，大家马上就会想到 ghost。的确，ghost 是个非常不错的网络克隆软件，它使用多播技术，能够由一个服务器对多个客户机进行同时快速的网络克隆功能，可以把一个磁盘上的全部内容复制到另外一个磁盘上，也可以把磁盘内容复制为一个磁盘的镜像文件，以后就可以用镜像文件创建一个原始磁盘的拷贝，支持 FAT16、FAT32、NTFS、OS2 等多种格式。这对于网络内部的系统维护和软件更新有很大的作用，同时一对多的克隆也能大大减少客户机的维护时间。

2. IP/MAC 地址管理工具

IP 地址、MAC 地址是校园网中非常重要的两个概念，也是主机之间进行通信的标志。

第一，由于校园网中，客户端较多，准确记住每一台计算机的 IP 地址、MAC 地址是不现实的。

第二，在采用 DHCP 服务动态获取 IP 地址的网络环境中，每次机器重启后，IP 地址都会发生改变。

第三，手工管理 IP 地址、MAC 地址，失误率高，工作效率低，无法了解每台主机 IP 地址的运作情况。

…………

因此需要一些快速查看和管理 IP 地址、MAC 地址的工具。

这样的工具软件有很多，例如：

IPMaster 可以提供可视化的 IP 地址分配、自动子网计算、掩码计算、网段扫描、主机监控、ping、tracert、telnet 等功能。

LanSee 主要用于对局域网内的各种信息进行查看的工作，采用多线程技术，搜索速度非常快，能够根据局域网内的工作组对计算机进行分组显示 IP 地址、MAC 地址，搜索特定计算机的共享资源，搜索局域网内的 FTP、WWW 服务器，查看计算机上的活动端口，远程重启或关闭计算机等管理工作。

SuperScan 是一款功能强大的端口扫描工具，可以通过 ping 来检验 IP 是否在线；可以实现 IP 和域名相互转换；可以检验目标计算机提供的服务类别；可以检验一定范围目标计算机是否在线和端口情况；可以检测目标计算机是否有木马；可以扫描指定网段内的 IP 地址占用情况、端口开放情况，准确判断指定计算机是否在线等。

MAC 地址扫描器，能够帮助网络管理者查看每天计算机的运行情况、网络连接情况、MAC 地址、IP 地址、计算机名等信息，以此来监控整个网络的运行情况。

3. 网络监管诊断工具

校园网运行过程中，对网络通信进行监管是非常必要的。目前有很多网络监管诊断工具，例如 Windows 自带的网络监视器，网络监管专家 Red Eagle，超级网络嗅探器 Sniffer，MRTG 等。

Windows 自带的网络监视器可以捕获和查看网络的通信模式和问题，监视本地计算机上传入和传出的网络通信量，显示发到和发自网段上所有计算机的数据包、协议的带宽消耗、用户的带宽消耗等。

网络监管专家 Red Eagle 能够实现网上行为的控制，例如禁止 QQ、MSN、上网浏览、邮件收发、FTP 上传下载、网络游戏等各类网络应用，过滤某些网站（可以自定义要过滤或禁止的网站域名）。它可以针对不同的人、不同的网络应用设置不同的上网行为控制规则；可以记录 FTP 上传和下载的文件，追查私密资料的泄露；可以记录聊天内容，这个记录涵盖了目前流行的聊天工具，如 QQ、SKYPE、YAHOO、阿里旺旺、MSN 等；可以分析底层的 MAC、IP、TCP、UDP、DNS 等数据包，以优化网络性能、追查后门或病毒程序；可以记录每一台电脑上运行过的应用程序，打开过的窗口内容；可以记录任何访问过共享文件夹内容的用户资料；可以记录每一台电脑上的文件操作，例如删除、新建、复制、网络共享等；可以实时监视每一台电脑的屏幕画面，并可以对画面进行录影和回放重现；在管理端，可以直接遥控和操作任何一台电脑；可以监视网络上每台打印机上的作业，打印过的文件、大小和页数等信息；可以对各种协议进行网络流量分析，提供分析图表；等等。

超级网络嗅探器 Sniffer 是一个非常小却有用的工具，能够实时监控网络情况，对异常的网络攻击实时发现与告警；能够全面分析与解码网络传输的内容；能够监测各种网络链路的运行情况、流量情况、拥塞情况；能够监测不同应用流量、流向的分布情况以及拓扑结构；能够对各种网络协议进行解码；能够进行 ICMP 数据包类型分析，并以数据和图表两种方式显示结果。在校园网中，它可以用来监听某一台电脑在做些什么，对一些坏的行为即时禁止。

MRTG 也可以监控网络链路流量负载，通过 SNMP 协议从一个设备得到另一个设备的流量信息，并显示给用户，有助于及时了解服务器和交换机的流量，防止因流量过大而导致服务器瘫痪或网络拥塞。

4. 网络性能和带宽测试工具

Windows 自带的性能监视器非常灵活易用，对系统影响很小（尤其在仅需要获知有关 CPU 和内存的实时数据时），是一款不错的性能监视工具。它自带的性能日志工具能够在一个日志文件中集中记录来自本地或远程的多个系统的性能数据，这些日志数据可以用系统监视器查看或用其他工具处理。

Qcheck 是一个免费程序，能够测试网络的吞吐量，通过向 TCP、UDP、IPX、SPX 网络发送数据流来测试网络的吞吐量、回应时间等，从而测试网络的响应时间和数据传输率。

Ping Plotter Freeware 能够测试网络的带宽。它是一款多线程的路由跟踪程序，能最快地揭示当前网络出现的瓶颈与问题，并将结果以数据和图形两种方式反馈给用户。

5. 网络安全工具

大家经常会听到网页被挂马了，这说明网页中隐藏了恶意链接。恶意链接是黑客利用网络浏览者对网站的信任，让使用者的电脑在打开网页时被植入木马程序，或者是黑客自行设立一个网站以各种方式吸引民众浏览，再送出恶意程序。在校园网中，这种情况通常发生在门户网站上。防止网页被挂马的软件也很多，例如锐甲 Araymor，能够防止对网站进行挂马，还能够拦截 U 盘病毒以及木马等。

此外，一定要安装正版的网络杀毒工具和防火墙。现在各大公司推出的网络杀毒软件和防火墙非常多，常见的有卡巴斯基、诺顿、金山毒霸、瑞星等。

小结

校园网管理与维护一直是校园网的重点问题。校园网管理主要包括用户管理、硬件管理、配置管理、应用服务管理、数据管理、性能管理六大部分内容。要做好这项工作，需要有合理的网络管理机构，制定相应的网络管理制度，网络管理员要做好日常维护与管理工作，提高自身素质，最后还要不断加强对用户的网络安全教育。

校园网的数据存储管理是非常重要的，尽量将应用服务与数据存储服务分离，尽量将公共数据与用户的个人数据分离，定期将数据进行备份，一旦由于各种原因导致数据破坏或者丢失时，就能够把保留在介质上的数据重新恢复。通常，恢复操作分为三类，即全盘恢复、个别文件恢复和重定向恢复。当系统崩溃后，要保证能够完成灾难恢复。

日常用到的校园网络管理工具包括网络克隆工具、IP/MAC 地址管理工具、网络监管诊断工具、网络性能和带宽测试工具、网络安全工具等。

思考题

1. 校园网络管理包括哪些内容？

2. 数据备份可以分成哪些类别？什么是网络数据备份？校园网数据常用的备份方法有哪些？你所在学校的校园网是怎样进行数据备份的？

3. 什么是全盘恢复？什么是个别文件恢复？什么是重定向恢复？什么是灾难恢复？

4. 你所在的学校，在进行校园网络管理时，都运用了哪些工具？哪些软件？

5. 在 Windows 中，如果应用磁盘配额，须满足哪些要求？

6. 请做个调研，说明为了保证一个学生机房的网络安全，通常需要做好哪些工作？

7. 查阅相关资料，说明现在常用的网络管理软件有哪些？

8. 请查阅相关资料，说明如下网络安全术语是什么含义？

(1) Land 攻击

(2) 前缀扫描攻击

(3) 远程攻击

（4）字典攻击
（5）拒绝服务攻击
（6）分布式拒绝服务攻击
（7）黑客程序
（8）COOKIE 欺骗
（9）电子邮件炸弹
（10）计算机蠕虫
（11）网络欺骗
（12）欺骗空间技术
（13）强力攻击漏洞

9. 你所在的学校在校园网安全方面都采取了怎样的措施？同时，请对你周边的学校做个调查研究，调研一下在校园网安全方面，它们都采取了哪些措施，并撰写相应的调研报告。

第八章

校园网故障诊断

本章提要

本章介绍了校园网故障的诊断方法，并从物理和逻辑两个层面探讨了校园网的常见故障，针对各种故障提出了相应的处理方法，给出了诊断校园网故障的常用命令，如 ipconfig，ping，arp，tracert 等，最后列举了一些经常会遇到的校园网故障案例，提出了具体的解决方案。

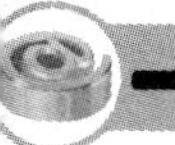

一、校园网常见故障类型

校园网使用率较高，网络设备、网络线路错综复杂，产生网络不通等故障是常有的事。从办公室、学生宿舍的计算机，到交换机、路由器、服务器，都可能是网络故障的重要节点，任何设备或环节出现问题都有可能造成网络不通或者时通时断。从硬件问题到软件问题，从操作失误到刻意攻击，从接触不良等小问题到整体设计结构有误等大问题，都是校园网产生故障的重要因素。校园网故障的类型也是五花八门：按照网络故障的不同对象可划分为线路故障、路由器故障、配置故障、主机（或服务器）故障和网络通信设备故障；按照网络故障的现象可以分为连通性故障、协议故障和配置故障；按照网络故障的性质可分为物理故障和逻辑故障。

（一）物理故障

物理故障也叫硬件故障，顾名思义，指校园网中硬件节点出现问题导致的网络故障，通常指由路由器、交换机、网卡或者线路出现问题引起的校园网不通，如：设备或线路受到损坏、连接松动、线路受到严重电磁干扰等。物理故障主要包括线路故障、网卡故障和交换机故障。

1. 线路故障

网络线路传输可通过双绞线、同轴电缆和光缆等三种介质。在校园网的日常网络维护中，这三种传输媒体都可能出现故障，不过故障出现最多的是双绞线，如双绞线连接不当或断开、水晶头松动、模块簧片接触不良或损坏等。

（1）故障表现。

第一，系统提示“网络电缆没有插好”，计算机无法访问网络。

第二，该链路所连接的集线器、交换机上相应端口的 LED 指示灯熄灭。

第三，网络时断时续。

（2）原因分析。

第一，线路断路或短路。例如水晶头松动、弹片没有卡好、双绞线线路不通等。

第二，跳线或插座等连通性设备安装错误或者出现故障。

第三，电气性能或信号衰减过大。例如，双绞线的制作不规范，没有遵循相应的标准，采取两端一一对应的接法。

第四，电磁干扰严重。

虽然双绞线的结构使其具有了抵抗电磁干扰的能力，但是，当电源干扰非常严重时，仍然会影响网络的数据传输，甚至导致网络通信中断。

第五，传输距离超限。

双绞线、同轴电缆和光纤都有其最远传输距离。五类、超五类和六类双绞线链路的最长距离为 100m，细同轴电缆的最长传输距离是 185m，粗同轴电缆的最长传输距离是 500m，光纤链路的最长传输距离要视波长而定。

2. 网卡故障

网卡是网络接口卡的简称，是计算机进行网络连接必不可少的硬件设备之一，用于实现联网计算机和网络线缆之间的物理连接，为计算机之间相互通信提供一条物理通道，并通过这条通道进行高速数据传输。

（1）故障表现。

第一，正常上网的计算机，更换新网卡，并安装了相应的驱动程序后，却无法上网。

第二，网卡连接指示灯不亮。

第三，网卡连接指示灯时亮时灭。

第四，产生广播风暴。

（2）原因分析。

第一，没有安装网卡或者安装不正确。

第二，网卡本身出现物理故障。

第三，网卡松动。

第四，网卡插槽故障。

第五，网卡工作环境产生了干扰，例如信号干扰、电源干扰、辐射干扰等。

3. 交换机故障

交换机是校园网中的核心设备，主要用来封装数据包，并进行快速数据交换。

（1）故障表现。

第一，交换机电源不亮。

第二，交换机端口指示灯不亮或者时亮时灭。

第三，交换机某个端口变得非常缓慢。

第四，将某工作站连接到交换机上后，无法接通其他工作站。看桌面上“本地连接”图标显示网络不通或者是在某个端口上连接的时间超过了 10 秒，超过了交换机端口的正常反应时间。

第五，交换机连接的所有计算机都不能正常与网内其他计算机通信。

（2）原因分析。

第一，交换机电源忘记通电或者出现故障。

第二，交换机的通信端口没有响应或者出现故障。

第三，光模块接口出现故障。

第四，交换机死机。

（二）逻辑故障

校园网的逻辑故障也称为软件故障，比硬件故障要复杂得多，通常由软件安装或配置错误引起。最常见的逻辑故障有网卡驱动问题、网络协议配置问题、IP地址冲突问题，通常表现为无法浏览网页、时断时续、网速缓慢等。

1. 网卡驱动问题

如果网络不通，经检查没有物理故障，那么首先要考虑的就是网卡驱动问题。如果没有安装网卡驱动程序，或者安装不正确，计算机就无法识别该网卡，自然会网络不通。

（1）故障表现。

第一，物理链路测试连通性正常，但网卡接口的 LED 指示灯不亮或呈琥珀色。

第二，物理链路测试连接性正常，但不能 ping 通本机。

第三，选择“我的电脑”，点击鼠标右键，选择“管理/设备管理器/网络适配器”，查看网卡的工作状态。

（2）原因分析。

第一，没有安装网卡驱动程序。

第二，网卡驱动配置错误，网卡驱动和现有网卡芯片不匹配，软硬件彼此不兼容。

第三，资源冲突，网上邻居中看不到任何用户名称。

如果网卡与其他设备有冲突，就会导致网络不通。例如网卡指定的 IRQ 值和计算机主板 PCI 槽的 IRQ 值产生了冲突，网卡就会无法正常使用。

2. 网络协议配置错误

网络配置错误，是指因网络设备的配置不当导致的网络异常或故障，也是校园网逻辑故障中比较常见的情况。校园网不是傻瓜型网络，把所有设备连接在一起就可以实现彼此通信，相反，路由器、交换机、防火墙、服务器都需要进行相应的配置，例如配置 IP 访问列表、配置 IP 路由等。如果配置文件和配置选项设置错误，就会导致网络不通。通常，当网络内所有的服务都无法实现时，可能是交换机的配置问题，重点检查交换机的配置；如果只有个别服务无法实现，就可能是服务器的配置问题，重点检查提供相应服务的服务器配置。

（1）故障表现。

第一，检查本地连接状态，发现只能发送数据包，不能接收数据包，即收到的数据包显示为 0。

第二，交换机接口的 LED 指示灯表现正常，但是用户计算机之间无法通信。

第三，连接至同一交换机的用户之间可以通信，但是无法与连接至其他交换机的用户之间进行通信。

第四，计算机网卡的 LED 指示灯正常，但是计算机不能接入网络。

第五，校园网内所有的服务都无法实现。

第六，校园网内某些服务无法实现。

第七，只能 ping 通本机。

第八，当局域网连入 internet 时，用 ping 命令检测正常，但是无法上网浏览。

第九，有网管功能的交换机，某个端口变得特别缓慢。

（2）原因分析。

第一，路由器端口参数设定有误。

第二，路由器路由配置错误以至于路由循环或找不到远端地址。

第三，路由掩码设置错误。

第四，路由器的访问列表配置不当。

第五，交换机的 VLAN 设置不当。

第六，服务器的权限设置不当。

第七，防火墙设置不当。

第八，服务端口冲突。

3. IP 地址冲突

校园网中，每台主机都有一个 IP 地址，用来唯一地标识自己。如果某个子网中，有两台主机配置了相同的 IP 地址，就会造成 IP 地址冲突。

（1）故障表现。

客户机上频繁地出现 IP 地址冲突提示。例如“刚配置的静态 IP 地址已经在网络上使用，请重新配置一个不同的 IP 地址”。或者“计算机探测到 IP 地址与您的网卡物理地址发生冲突”。

（2）原因分析。

第一，一些用户不理解“IP 地址”、“子网掩码”、“默认网关”等参数的含义，随意设置或者更改了自己计算机的 IP 地址，导致 IP 地址冲突。

第二，输入 IP 地址时，不小心输入错误地址。

第三，计算机维修调试时，维修人员使用临时 IP 地址。

第四，有人盗用 IP 地址。

4. 网络受限

（1）故障表现。

系统提示网络受限，在网络连接显示图标上，出现一个黄色“！”。

（2）原因分析。

第一，计算机未能从 DHCP 服务器获取 IP 地址。

第二，网络管理者限制了每个 IP 用户能接入的主机数量。

有时用户申请一个帐号，然后通过集线器或者交换机来扩展局域网，从而使多个用户使用网络。为了便于管理，网络管理者会限制每个 IP 用户能接入主机的数量，超过该数量，就会导致网络不通。

当然，还有一些原因会影响到网络的运行，例如，线路中断后没有流量，用 ping 发现线路端口不通，检查发现该端口处于 down 的状态，这就说明该端口已经关闭，从而导致网络不通。此外，网络病毒、网络环路、广播风暴、主机重名等，也会造成校园网或单机的网络速度缓慢、时断时续等。

二、校园网故障诊断方法

解决校园网故障是一件非常棘手的事情，不仅需要网络管理人员具有丰富的知识，也需要有丰富的实践经验，勤于动脑、动手，善于总结。解决具体的校园网故障可以分成七步走。

（一）故障现象识别

网络不通，发生故障，首先第一步，要知道网络上到底出现了什么问题，表现出来的现象是什么。

是不能浏览网页？是不能共享资源？是无法发布服务？是显示网络线缆没有插好？是显示访问受限？

是网络中别的计算机可以看到自己，自己却看不到别人？

…………

识别故障现象时，校园网管理者必须知道网络正常运行的情况下，网络设备、网络服务、网络软件、应用程序、网络资源的表现方式是什么样的，以便和故障现象进行对比。也就是说，需要明确地掌握网络系统的正常运行特性。

识别故障现象时，注意询问以下几个问题：

发生故障前，进行了哪些操作？运行了哪些软件？

这些操作或软件以前是否运行过？结果如何？也产生过问题还是运行成功？

最后成功运行这些软件是什么时候？

发生故障后，用户又进行了哪些操作？进行了哪些处理？

…………

（二）故障现象描述

校园网管理者在处理用户报告的问题时，需要对故障现象进行详细描述，这是非常重要的。只靠故障现象本身，还是很难做出明确判断的，以某工作站不能浏览网页为例：

（1）单凭用户说明不能浏览网页，无法找出问题的原因。

（2）校园网管理者亲自到现场去看一下。检查用户操作系统或应用程序是否运行正常，各种选项和参数是否被正确地设定，关键参数也需要进行详细的记录。

（3）试着操作一下，如果出错，要注意出错信息，并做详细记录。例如，键入哪个网站都返回“该页无法显示”；使用 ping 程序时，无论 ping 哪个 IP 地址都显示超时连接信息。这些出错信息是非常有价值的，有利于缩小问题范围。校园网管理者需要详尽地记录下来，不要忽略任何一个细节，这是解决问题的关键。

（4）如果管理者操作没有任何问题，就可能是用户的问题了。可以让用户再试一次，认真监督他的每一步操作，以确保所有的操作和选项都被正确地执行和设置，必要的步骤也需要记录下来。

（三）故障原因列举

全面掌握故障现象后，接下来的操作就是列举所有可能导致故障现象的原因了。校园网管理者应当考虑产生这一现象的原因可能有哪些。

交换机或者集线器故障？水晶头松动？

双绞线制作不规范？网卡或者驱动没有正确设置？计算机病毒？防火墙设置不当？

…………

这里要把自己能想到的、可能导致问题发生的原因尽量多地记录下来，不需要试图去断定哪一个原因就是问题的所在。可以根据出错的可能性把这些原因按优先级别进行排序，不要忽略其中的任何一个。

(四) 故障定位

前面列举了可能产生故障的原因，这里需要缩小故障范围，排除非故障因素，进行故障定位。具体方法有如下三种：

1. 流程分析法

流程分析法是一种自上而下的分析方法，通过一系列的故障判断，画出流程分析图，分析故障原因，排除非故障因素，直接定位故障。这种方法优点是简单直接，缺点是比较依赖于网络管理者的知识和经验丰富程度。

2. 设备替换法

设备替换法是采用备用的硬件配件，例如双绞线、交换机等一一替换，从而排除非故障因素，直到找出问题的所在。例如，以无法浏览网页为例，可以换一台计算机，连接在出问题的计算机网线上，测试一下是否能够正常浏览网页，如果能够正常浏览，说明问题出在计算机自身，如果也不能正常浏览网页，那么可能是连接该计算机的链路出了问题，具体哪段链路出了问题，需要进一步排除。这种方法简单有效。

3. 仪器检测法

用软硬件工具，例如测线仪等仪器检测链路来排除物理故障，对所有列出的可能导致错误的地方逐一进行测试，直到找出问题所在。

如果安装了网络管理软件，故障检测相对会容易得多，网络中网络设备各端口的工作状态都可以一目了然地显示在屏幕上，直接定位故障。

此外，要注意查阅服务器、交换机或路由器的系统日志。在这些系统日志中，往往记载着产生的错误以及错误发生的全部过程，这些记录有利于故障定位和排除。

当然在实际使用中，这三种方法需要多次结合使用。最后要把检测的结果进行详细记录，综合判断什么地方出了问题，再相应解决。

(五) 故障隔离

校园网管理者通过一系列的方法，定位了故障所在之后，就需要进行故障隔离，解决问题，排除故障了。如果是物理故障，从线路、硬件设备本身着手，例如，换条双绞线或者重新做个水晶头。如果是计算机本身的问题，从网卡着手，例如重新安装计算机的网卡，设置驱动程序。如果是逻辑故障，可以重新设置 TCP/IP 协议相关内容，配置网络服务，设置 Web 浏览器的连接等，直至故障解决，网络恢复正常。

（六）故障分析

故障分析是非常重要的一步，也是最容易被人忽略的一步。通常情况下，网络恢复正常工作以后，故障处理工作随之也就结束了。但网络管理员处理完故障后应当对此次故障进行反思和整理。

故障是如何发生的？

什么原因导致了故障的发生？

从哪个方面着手？具体是怎么解决的？

以后如果还遇到相应的问题，该怎么解决？

以后如何避免类似故障的发生？

从此次网络故障中，能够得出哪些经验？哪些教训？

自己以后还需要提高哪方面的知识和技能？

进行冷静的反思后，网络管理员最好制定相应的对策，采取必要的措施，并对问题进行详细的记录，以备日后遇到类似问题时能够快速地提供信息，找到解决方案。

三、校园网故障诊断常用命令

（一）ipconfig

ipconfig 命令用来显示 TCP/IP 协议的具体配置信息，具体包括：

（1）网卡的物理地址，也叫 MAC 地址或硬件地址；

（2）主机的 IP 地址、子网掩码以及默认网关；

（3）主机名、DNS 服务器等相关信息。

如果计算机设置为自动获取 IP 地址，也就是说该计算机和所在局域网使用了动态主机配置协议 DHCP，这时 ipconfig 可以让我们了解自己的计算机是否成功地租用到一个 IP 地址，租用到的具体 IP 地址是什么，租用的地址何时到期等信息。其命令格式为：

```
ipconfig + 参数
```

常用参数如下：

（1）/?：显示 ipconfig 命令的参数信息以及具体的解释说明。

（2）/all：显示完整的配置信息。

（3）/release：释放特定网络适配器的 IP 地址。

（4）/renew：为特定的网络适配器重新指定 IP 地址。

（5）/flushdns：清除 DNS 缓存。

（6）/displaydns：显示 DNS 缓存信息。

例如，Windows 操作系统中，单击“开始”菜单，选择“运行”，打开对话框，输入“cmd”，确定后进入 DOS 会话框，输入“ipconfig”，不加任何参数，结果如图 8—1 所示：

```
C:\Documents and Settings\Administrator > ipconfig
   Windows IP Configuration
   Ethernet adapter 本地连接:
   Connection-specific DNS Suffix  . :wenke-buld. ecnu. edu. cn
     IP Address.............................. :219. 228. 151. 41 ←———IP 地址
     Subnet Mask............................. :255. 255. 255. 0 ←———子网掩码
     Default Gateway......................... :219. 228. 151. 1 ←———默认网关
C:\Documents and Settings\Administrator >
```

图 8—1　输入 ipconfig 命令的结果显示

如果在 DOS 会话框中输入“ipconfig/all”，而不是“ipconfig”，显示结果如图 8—2 所示。

输入“ipconfig”和“ipconfig/all”，显示结果不同。

输入“ipconfig”，显示网卡的简单配置，包括 IP 地址、子网掩码和默认网关。

输入“ipconfig/all”，显示网卡的详细配置，包括网卡的 MAC 地址、IP 地址、子网掩码、默认网关和 DNS 服务器等。

（二）ping

1. ping 命令概述

ping 命令是网络中使用最频繁的小工具，常用于测试网络的连通性，可用来检测任意两台 TCP/IP 主机间的连接是否畅通，只有连接畅通，用户才能访问对方 TCP/IP 主机上的网络资源。ping 命令格式为：

ping + IP 地址或主机名 + 参数

```
C:\Documents and Settings\Administrator > ipconfig/all
Windows IP Configuration
        Host Name ........................:deit
        Primary Dns Suffix ............:
        Node Type ........................:Hybrid
        IP Routing Enabled ...........:No
        WINS Proxy Enabled .........:No
        DNS Suffix Search List ......:wenke-buld. ecnu. edu. cn
Ethernet adapter 本地连接:
        Connection-specific DNS Suffix :wenke-buld. ecnu. edu. cn
        Description ...............................:Realtek RTL8168/8111 PCI-E Gigabit E thernet NIC
        Physical Address....................... :00-1F-C6-E5-D1-BC ←———MAC 地址
        Dhcp Enabled ..........................:Yes
        Autoconfiguration Enabled      :Yes
        IP Address................................:219. 228. 151. 41 ←———IP 地址
        Subnet Mask ............................:255. 255. 255. 0  ←———子网掩码
        Default Gateway........................:219. 228. 151. 1  ←———默认网关
        DHCP Server..............................:10. 100. 102. 100 ←———DHCP 服务器地址
        DNS Servers ............................:202. 120. 80. 2   ←———DNS 服务器地址
                                                  202. 120. 88. 2
                                                  202. 120. 80. 1
        Primary WINS Server ...............:10. 100. 102. 100
        Secondary WINS Server ........... :202. 120. 80. 52
        Lease Obtained .........................:2010 年 6 月 25 日 17:03:56
        Lease Expires ...........................:2010 年 6 月 25 日 18:03:56
C:\Documents and Settings\Administrator >
```

图 8—2　输入 ipconfig/all 的结果显示

常用参数如下：

（1）/?：显示 ping 命令所有可用参数信息以及参数的解释说明。

（2）-t：使当前主机不断地向目的主机发送数据，直到使用 CTRL + C 中断。

（3）-f：在数据包中发送“不要分段”标志，数据包就不会被路由上的网关分段。

（4）-n count：指定要做多少次 ping，其中 count 为正整数，默认值为 4。

（5）-w timeout：指定超时时间间隔，单位为 ms，默认值为 1 000。

例如，Windows 操作系统中，在“开始”菜单中，选择“运行”对话框，输入“cmd”，确定后进入 DOS 会话框，输入“ping 219. 228. 151. 1”，不加任何参数。显示信息如图 8—3 所示，表示成功 ping 通，本机能够连接到 IP 地址为 219. 228. 151. 1 的计算机上。

```
C:\Documents and Settings\Administrator>ping 219.228.151.1
Pinging 219.228.151.1 with 32 bytes of data:
Reply from 219.228.151.1: bytes=32 time<1ms TTL=255
Reply from 219.228.151.1: bytes=32 time<1ms TTL=255
Reply from 219.228.151.1: bytes=32 time<1ms TTL=255
Reply from 219.228.151.1: bytes=32 time<1ms TTL=255
Ping statistics for 219.228.151.1:
    Packets: Sent=4, Received=4, Lost=0 (0% loss),
Approximate round trip times in milli-seconds:
    Minimum=0ms, Maximum=0ms, Average=0ms
```

图 8—3　ping 通 219.228.151.1 的显示结果

如果显示信息如图 8—4 所示，表示没有 ping 通。

```
C:\Documents and Settings\Administrator>ping 219.228.151.1
Pinging 219.228.151.1 with 32 bytes of data:
Request timed out.
Request timed out.
Request timed out.
Request timed out.
Ping statistics for 219.228.151.1:
    Packets: Sent=4, Received=0, Lost=4 (100% loss),
C:\Documents and Settings\Administrator>
```

图 8—4　没有 ping 通 219.228.151.1 的显示结果

可从以下几个方面查找网络故障。

第一，检测网络物理上是否连通。

第二，检查网卡驱动程序是否正确安装。

第三，各种网络设备设置是否正确。

如果执行 ping 成功而网络仍然无法使用，那么问题很可能出现在网络系统的软件配置方面，ping 成功只能保证当前主机与目的主机之间存在一条连通的物理路径，可以 ping 前端的网关 IP 地址，局域网内其他的计算机 IP 地址，远程的一个网站 IP 地址等。

注意

现在有些网络设备都有禁止 ping 的功能，因此有些网络虽然在实际上是通的，但 ping 命令结果却显示不通。

2. 用 ping 命令检测网络故障

用 ping 命令检测网络故障时，要遵循一定的顺序，逐步排除。

第一步，通常先 ping 本机 IP，验证本机 IP 地址是否正确配置或者网卡物理属性是否完好。如果能 ping 通，表示本机网络配置正确。如果 ping 不通，表示本机 IP 地址配置错误或网卡驱动等没有正确安装，需要重新配置 IP 地址或重新安装网卡驱动程序。

第二步，如果本机没有问题，ping 局域网内的其他计算机，检测本地局域网的网络配置是否正确，本机与局域网内的其他主机是否连通。

第三步，如果本地局域网配置正确，ping 网关 IP，检测本机到网关的物理链路是否连通。

第四步，如果成功 ping 通网关，ping 远程网络 IP，检测网关设置，如果 ping 通，表示成功地使用了缺省网关。

第五步，ping 网址，检测 DNS 服务器是否有故障。

（三）arp

1. arp 命令概述

arp 是 address resolution protocol 的缩写，叫做地址转换协议，用于局域网将 IP 地址转换成相应的 MAC 地址，以保证通信的顺利进行。arp 命令格式为：

arp + 参数

常用参数如下：

（1）/?：显示 arp 命令所有可用参数信息以及参数的解释说明。如果不指定任何参数，直接输入“arp”命令，与输入“/?”参数的结果相同。

（2）arp-a [inet_addr] [-N if_addr]：显示所有接口的当前 arp 缓存表（见图 8—5）。

```
C:\Documents and Settings\Administrator > arp -a
Interface: 219.228.151.47  --- 0x2
  Internet Address        Physical Address        Type
  219.228.151.1           00-1d-e6-1b-f8-00       dynamic
  219.228.151.34          00-1d-e6-1b-f8-00       dynamic
C:\Documents and Settings\Administrator >
```

图 8—5　显示所有接口的当前 arp 缓存表

如果指定了 inet_addr 参数，将显示特定 IP 地址的 arp 缓存表，此处的 inet_addr 代表 IP 地址。

如果指定了-N if_addr 参数，将显示指定 IP 地址中，特定接口的 arp 缓存表，此处的 if_addr 代表指派给该接口的 IP 地址。-N 参数区分大小写。

（3）arp-g：与 arp-a 相同。

（4）arp-s inet_addr eth_addr [if_addr]：inet_addr 表示 IP 地址，eth_addr 表示网卡的 MAC 地址。arp-s inet_addr eth_addr 表示将 IP 地址和主机的 MAC 地址进行静态绑定，向 arp 缓存添加可将 IP 地址 inet_addr 解析成物理地址 eth_addr 的静态项。

例如，将上图中 arp 缓存表的第二项：IP 地址 219. 228. 151. 34 与 MAC 地址 00-1d-e6-1b-f8-00 进行静态绑定（见图 8—6）。

```
C:\Documents and Settings\Administrator > arp-s 219.228.151.34 00-1d-e6-1b-f8-00
C:\Documents and Settings\Administrator > arp-a
Interface: 219.228.151.47 ---0x2
  Internet Address      Physical Address      Type
  219.228.151.1         00-1d-e6-1b-f8-00     dynamic
  219.228.151.34        00-1d-e6-1b-f8-00     static
C:\Documents and Settings\Administrator >
```

图 8—6　将 IP 地址与 MAC 地址静态绑定

可以看到，静态绑定了 219. 228. 151. 34 后，在 arp 缓存表中对应的 Type（类型）变为 static（静态）了。

如果使用了 if_addr，表示向特定接口的缓存表添加静态的 arp 缓存项，此处的 if_addr 表示指派给该接口的 IP 地址。

（5）arp-d inet_addr [if_addr]：删除指定的 IP 地址项，此处的 inet_addr 代表 IP 地址。

如果指定了 if_addr，就表示删除特定接口中 arp 缓存表中的某项，此处的 if_addr表示指派给该接口的 IP 地址。

例如，在图 8—6 中，arp 缓存表中有两项 IP 地址与硬件地址的对应信息，现在欲删除第二项信息，输入“arp-d 219. 228. 151. 34”，结果如图 8—7 所示。

```
C:\Documents and Settings\Administrator > arp-d 219.228.151.34
C:\Documents and Settings\Administrator > arp-a
Interface: 219.228.151.47 ---0x2
  Internet Address .    Physical Address      Type
  219.228.151.1         00-1d-e6-1b-f8-00     dynamic
C:\Documents and Settings\Administrator >
```

图 8—7　删除 arp 缓存表的信息

可见，只有一项信息了。

2. 用 arp 命令检测网络故障

arp 命令经常用于诊断用户是否中了 arp 病毒。arp 病毒通过伪造 IP 地址和 MAC 地址实现 arp 欺骗，导致数据包不能发到正确的 MAC 地址上，在网络中产生大量的 arp 通信量使网络阻塞，从而导致网络无法进行正常的通信。

（1）症状。

通常中了 arp 病毒的症状为：

第一，机器之前可正常上网的，突然不能上网，无法 ping 通网关，重启机器或在 MS-DOS 窗口下运行命令“arp-d”后，又可恢复一段时间。

第二，有时可以上网，但网速很慢。

（2）处理方法。

第一，进入命令行模式，然后运行 arp-a 命令，查看当前 arp 缓存表，确认网关和对应的 MAC 地址。判断每个 MAC 地址是否和各自真正的 MAC 地址一致，如果不一致就是被欺骗。有时也会发现多个 IP 地址对应相同的 MAC 地址，这也是被欺骗的一种表现。

第二，输入“arp-d”命令，删除当前机器的 arp 缓存表。

第三，输入“arp-s [需要绑定的 IP 地址] [需要绑定的 MAC 地址]”命令，将 IP 地址和 MAC 地址进行绑定。

第四，输入“arp-a”命令，查看类型是否变为静态（static），如果已经变为静态，那么就不会受 arp 病毒攻击影响了。

为了不须在每次重启电脑后都要重新输入上面的命令来防止 arp 欺骗，可以新建一个批处理文件如 arp_bind. bat，在里面加入命令：“arp-s [需要绑定的 IP 地址] [需要绑定的 MAC 地址]”，保存为 arp_bind. bat。

打开计算机，在“开始”菜单中，选择“程序”，双击“启动”打开启动的文件夹目录，把刚才建立的 arp_bind. bat 复制进去，也就是把 arp_bind. bat 放到系统的启动目录下来实现启动时自己执行，这样每次重启都会执行 arp 绑定命令了。

（四）netstat

1. netstat 命令概述

netstat 命令是网络协议统计工具，用于显示与 IP、TCP、UDP 和 ICMP 协议相关的统计信息，一般用于检验本机各端口的网络连接，了解网络的整体使用情况。netstat 命令格式为：

```
netstat + 参数
```

常用参数如下：

（1）-a：显示所有连接和监听端口。

（2）-s：显示按协议统计信息。默认显示 IP、IPv6、ICMP、ICMPv6、TCP、TCPv6、UDP 和 UDPv6 的统计信息。

（3）-e：显示以太网统计信息，此选项可以与-s 选项组合使用。

（4）-n：以数字形式显示地址和端口号。

（5）-o：显示与每个连接相关的所属进程 ID。

（6）-r：显示路由表。

例如，输入“netstat-e”，结果如图 8—8 所示。

```
C:\Documents and Settings\Administrator > netstat-e
Interface Statistics
                        Received            Sent
Bytes                   44565381            24065726
Unicast packets         119840              99216
Non-unicast packets     29060               413
Discards                0                   0
Errors                  0                   0
Unknown protocols       1017
C:\Documents and Settings\Administrator >
```

图 8—8　显示以太网统计信息

2. 运用 netstat 命令检测网络故障

netstat 命令能够显示当前计算机所有开放的端口，可以用于查看网络是否中了特洛伊木马，是否被黑客留下后门等。建议新装系统，配置好服务器以后，立即运行“netstat -a”命令，查看系统开放了什么端口，并做好记录，便于以后参考，当发现有不明的端口时就可以及时地做出对策。此外，该命令还是一种实时入侵检测工具，显示出哪些 IP 正在连接当前计算机。下面以木马为例进行说明。

（1）症状。

感觉机器突然间变得很慢，经常有异常情况发生，例如鼠标不听使唤，无故自动关机，自动重启之类的现象。

（2）处理方法。

第一，在“开始”菜单中，选择“运行”之后输入“cmd”，进入 DOS 对话框，输入“netstat -a”命令，查看网络所有连接和监听窗口。如果发现异常端口，可能就是中木马了。例如端口 7626，就是赫赫有名的冰河默认开设的端口号。

第二，选择相应的查杀软件，清除木马即可。

第三，关掉不用的端口。

（五）tracert

1. tracert 命令概述

tracert 用于路由跟踪，能够详细跟踪记录用户所使用的主机到对方主机之间数据包经过的路径，并详细记录到达各个节点的时间。

注意：在 Windows 操作系统下，是 tracert 命令，在 UNIX 系统下，是 traceroute 命令。tracert 命令格式为：

tracert + IP 地址/主机名/域名 + 参数

常用参数如下：

（1）-d：不解析目标主机的名字。

（2）-h maximum hops：指定搜索到目标地址的最大跳数。

（3）-j host list：按照主机列表中的地址释放源路由。

（4）-w timeout：指定超时时间间隔，单位为 ms。

例如，要跟踪本机到 deit. ecnu. edu. cn 路由，在“开始”菜单中，选择“运行”，在出现的命令框中输入“tracert deit. ecnu. edu. cn”命令，结果说明路由畅通，网络连通性完好（见图 8—9）。

```
C:\Documents and Settings\Administrator > tracert deit. ecnu. edu. cn
Tracing route to deit. ecnu. edu. cn[202. 101. 26. 138]←————先解析出相应的 IP 地址
over a maximum of 30 hops:
  1     <1 ms    <1 ms    <1 ms    219. 228. 151. 1
  2     <1 ms     1 ms     1 ms    10. 10. 30. 1
  3     <1 ms    <1 ms    <1 ms    202. 120. 95. 245
  4     <1 ms     4 ms    <1 ms    202. 120. 95. 210
  5     <1 ms     1 ms     1 ms    202. 101. 26. 138
Trace complete.
C:\Documents and Settings\Administrator >
```

图 8—9　跟踪本机到 deit. ecnu. edu. cn 路由

2. 运用 tracert 命令检测网络故障

tracert 检测故障的位置，通常用于两个方面：

第一，检测路由配置错误。

当校园网出现线路故障，该线路没有流量，但又可以 ping 通线路的两端端口，那么很有可能是路由配置错误。这时，可以运用路由跟踪命令 tracert，把端到端的线路按线路所经过的路由器分成多段，然后按照每段返回响应的时间，如果发现在 tracert 的结果中某一段之后，两个 IP 地址循环出现，说明线路远端把端口路由又指向了线路的近端，导致 IP 包在该线路上来回反复传递。

第二，确定网络哪个环节出现问题。

用“tracert IP”可以检测出到哪个路由器之前还能正常响应，到哪个路由器就不能正常响应了，从而确定在哪个环节上出了问题。确定后只需更改远端路由器端口配置，就能恢复线路正常了。例如，要跟踪本机到 IP 地址为 202.113.9.181 路由，在“开始”菜单中“运行”，在出现的命令框中键入“tracert 202.113.9.181”命令，结果如图 8—10 所示。

```
C:\Documents and Settings\Administrator>tracert 202.113.9.181
Tracing route to 202.113.9.181 over a maximum of 30 hops
  1    <1 ms    <1 ms    <1 ms    219.228.151.1
  2    <1 ms    <1 ms    <1 ms    10.10.30.1
  3    <1 ms    <1 ms    <1 ms    202.120.95.245
  4     1 ms     1 ms     1 ms    202.120.95.254
  5     1 ms     1 ms     1 ms    202.112.27.129
  6    <1 ms    <1 ms    <1 ms    202.112.6.69
  7    35 ms    35 ms    35 ms    sh0.cernet.net [202.112.53.89]
  8    31 ms    31 ms    31 ms    202.112.36.37
  9    31 ms    32 ms    32 ms    202.112.36.225
 10    26 ms    26 ms    26 ms    gzsh3.cernet.net [202.112.46.90]
 11    31 ms    31 ms    31 ms    202.113.14.41    ←——到这里网络能连通
 12     *        *        *       Request timed out. ←——到这里网络不通
```

图 8—10　跟踪本机到 202.113.9.181 路由

（六）nslookup

1. nslookup 命令概述

nslookup 命令是一个非常有用的命令，用于解析域名系统的基础结构信息。nslookup 命令格式为：

nslookup IP 地址/域名

例如，输入华东师范大学的域名 www.ecnu.edu.cn，即解析出该网站的 IP 地址，结果如图 8—11 所示。

可以看出在解析 www.ecnu.edu.cn 的时候，可以解析出它所有的 IP 地址。

2. 运用 nslookup 命令检测网络故障

nslookup 命令一般用来判断是否出现了 DNS 解析故障，可以检测本机的 DNS 设置是否配置正确，检测计算机与 DNS 服务器是否可以正常通信，以及 DNS 服务器是否可以正常应答计算机发出的请求等。

```
C:\Documents and Settings\Administrator > nslookup www.ecnu.edu.cn
Server:     moon.ecnu.edu.cn
Address:    202.120.80.2
Name:       www.array.ecnu.edu.cn
Address:    202.120.88.4
Aliases:    www.ecnu.edu.cn
C:\Documents and Settings\Administrator >
```

图 8—11　域名解析为 IP 地址

当输入“nslookup 网站域名”后，如果收到“request timed out”的提示信息，说明计算机确实出现了 DNS 解析故障。如果反馈回正确的 IP 地址，说明 DNS 解析正常。

除了这些常用命令外，还有很多其他命令，用于 TCP/IP 故障排除，具体如表 8—1 所示。

表 8—1　TCP/IP 故障排除工具和服务

命令	说明
hostname	显示计算机的主机名。
ipconfig	显示 TCP/IP 协议的具体配置信息。
arp	将 IP 地址转换成相应的 MAC 地址。
netstat	显示与 IP、TCP、UDP 和 ICMP 协议相关的统计信息。
tracert	路由跟踪，能够详细跟踪记录用户所使用的主机到对方主机之间数据包经过的路径，并详细记录到达各个节点的时间。
nslookup	解析域名系统的基础结构信息。
ping	测试网络连通性。
nbtstat	显示基于 TCP/IP 的 NetBIOS（NetBT）配置，并允许管理 NetBIOS 名称缓存。
route	允许查看 IPv4 和 IPv6 路由表，还允许编辑 IPv4 路由表。
telnet	测试两个节点之间的 TCP 会话建立情况。
pathping	追踪路由并显示路径中每个路由器和链路上数据包丢失方面的信息。

四、校园网常见故障处理方法

（一）物理故障

1. 线路故障

对于此类故障，首先检查是否有接触不良现象，光缆线路出现故障的概率很低，最频发的是双绞线链路出现故障。

第一步，用 ping 命令检查线路。

ping 局域网内其他计算机的 IP，测试本机与局域网内其他计算机的物理线路是否连通，连续 ping 都出现“Request Time Out”信息，则表明网络不通。

如果能 ping 通局域网内的其他计算机 IP，接下来 ping 网关 IP，测试从本机到网关的物理线路是否连通，连续 ping 都出现“Request Time Out”信息，则表明网络不通。

第二步，找到哪一段链路出现故障后，检查一下该段链路中端口插头是否松动或损坏。

双绞线的头是否顶到 RJ-45 接头顶端？如果没有，该线的接触会比较差，需要重新按压一次。

双绞线是否按照标准脚位压入接头？双绞线芯线的颜色和 RJ-45 接头的脚位是否相符？

观察 RJ-45 侧面，金属片是否已经刺入双绞线之中？若没有，也可能造成线路不通。

观察 RJ-45 接头镀金层的厚度，是否存在镀金层破损脱落，导致芯线被氧化的现象？

第三步，用测线仪检测双绞线线路，查看是否存在传输数据的主要芯线部分不通或全不通。

第四步，查看双绞线两端的线序是否符合 T-568A、T-568B 标准，如果不按标准连接，例如采用一一对接法，虽然线路一般也是连通的，但是线路内部各线对之间的干扰不能有效消除，从而导致信号传输速率降低，传输距离缩短，最终影响网络的整体性能。

第五步，用替换法排除双绞线故障。用通信正常的计算机的双绞线来连接故障机，如能正常通信，说明是双绞线的故障。若还是不通，可能不是双绞线的故障了，需要考虑交换机的故障。

对于双绞线故障或者 RJ-45 接头故障，只要更换 RJ-45 接头或者双绞线，并按照标准顺序接好双绞线即可。

2. 网卡故障

第一步，检查网卡指示灯。

网卡有两个指示灯：连接指示灯和信号传输指示灯。连接指示灯一般为绿色，信号传输指示灯一般为红色或黄色。正常情况下连接指示灯应一直亮着，而信号传输指示灯在信号传输时应频率均匀地不停闪烁。如果连接指示灯不亮，重点考虑连接故障，即双绞线、交换机是否有故障，网卡自身是否正常，网卡硬件安装是否正确，网卡是否松动、浮尘较多等。可以将网卡从 PCI 插槽中拔出，擦净后再插入并固定好，或者更换网卡插槽。如果网卡的连接指示灯亮，信号传输指示灯不亮，说明网络是连通的，这一般是由网络的软件故障引起的。

第二步，检测网卡是否与其他设备有冲突，例如查看网卡的 IRQ 值。

第三步，检测网络的平均流量。

如果网络平均流量偏高，也可能是网卡故障。这时，网络连接正常，但故障网卡会向网络不停地发送大量数据包，除发送正常数据以外，还会发送大量非法帧、错误帧，占用大量带宽，最后导致网络速度明显变慢。对于此类故障，需要进一步分析定位，查出广播帧的机器，更换网卡即可。

第四步，检测故障机周围是否有信号干扰、电源干扰、辐射干扰等。如果发现有干扰，隔离故障机与干扰源即可。

3. 交换机故障

如果排除了线路故障和网卡故障，下面就要重点考虑交换机故障了。

第一步，判断是不是电源故障。

观察交换机面板的电源指示灯。如果不亮，说明是交换机的电源出了故障。如果是忘记通电，接通电源即可。如果通电后，电源指示灯还不亮，就需要断电，把电源拔下来重新插一次，再接通电源，若还不亮，说明电源坏了，需要更换电源。

第二步，判断是不是端口或光纤接口故障。

查看交换机端口的信号指示灯，来判断是不是端口或光纤接口故障。正常情况下，信号指示灯应该频率均匀地不停闪烁，否则就是出现了故障。这是较常见的交换机硬件故障，更换接入端口即可。有时也需要重新启动交换机来解决端口无响应的问题。

对于网管型交换机，可以通过控制台检查交换机的状态，如果发现交换机的缓冲池增长得非常快，达到了 90% 或更多，导致某个端口变得非常缓慢，最后整台交换机或整个堆叠都慢下来，就可能是该端口出现了故障。遇到这种问题时，更换端口或者重新启动计算机即可。

第三步，判断交换机是否死机。

某交换机连接的所有计算机都不能正常与网内其他计算机通信，很可能是交换机死机，重新启动交换机即可。

当然，校园网中的路由器、防火墙等硬件设备也会出故障，但故障率很低。有时集线器会出现故障，如果端口没有问题，通常断电、重新启动即可。

（二）逻辑故障

1. 网卡配置问题

网卡配置错误也是很常见的，如网卡驱动程序安装错误、I/O 端口地址设置错误等也会造成网络不通。普通网卡的驱动程序磁盘大多附有测试和设置网卡参数的程序。分别查验网卡设置的接头类型、I/O 端口地址等参数，若有冲突，重新安装正确的网卡驱动程序或将参数重新设置，或者调整跳线，一般都能使网络恢复正常。具体如下：

第一步，打开网卡设置。

用鼠标右键打开“我的电脑/属性/硬件/设备管理器/网络适配器”设置窗口。

第二步，判断网卡是否被禁用。

查看网络适配器前是否有一个红色的叉号，如果有，说明网卡已经被禁用。选择相应的网络适配器，鼠标右键选择“启用”即可，然后再进行测试。

第三步，判断是否安装了正确的网卡驱动程序。

查看网络适配器前方是否有一个黄色的“!”，如果有，说明网卡驱动程序与网卡不配套。每个网卡都有相应的驱动程序，故障机安装的驱动程序与网卡本身不兼容，网卡无法正常使用。这时要将未知设备或带有黄色“!”的网络适配器删除，刷新后重新安装网卡，并安装正确的网卡驱动程序，配置好相应的网络协议，然后再进行应用测试。

第四步，检查一下是否存在 I/O 地址冲突。

用鼠标右键打开“我的电脑/属性/硬件/设备管理器/网络适配器”设置窗口。点击相应的网卡，鼠标右键选择“属性”，切换到“资源”对话框，查看“设备冲突列表”中是否存在资源冲突。如果发现哪些设备存在冲突现象，需要修改网卡属性，把“资源”中的“使用自动设置”去掉，然后手动设置，调整到某个空闲的 IRQ 即可。如果 IRQ 全满了，就必须禁止一个设备，然后手动设置网卡，直到网络适配器的属性中出现“该设备运转正常”。

第五步，测试。

打开“网上邻居”，测试一下是否能够找到自己，如果能够找到自己，说明网卡的配置成功。

2. 网络协议配置错误

网络协议是网络中对等实体之间的通信规则，为网络设备之间的通信指定了标准。计算机网络中的协议非常多，这里的网络协议配置专指 TCP/IP 协议属性的配置，例如 IP 地址、子网掩码、默认网关、DNS 域名服务等，任何信息不正确均会影响到网络的连接。常见的错误有两大类：

（1）主机本身的网络协议配置有问题，引起网络不通。

第一步，进入命令行模式，即“开始”菜单中，选择“运行”，输入“cmd”，进入 DOS 界面，输入“ipconfig/all”获得本机 IP 地址、MAC 地址及默认网关地址。

第二步，用“ping 127.0.0.1”命令来判断 TCP/IP 协议是否安装成功，如果 ping 不通则说明 TCP/IP 协议有问题，需要重新安装 TCP/IP 协议。

第三步，用“ping [本机 IP 地址]”命令判断是不是网卡的问题。如果 ping 不通，则说明网卡有问题，须重新安装网卡驱动。

第四步，用“ping [默认网关]”命令，如果 ping 不通，可能就是一个错误的网关地址或网关配置不正确。

第五步，用“ping [网络域名]”和“nslookup [网站域名]”命令，判断是否存在域名解析故障。如果存在，重新配置域名服务器即可。

如果以上诊断都是正确的，基本上说明问题出在服务器或路由器的设置上，与本机无关。

（2）路由配置错误。

校园网中某段线路没有流量，但又可以 ping 通线路的两端端口，说明路由配置错误。这时需要点击鼠标，在“开始”菜单中，选择“运行”，输入“cmd”，进入 DOS 界面，输入“tracert [IP 地址]”，检测是否有两个 IP 地址循环出现，导致 IP 包在该链路上来回反复传递的现象。检测 IP 包到哪个路由器之前还能响应，到哪个路由器就不能响应，这时只需要更改检测出的远端路由器端口配置即可。

3. IP 地址冲突

IP 地址冲突是校园网中较为常见的一种网络故障。产生这类故障的多为采用静态 IP 地址分配的校园网。

为了解决这个问题，可以采用 IP 地址和 MAC 地址绑定的方法，对校园网用户执行严格的管理和登记制度，建立上网用户的 IP 地址和 MAC 地址的信息档案，将每个联网用户的 IP 地址、MAC 地址、上联端口、物理位置和用户身份等信息记录在网络管理员的信息数据库。当出现此类问题时，可利用交换机管理命令及用户信息数据库来快速查找盗用者所在的交换机及端口，并进行处置。具体方法是：

第一步，登录汇聚层交换机，列出 arp 地址转换表，查找使用被盗 IP 地址主机的 MAC 地址，再查找该 MAC 地址所在的交换机端口，若该端口所连为下一级交换机，那么可确定盗用 IP 者所在的子网。

第二步，登录下一级交换机，列出该交换机各端口所连计算机的 MAC 地址，即可查出盗用者 MAC 地址所在，并对该端口做 shutdown 处理来禁止盗用者连接网络。这样，合法用户只要修复网络连接或重新启动计算机即可恢复正常。

4. 网络受限

如果计算机未能从 DHCP 服务器成功获取 IP 地址，或者网络管理者限制了每个 IP 用户能接入的主机数量，在本地两个解决连接图标上，就会出现一个黄色“!”。遇到这种情况通常有两种办法：

第一，重新启动计算机，尝试是否能够成功获取 IP 地址。

第二，与网络中心联系，确定是否限制了每个 IP 地址能接入的主机数量。

（三）其他故障分析

除上述常见故障之外，还有其他一些故障造成网络不通。

1. 网络环路

有些网络环境中，线路铺设复杂，甚至还会设置一些多余的备用线路，在不清楚线路布设的情况下，将一根双绞线的两端分别插在同一个交换机或集线器的两个不同端口上，这样就构成了环路，数据包会不断发送和检验数据，导致网络性能急剧下降，甚至造成整个网络瘫痪。

解决该问题的方法非常简单，如果不能准确定位是哪一条双绞线造成了环路，就只有将该交换机或集线器所有端口全部断开，然后将物理线路整理后再逐一连通，同时观察交换机运行状况即可排除故障。

为了避免这种情况发生，要求在铺设网线时一定要养成良好习惯：网线上打上明显的标签，有备用线路的地方要做好记录。当网络较小，涉及的节点数不是很多、结构不是很复杂时，这种现象较少发生。

2. 计算机重名

如果用户在安装系统时没有设置计算机名，而采用系统默认的计算机名，那么这些计算机接入网络后，很可能会造成本网段内大量计算机重名。只要将计算机名修改并重启，故障即可排除。

3. 代理服务器（Proxy）设置不正确

有时为了访问特定网络，需要设置代理服务器，然而不正确的代理服务器设置也会影响网络的正常使用。这时，可以按照如下步骤进行检查：

第一，打开 Internet Explorer 浏览器，点击工具条上的“工具”选项，点击“Internet 选项”，切换到“连接”标签，再点击“局域网设置”。

第二，在“局域网（LAN）设置”对话框中，查看“为 LAN 使用代理服务器”选项复选框是否被选中，如果被选中，取消该复选框，然后点击“确定”。

第三，去掉代理服务器后，检查网络是否可以正常使用（见图 8—12、图 8—13）①。

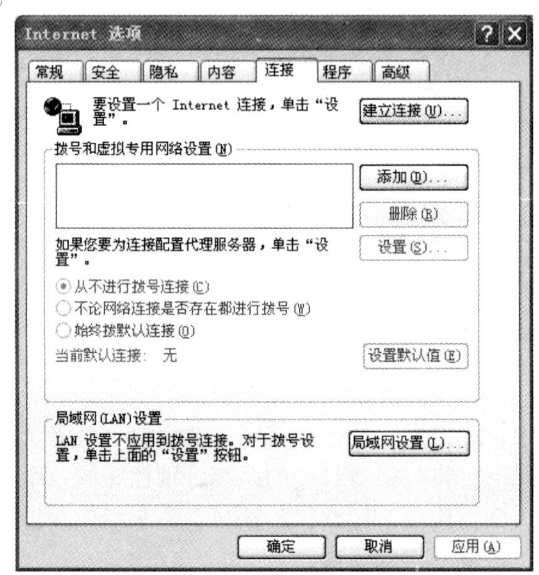

图 8—12　连接选项卡

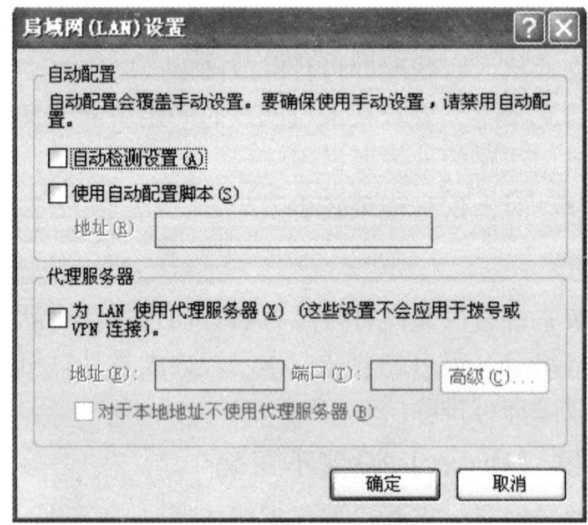

图 8—13　局域网设置选项卡

① 这里涉及的 Windows 菜单选择顺序、截图等以 Windows XP 操作系统为例。不同版本的操作系统可能会有所不同。

4. 防火墙设置有问题

防火墙是保卫系统安全的屏障。常用的防火墙种类很多，设置错误或者人为误操作，都可能造成防火墙错误地将计算机与网络隔离。这时可以试着关闭防火墙，再查看网络是否可以正常工作。

5. 更换了网卡

为了避免 IP 地址冲突，很多校园网采用用户的 IP 地址与网卡的 MAC 地址绑定的方法。每块网卡具有唯一的 MAC 地址，如果用户更换了新网卡，MAC 地址自然也发生了改变，就需到网络中心重新进行地址绑定。此外，目前有些计算机的网卡集成在主板上，在更换了计算机的主板后，一般也须对地址进行重新绑定。当然，更换计算机也会有同样的问题。

6. 浏览器故障

目前互联网上存在一些具有破坏性的网站，当用户浏览这些网站时，很可能会导致浏览器被破坏。常见的现象为随机打开多个窗口、无法正确显示网页、出现大量错误提示。这时，用户可以先登录一些客户端软件，例如 QQ，MSN 等，如果能够登录成功，但是无法打开网页，很可能就是浏览器被破坏了。

解决方法有两个：

第一，使用浏览器修复工具进行修复，或者卸载原来的浏览器，重新安装。

第二，更换其他的浏览器，因为很多破坏是针对 internet explorer 的。

五、校园网故障 FAQ

（1）问：打开“网上邻居”，看不到任何用户的计算机名，也看不到本机的计算机名，双击无法打开整个网络。

答：网卡与系统中其他网络设备冲突。

请检查网卡的安装和设置是否正确。在 Windows 操作系统中单击“开始”菜单，依次选择“设置/控制面板/系统/设备管理”，在列表框中找到网卡（通常叫做网络适配器）后单击“属性”按钮，在出现的对话框中看网卡与系统中的其他设备是否发生冲突，如果发生冲突则在“网上邻居”中看不到任何计算机的名称。

（2）问：“网上邻居”中能看到本机的计算机名，看不到其他用户的计算机名。

答：1）其他计算机的网络连接问题。检查其他计算机与集线器或交换机的连接是否正常。2）本机的网络连接问题。检查本机与集线器或交换机的连接是否正常，是否能够连通局域网中的其他计算机。3）IP 地址设置问题。检查 IP 地址设置是否正确。在 MS-DOS 方式，运行 ipconfig 命令，将显示该机器的 IP 地址和子网掩码，检查该 IP 地址是否和其他计算机在同一网段。4）登录问题。在计算机启动时被要求输入用户名和密码，如果是按“取消”进入，那么用户将不会出现在网上邻居中。可以检查“开始/注销”，看“注销”后是否跟有计算机名，如果显示为“注销”，则表示没有以用户身份登录。请重新启动 Windows，输入用户名和密码，点击确定进入即可。

出现这种错误，通常都是第四种情况比较多。

（3）问：能看到其他用户的计算机名，看不到本机的计算机名。

答：没有允许其他用户访问自己的文件。

依次选择“控制面板/网络/文件及打印共享”，在“允许其他用户访问我的文件”复选框前画钩即可。如果没有“文件及打印共享”，可选择“添加/服务/Microsoft 网络上的文件与打印机共享”，然后重复前面的操作即可。

（4）问：在校园网中自行搭建了 web 服务器后，使用内部域名或者 IP 地址访问时都提示要求输入用户名和口令，请问如何设置才能让大家访问到我的网站？

答：Web 站点的属性设置问题，禁止匿名用户访问。

请修改一下 IIS 的 Web 站点属性。解决方法是：启动“Internet 服务管理器”，进入相应的“Web 站点属性”设置框，对其中的“目录安全性”标签中的“匿名访问与验证”进行编辑，勾选“匿名访问”选项。

（5）问：在网上邻居中能够看到其他计算机，但不能读取上面的共享数据。

答：查看是否设置好资源共享。检查用户是否具有访问权限。检查是否当时访问用户已经达到了最大数额限制。

（6）问：开机后显示自动重启对话框。

答：中了冲击波、振荡波等病毒。

用户先拔出网线，断开本机与网络的物理连接（即断开网线），然后在本机上杀毒，待清除完病毒后再接入网络。

（7）问：校园网中文件服务器的磁盘空间已所剩无几。计划通过磁盘配额功能进行管理，但在 Windows 2000/2003 Server 中查看磁盘属性，没有“配额”选项标签。

答：用户的身份问题或者磁盘的文件系统问题。

使用磁盘配额功能，必须满足两个条件：要确定你的磁盘文件系统必须是

NTFS 格式，如果不是，先要从其他格式转换到 NTFS 格式。要管理磁盘配额，你必须是磁盘所在的计算机上的 administrators 组的成员，否则磁盘的属性页上不会显示“配额”选项标签。

（8）问：在校园网中有一台 Serv-U 搭建的 FTP 服务器。大家每次使用 FTP 服务器上的资源时，都是通过客户端 FTP 软件，比如 CuteFTP，来访问，请问是否还有其他比较简便的方法。

答：可以直接通过浏览器来访问。

访问 FTP 服务器，也可以直接通过平时上网使用的浏览器来访问，例如 IE。访问时打开 IE，在地址栏中输入：“ftp://用户名：口令@ FTP 服务器地址：端口号”，例如，在浏览器中直接输入：“ftp://rainbow：123 @ 219. 228. 151. 49：21” 即可。

注意

前面的“ftp://”不可以省略；如果设置 FTP 服务器时，选择的是 FTP 专用默认端口 21，那么后面的“端口号”部分可以不输入。

（9）问：计算机的“本地连接”出现“网络电缆没有插好”。

答：网络物理连接问题。出现这种现象可能是双绞线问题。如果双绞线是好的，也可能是双绞线的水晶头与网卡或信息点接触不良。重新拔插，或换一条好用的双绞线即可。集线器或者交换机的电源开关关掉了。

（10）问：网速较同楼其他同学的计算机慢。

答：自身计算机配置较低。双绞线没有按标准制作。网卡没有采用自带的驱动程序。计算机中毒。该时间段内，同时使用网络的用户很多。

局域网内同一台计算机的网速也会随着用户用网时间的不同而不同。如果同一时间，网络中的用户比较多，网速也会相对比较慢。因此，当出现这种情况时：

首先需要确认是否是同一时间、同一局域网内的比较结果，否则是不具备可比性的。可以使用网速较快的同学的双绞线试试，如果用其他的双绞线网速快了，那么是自己计算机的双绞线问题，换条线即可。

检查双绞线的制作是否规范，是否遵循了 T-568A 或者 T-568B 标准。

检查网卡的驱动程序。如果安装的是通用驱动程序，请安装网卡自带的驱动程序。

用有最新病毒库的杀毒软件进行查杀，木马病毒须用专用工具查杀。

（11）问：安装网卡和网络组件后，计算机启动速度变慢。

答：安装网卡和网络组件后，计算机在启动的时候需要对网卡设备进行检查，如果是即插即用型网卡，还要合理地配置中断请求等信息，将网卡的驱动和相关的网络组件加载到内存并进行相应的初始化执行。这些过程都会占用 CPU，使计算机的启动速度变慢。

尽量删除不必要的网络组件，例如本地计算机如果不和 NetWare 网络相连，则可以删除 IP/SPX 协议。此外，如果条件允许，尽量采用静态配置 IP 地址的方法，不要采用自动获取 IP 地址的方法，因为从 DHCP 服务器上动态获得 IP 配置信息也会占用 CPU，每次启动计算机时，计算机都会主动搜索当前网络中的 DHCP服务器，导致计算机的启动速度大大降低。

（12）问：将某工作站连接到交换机的端口后，无法 ping 通局域网的其他计算机，但桌面上“本地连接”图标仍然显示网络连通。

答：这些被 ping 的计算机可能安装有防火墙，改动防火墙的设置即可。VLAN 的设置问题。由于三层交换机可以设置 VLAN，不同 VLAN 内的工作站在没设置路由的情况下无法 ping 通，因此，须修改 VLAN 的设置，使它们在一个 VLAN 中。

（13）问：局域网内，只有几台机器能联网，大部分不能互访。网卡灯亮，HUB 灯闪，查杀后没有病毒，检查协议安装正确，集线器或交换机与计算机间连接用的双绞线没有超过 100m，线路端口正常。

答：双绞线的线序问题。

目前很多双绞线销售商在为用户制作双绞线时，不遵循 T-568A 或者 T-568B 标准，而是采取两端一一对应的方法。这样的方法虽然在 100Mbps 网络中也能接通，但是很不稳定，网络有时会时断时续。遇到这种情况，只要重新制作双绞线的水晶头即可。

（14）问：无法将远程桌面连接服务器端应用程序中的文本复制到本地计算机上的其他应用程序中。

答：在本地计算机上的“远程桌面连接”客户端程序安装不正确。

卸载后重新安装就可以解决。

（15）问：“远程桌面”上的屏幕保护程序为空白。

答：默认情况下，当在“远程桌面”上激活屏幕保护程序时，它将变成空白。不管你以前是否选择了其他屏幕保护程序，这种情况都将发生。

（16）问：在登录到远程计算机的情况下，想连接到特定应用程序时却无法启动，为什么？

答：客户端配置启动程序时，程序的路径或者文件名不正确。服务器端没有存放该程序。检查客户端的属性以确保程序路径和文件名正确，另外，确认在服务器端的相应位置上存放了该程序。如果远程计算机运行 Windows XP Professional 时，总是显示桌面的完整内容，可以通过双击桌面上该程序的图标或使用“开始”菜单启动要使用的程序。

（17）问：忘记了路由器的 IP 地址，该如何获得？

答：运用宽带路由器的 DHCP 功能，局域网中计算机的网关地址就是路由器的当前 IP 地址。因此，只要重新启动局域网中的任意一台计算机，然后在 MS-DOS（在“开始”菜单中，选择“运行”，输入“Command”即可进入 MS-DOS）中键入 ipconfig 命令查看本机的 IP 地址信息，返回信息的第四行（Default Gateway），就是默认的网关 IP 地址，也就是路由器的当前 IP 地址。

（18）问：可以通过路由器连接到 internet，并从 ISP 动态地分配到 IP 地址，但是无法收发 E-mail 和浏览网页。

答：客户端的 DNS 服务器地址配置不正确。浏览器的问题。

请确认是否能够登录 MSN、QQ 等客户端软件，如果能够登录，可能是浏览器的问题，可以修复浏览器或者更换其他浏览器。如果这类客户端工具也不能登录，请检查 DNS 服务器地址，并重新配置。

（19）问：放置在路由器后面的 web 服务器可以上网，但用户却无法访问。

答：由路由器的防火墙和端口映射而导致，这是一种比较典型的故障。

如果只是想让 web 服务器提供最基本的 HTTP 服务，则必须在路由器的防火墙中开放 80 号端口，而且必须在路由器上配置端口映射，把公有网络的 HTTP 服务端口 80 映射到位于私有 web 服务器上的 80 端口。如果想要给用户全面开放 web 服务器，则需要把 web 服务器放在防火墙的 DMZ 区中，只需把 web 服务器的 IP 地址添加进去即可。

（20）问：为什么代理服务器用一阵子后会变慢，重新启动代理服务器后又恢复正常了？

答：连接代理服务器的用户数太多，需要修改代理服务器配置文件 CCProxy. ini 里的两个参数：MaxConnection 和 SocketldleTimeout。

将 MaxConnection 数值改大，一般为最高同时在线用户数的 10 倍，将 SocketldleTimeout 设置成 5 即可。

（21）问：Windows Server 2003 服务器中，文件夹的权限设置窗口中完全控制、修改等项的“允许”复选框是灰色的，不可选，而“拒绝”一栏则是正常的，请给出原因和解决方案。

答：Windows（NTFS 格式）操作系统中，默认情况下，新创建的文件或文件夹都会继承他们上一级的文件夹所具有的访问权限。问题中情况可能由此默认权限继承功能导致。

在该对话框中单击“高级”按钮，打开高级设置窗口，将默认选中的“允许父项的继承权限传播到该对象和所有子对象，包括那些在此明确定义的项目”复选项去掉，即可恢复“允许”一栏的选择了。

（22）问：在访问共享资源时经常出现“拒绝访问”故障。

答：访问权限设置问题。共享资源所在的磁盘是 NTFS 格式的文件系统，当用户在 NTFS 文件格式磁盘分区的文件和文件夹的访问权限上对用户访问权限设置不当时，就会导致用户无法正常访问共享资源，出现“权限不足”的提示信息。

禁用了 Guest 帐号用户访问。在 Windows 工作组环境中，通常为了系统的安全，默认禁用了本系统的 Guest 帐号访问，导致其他用户无法访问本机的共享资源，出现“拒绝访问”的提示信息。

网络防火墙设置不当。用户为了增强本机的安全性，防止非法入侵，安装了网络防火墙。但如果对网络防火墙设置不当，关闭了共享资源所需要的 NetBIOS 端口，就会导致其他用户无法访问本机的共享资源，出现“拒绝访问”的提示信息。

（23）问：为一个文件设置了共享，并且把 Everyone 组设置了“完全控制”权限，但用户在打开时显示无权访问。

答：只对这个共享文件设置了共享权限，但没有考虑它的 NTFS 访问权限。

在 NTFS 磁盘分区中的文件，系统默认是没有为 Everyone 组添加任何权限的。用户想访问共享的文件，必须还具备对该文件的 NTFS 访问权限。因为文件夹的共享权限和 NTFS 访问权限是交叉的，最终权限是取其交集，即最小、最严格的权限。

（24）问：为用户配置了用户文件，可用户登录时总是提示找不到配置文件路径。

答：配置文件路径不正确。特别要注意这里的格式不是绝对路径，而是以“\ Server \ Share \ 用户配置文件夹”的格式输入。

所配置的用于存放所有用户配置文件的文件夹没有设置成共享，注意只是用于集中存放用户配置文件的文件夹才需要配置共享，具体的用户配置文件无须配置共享，实际上也无法配置，因为即使是系统管理员也无法打开其他用户的配置文件。

（25）问：为用户配置了主文件夹，可用户说找不到这个主文件夹，也没有映射驱动器。

答：在配置时没有为用户主文件夹设置共享。

不过，用于集中存放所有用户主文件夹的文件夹无须设置共享，这与用户配置文件的配置方法不一样，要特别注意。

（26）问：为用户配置了主文件夹，但用户无法在“网上邻居”中看到它。

答：通常用户主文件夹的共享名后面都加了一个“ $ ”符号，这就是用于隐藏共享目录的。这主要是出于安全考虑，但用户可以在主文件夹配置中通过磁盘映射的方式看到。

（27）问：为用户配置了主文件夹，可用户反映说在使用 Word 等应用程序打开或保存文件时首选的仍是本地计算机中的“我的文档”位置，为什么？

答：没有进行“我的文档”重定向设置。

（28）问：用户在使用主文件夹保存文件时，系统提示拒绝访问，没有相应权限。

答：没有为相应用户配置主文件夹的“更改”权限，或者“完全控制”权限。

（29）问：别人可看到并可打开我的主文件夹，为什么？

答：没有为用户主文件夹共享名加上“ $ ”隐藏符号。

在为用户主文件夹配置共享时没有删除系统默认的 Everyone 组用户，通常只需设置相应用户对一个帐户的访问权限，其他用户都可删除，包括系统管理员。

（30）问：用户在向服务器主文件夹存放文件时出错，提示磁盘空间不足。

答：磁盘配额的问题。

该用户在主文件夹所在卷上的磁盘用量超出了管理员为他配置的用户磁盘配额极限值，而且管理员在配置时还选择了“拒绝将磁盘空间给超过配额限制的用户”复选项。

出现这种情况时解决的办法可以有两个：

要求用户整理自己在该卷上的文件，把一些无用的文件删除或者转移，即可继续存放文件。

系统管理员重新分配大一些的磁盘配额空间给该用户。

（31）问：要修改密码时系统总是出现“不能使用前 24 个密码”的错误提示。

答：域安全策略中的密码策略设置造成的，通常发生在 Windows Server 2003

系统中。

为了密码使用的安全，默认域安全策略中的密码策略规定了用户不能重复使用最近已使用过的24个密码。如果出现“不能使用前24个密码”的错误提示，表示用户更改的新密码恰好是最近使用过的24个密码中的一个，所以不能继续使用了。当然，管理员可以取消或修改这个规定。

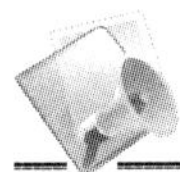

注意

密码策略中还规定系统默认的最长期限只有42天，超出就会出现密码过期的错误提示；系统默认密码的最短使用期限为1天，也就是说用户同一天内不能多次修改自己的密码。

(32) 问：在Web服务器上发布了本单位的主页（采用IIS+ASP搭建），现在又要发布一个用APACHE+PHP搭建的培训平台，但是无法发布成功。

答：80端口冲突。

原来发布IIS+ASP的主页，如果没有特殊设置，HTTP都采用默认的80端口。现在发布APACHE+PHP搭建的培训平台，就需要更改端口了，例如8080，如果不进行更改，还默认采用80端口，就会导致端口冲突，而无法发布成功。

(33) 问：客户端无法认证成功，提示“用户不存在或者密码错”的故障。

答：用户名或密码错或用户不存在。确认用户名是否正确。确认用户名和密码是否正确，并注意区分大小写。如果故障依旧，可以带相关证件到网络信息中心，找回用户名和密码。

小结

本章主要讨论了四个方面的问题：

第一，分析了校园网中常见的物理故障（线路故障、网卡故障、交换机故障）和逻辑故障（网卡驱动问题、网络配置错误、IP地址冲突、网络受限）的表现以及原因，并且针对每种故障提出相应的处理方案。

第二，讨论了校园网故障的诊断方法，即识别故障现象并进行详细描述，列举了可能产生故障的原因，在此基础上，对故障进行定位，从而隔离故障，分析原因，解决故障。

第三，介绍了诊断校园网故障的常用命令：ipconfig、ping、arp、netstat、

tracert、nslookup 等。

第四，列举了一些经常会遇到的校园网故障案例，提出了具体的解决方案。

思考题

1. 校园网常见的故障类型有哪些？该如何解决？

2. 你在学习、工作中，遇到过网络故障吗？对你周围的同学、同事、老师做个调研，统计一下大家平时都遇到过什么故障？是怎么解决的？

3. 校园网中常见故障分为哪些类型？具有哪些现象？产生这些故障的原因是什么？应该怎么解决？

4. 请描述一下校园网故障的解决方法。

5. 说明 ipconfig、ping、arp、netstat、tracert、nslookup 命令各自的作用。

6. 请在 DOS 对话框中，输入如下命令，并记录显示结果。

（1）ipconfig/release

（2）ipconfig/renew

（3）ipconfig/flushdns

（4）ipconfig/displaydns

（6）arp-a

（7）netstat-a

（8）netstat-s

（9）netstat-e

（10）netstat-n

（11）netstat-r

（12）tracert 本校园网 IP 地址

（13）nslookup 本校园网域名

7. 分别“ping 127. 0. 0. 1”、“ping ［本机 IP］”，看一下二者具有什么区别？

第九章

校园门户网站与校园网应用平台

本章提要

本章从校园网应用的角度进行了阐述，主要包括三部分内容：

第一部分从校园门户的角度考虑如何策划一个校园门户网站，具体的实现方法有哪些，要遵循哪些技术规范。

第二部分从教学的角度考虑如何设计一个教学支持平台，具体的实现方法有哪些。并给出了具体的案例分析。

第三部分从管理信息化的角度考虑学校教育管理信息化支撑平台的结构形式有哪些，国内外有哪些教育管理信息化标准，学校的日常工作中，哪些管理工作可以进行信息化应用等问题。

一、校园门户网站

（一）校园门户网站概述

校园门户网站是一个应用框架，它将各种应用系统、数据资源和互联网资源集中到一个信息管理平台之上，以统一的用户界面为与学校有关的各类人群，如学生、教师、管理人员、家长、校友等，提供定制信息、访问内外资源路径等各种综合性应用服务的便利性网站。

1. 学校角度

校园网站是学校的窗口。每一所学校都有自己的办学特色，通过门户网站，可以全面宣传、展示学校的风采和特色，发布学校的新闻、公告、招生政策、升学情况等信息内容。网络的超时空特性，不仅能让地区内的人们了解学校，更可让世界了解学校。

2. 用户角度

校园网站为学校的教育、教学、管理提供了一个综合性应用平台。

（1）对教师。

学校网站与教育类专门网站的有效链接，让教师不出家门就可以快速浏览全社会的巨大教育资源库，例如各种优秀教案、学科素材、多媒体课件等；可以在网络上观摩课程，和同行进行交流；还可以查询各种教学科研信息、学生信息，批改作业，有效地降低了教研成本，提高了教学效率。

（2）对学生。

学生可以查看通知、收发邮件、模拟考试、在线交流学习问题，还可以进行网上注册，查询自己的个人信息、成绩信息，提交作业以及各种申请。

（3）对管理者。

校园网站为学校的教务管理、学籍管理、办公自动化等提供了一个综合性的平台，这个完善及时的信息体系实现了全校管理信息系统的现代化。

（4）对家长。

学校门户网站是加强家校沟通互动的桥梁，可以使家长增强对学校的了解，增强家长与学校之间的联系。同时，家长也可以将自己的意见和想法反馈给学校。

(二) 校园门户网站策划

1. 同类学校门户网站调研

通过市场调研活动，分析相似网站的性能和运行情况，有助于总结同类网站优势和缺点，更加清楚地构想出自己开发的网站的大体架构和模样，进而博采众长以开发出更加优秀的网站。

(1) 市场调研主要包括下列内容：

第一，同类学校门户网站作品的确定，很多省份、地区相关部门每年都会对自己管辖范围的门户网站进行评比，可选定获奖作品进行调研。

第二，调研其他学校门户网站的使用范围和访问人群。

第三，调研产品的功能设计，例如模块构成、栏目设计、特色功能、性能情况等。

第四，调研产品的界面设计，例如页面布局、版式设计、主题等。

第五，简单评价所调研的网站情况。

(2) 对市场同类产品调研结束后，应该撰写《市场调研报告》。主要包括以下要点：

第一，调研概要说明：调研计划、调研单位、参与调研者、调研开始终止时间。

第二，调研内容说明：调研的学校网站名称、网址、设计公司、网站相关说明、开发背景、主要适用访问对象、功能描述、性能描述、评价。

第三，可借鉴的调研网站的功能设计：功能描述、用户界面、性能需求、可采用的原因。

第四，不可借鉴的调研网站的功能设计：功能描述、用户界面、性能需求、不可采用的原因。

第五，分析同类学校门户网站和主要竞争对手产品的弱点和缺陷，以及自己在这些方面的优势。

第六，调研资料汇编：将调研得到的资料进行分类汇总。

2. 学校门户网站需求分析

(1) 需求分析活动的主要参与者。

需求分析活动就是一个和用户交流，正确引导用户将自己的实际需求用较为适当的技术语言进行表达或者由相关技术人员帮助表达，以明确项目目的的过程。这个过程同时包含了对要建立的网站基本功能的确立和策划活动。需求分析是最重要的一步，项目小组每个成员、学校教师甚至是开发方部门经理的参与是必要的。

此时，需要负责起草调查计划：包括时间、地点、参加人员、调查内容。调查形式可以是发需求调查表、开需求调查座谈会或者现场调研。

（2）调查的主要内容。

第一，门户网站的定位。

第二，确定使用对象。

第三，网站当前以及日后可能出现的功能需求。

第四，对网站的性能（如访问速度）的要求和可靠性的要求。

第五，网站维护的要求。

第六，网站的实际运行环境。

第七，网站页面总体风格以及美工效果。

第八，主页面和次级页面数量，是否需要多种语言版本。

第九，各种页面特殊效果及其数量，如 flash。

第十，项目完成时间及进度。

…………

其中，功能需求是最主要的。

3. 基本模块与功能扩展

通过前面对同类门户网站的调研分析以及本校的实际需求，来确定本校门户网站的基本功能模块。

研究者通过对我国 271 所中小学进行抽样调查，发现全国中小学的门户网站功能模块主要可以分为如下几大类：

（1）基本服务功能。

包括常用的 internet 服务，如电子邮件、文件传输和主页发布等，以及实现上层数字应用所依赖的基础服务，如域名服务、目录服务及认证系统、安全服务。

（2）信息发布功能。

例如，学校介绍、教师风采展示、获奖情况、升学情况等。

（3）教学支持服务功能。

包括网络教学系统、网络交流系统等应用平台。

（4）管理信息化服务功能。

例如，校务管理、通知、公文流转、学生管理、教师管理、成绩管理、排课等。

（5）数字教育应用数据服务功能。

主要指各种数字化教育资源服务。

（6）家校互动功能。

学生家长和教师之间，可通过互联网聊天、相互发送电子邮件和网络留言等各种电子化方式进行沟通。

其中，电子邮件、域名服务等基本服务功能以及学校简介、名师简介等信息发布功能几乎是所有网站必有的功能模块，而教学支持服务、管理信息化服务、数字教育应用数据服务、家校互动等功能要根据地域的差别而有所不同。

4. 栏目规划

栏目的规划通常是根据网站的功能来确定的，关键在于能够让用户快速、清晰地找到自己想要的内容或者自己感兴趣的内容，以免迷航。因此：

（1）栏目名称要求务必清晰、直观、准确，能直接清楚地表达所承担的功能。

（2）类别设置能突出重点，分级合理，有明确的划分标准。

（3）平台的核心栏目尽量放在显眼的位置。

目前，中小学门户网站的栏目主要包括以下 8 大类：

（1）展示类。

例如，学校简介、结构设置、发展规划、教学名师、办学特色、学生情况等。

（2）信息发布类。

例如，新闻与动态、通知与公告、每周工作安排、教改动态、学生活动、招生信息、中考热线、高考热线、联系方式等。

（3）教学教研类。

例如，教学成果、科研课题、科研论文、学术作品、发明创造、竞赛奖项、网络课堂、网络考场等。

（4）资源类。

例如，电子图书、课件、软件下载等。

（5）德育、党建类。

例如，德育工作、党建工作等。

（6）互动评论类。

例如，家长频道、校友之家、留言板等。

（7）链接类。

例如，相关教育机构、兄弟学校、专题网站等。

（8）平台管理类。

例如，管理入口、内网登录等。

5. 界面设计

界面是校园门户网站的皮肤和脸面，一个校园门户网站上看到的所有图片、文字、动画以及它们的编排方式等一切能够看到的元素都是界面设计的一部分。简单来说，界面设计其实就是学校门户网站的外观，例如，设计的整体风格、色彩运用、布局方式、导航排放、首页内容安排，它能形成一种认知识别，达到一定的视觉效应。

（1）界面构成的要素。

第一，文字。

学校门户网站中的文字主要包括标题、信息、文字链接几种主要形式。

第二，图形、图像。

学校门户网站中的图形图像元素主要包括 LOGO、背景、链接图标。常用文件格式主要是 jpg 和 gif，这两种格式压缩比高，下载速度快。

第三，多媒体。

多媒体元素主要是声音、视频和动画，都是界面设计中比较吸引人的因素，能够增加界面的生动性。

（2）主题设计。

主题是门户网站的灵魂。任何设计都是为表现主题服务的，所以整个设计都必须紧扣主题。学校门户网站也需要整体的形象包装和设计。准确的、有创意的主题设计，能反映出一个学校的底蕴、内涵以及校园文化。具体包括：

第一，设计网站的标志（LOGO）。

LOGO 顾名思义就是标志图案，是用图形化的方式传递网站的定位和理念。

第二，设计门户网站的标准色彩。

第三，设计门户网站的标准字体。

标准字体是指用于标志、标题、主菜单正文、表格文字等的特有字体。一般网页默认的字体是宋体。

第四，设计门户网站的宣传标语。

门户网站的宣传标语体现了学校的精髓和理念，可以用一句话甚至一个词来高度概括，类似实际生活中的广告。

（3）结构设计。

结构设计也叫版式设计。网站的版面变化主要通过将界面进行分栏来实现。多数网站的栏目设计采用从纵向上分成 1 ~ 3 竖栏的版式。

第一，一栏版式。

一栏版式最简单，整个页面只有一个竖栏，用户使用时，按照从上到下的顺序浏览即可。优点是页面简单，实现容易，缺点是页面单调，通常使用在目的较单一的页面中。

第二，二栏版式。

二栏版式从纵向上将页面分成两个竖栏，使页面看起来既不单调呆板，结构又非常简单、清晰。

第三，三栏版式。

三栏版式从纵向上将页面分成三个竖栏，结构相对复杂，能够同时呈现较多的内容，通常应用在页面内容丰富的网站。

（4）视觉设计。

第一，标题。

标题尽量包含页面的核心内容，一般来说 6 ~ 10 个汉字比较理想，最好不要超过 30 个汉字。用户通过搜索引擎检索信息时，检索结果返回的页面内容通常是网页标题和页面摘要信息，如果标题能够高度概括页面的内容，容易给用户留下深刻的印象。

第二，色彩。

现在学校的形象显得尤其重要，每一个学校的设计尽量要有自己的主打色调，突出自己的风格，同时学校形象宣传的海报、广告使用的颜色都要和网站的颜色一致，并注意页面的辅助颜色，尽量不要超过 4 种，以免看起来杂乱。

第三，字体、字号。

字体的设计、选用是界面设计的一部分。一般选择两到三种字体为最佳视觉效果。字号是表示文字大小的术语。标题文字大小和正文文字大小的比率叫做跳跃率，跳跃率高，界面显得生动活泼，跳跃率低，界面显得整洁清秀。

第四，图标及按钮。

图标及按钮在界面设计中所占的空间较小，通常用一些有象征意义的形状、图标或按钮传达与文字相近的概念或内容，起到比用文字语言表达更形象的效果，但在按钮的设计时要注意：图标或者按钮的设计要小而精，要配合页面的整体要求，避免喧宾夺主。

（三）校园门户网站实现方法

1. 委托开发

顾名思义，委托开发是将学校的门户网站完全交给外包公司来开发制作。

2. 自行开发

自行开发是学校门户网站设计好以后交由学校内的相关技术人员来开发，例如某些教师或者学生。常用的工具有 FrontPage、Dreamweaver，相关的脚本语言有 ASP，PHP，. NET 等，如果技术实力比较强大，也可以采用 JAVA 来进行开发。校园门户网站的数据库通常采用 ACCESS、MYSQL 或者 SQL SERVER。如果网站中的数据量比较庞大，也可以采用 ORACLE 等大型数据库。

3. 利用开源软件

开源软件是开放源码软件（open-source）的简称，顾名思义，它的源码可以公开，被公众使用，并且此软件的使用、修改和分发也不受许可证的限制。

目前，制作校园门户网站的开源软件有很多，在搜索引擎中，输入开源 CMS，在搜索结果中找到合适自己的即可。

以上方法各有特点，详见表 9—1。

表 9—1　　技术实现方法的比较

特点比较	自行开发	委托开发	开源软件
分析和设计力量	非常需要	少量需要	少量需要
编程力量	非常需要	不需要	少量需要
维护难易	容易	困难	较容易
开发费用	少	多	少
说明	开发时间较长，适用，可以培养自己的开发人员	省事，开发费用多，需要业务人员的密切配合	开发时间短，适用，省事

（四）技术规范

在开发校园门户网站时，无论是网站目录、程序设计、数据库设计还是界面设计都需要进行标准化，下面介绍一些通常的做法。

1. 网站目录设置规范

（1）根目录。

根目录指 DNS 域名服务器指向的索引文件的存放目录，通常只允许存放 index. html 和 main. html 文件，以及其他必需的系统文件。

（2）图片目录。

根目录下的 images 为存放公用图片目录。用户的私有图片存放于各自独立的 images，例如 menu1images，或者 menu2 images。

（3）js 文件。

所有的 js 文件存放在根目录下统一目录 \script。

（4）CSS 文件。

所有的 CSS 文件存放在根目录下的目录 \style。

（5）CGI 程序。

所有的 CGI 程序存放在根目录的并列目录 \cgi_bin。

（6）主菜单文件。

每个主菜单建立一个相应的独立目录。

（7）不同的语言版本。

每个语言版本存放于独立的目录。例如，简体中文版本存放于目录 \gb，繁体中文版本存放于目录 \big5，英语版本存放于目录 \en。

2. 程序文件命名规范

（1）索引文件主文件名统一使用 index 文件名，主内容页为 main 或 default。

（2）所有单英文单词文件名尽量小写。

（3）图片以图片英语字母命名。

例如：网站标志的图片为 logo. gif。

（4）鼠标感应效果图片命名规范为“图片名 + _ + on/off”。

例如：menu1_on. gif，menu1_off. gif。

（5）js 以相应的英语单词简写命名。

例如：广告条的 js 文件名为 ad. js。

（6）所有的 CGI 文件后缀为 cgi，所有 CGI 程序的配置文件为 config. cgi。

3. 数据库设计规范

数据库是校园门户网站的基石，数据库的标准化既有助于消除数据库中的数据冗余，也有助增强网站的可扩展性。因此在设计数据库时，既要考虑到目前的需求，也要考虑到日后扩充的需要，把两者综合起来定义符合自己单位实际情况需要的数据库设计规范，例如扩展性的设计，数据类型的选择，索引的使用原则，数据完整性的设计，命名规范的制定（包括表的命名规范、属性的命名规范、视图的命名规范、触发器的命名规范、存储过程的命名规范等）。以表的命名为例，通常表以名词或名词短语命名，需要确定表名是采用复数还是单数形式，并定一个简单规则。如果表名是一个单词，别名就取单词的前 4 个字母；如果表名是两个单词，就各取两个单词的前两个字母组成 4 个字母长的别名；如果表的名字由 3 个单词组成，从头两个单词中各取一个然后从最后一个单词中再取出两个字母，结果还是组成 4 字母长的别名；其余依此类推。

4. 导航条

主导航条最好是用文字形式，避免使用图片或 flash 做导航条，以提高网站的扩展性。

5. 分辨率与页面长度

（1）分辨率在 640×480 的情况下，页面的显示尺寸为：620×311 个像素。

（2）分辨率在 800×600 的情况下，页面的显示尺寸为：778×434 个像素。

（3）分辨率在 1024×768 的情况下，页面的显示尺寸为：1007×600 个像素。

通常，页面宽度原则上不超过 1 屏，一般只要页面宽度保持在页面的显示尺寸范围内，就不会出现水平滚动条，高度则视版面和内容决定，原则上不超过 3 屏。

从长远考虑，建议在页面设计上，页面水平方向上的显示尽量根据用户的屏幕分辨率自动调整。

6. 样式规范

样式需要统一，例如，相同级别的文字字体、大小、按钮样式、日期格式、弹出框、表格样式、文字的行间距、页边距、分页的处理等都需要统一。

7. 传输速度

成功的界面设计，不能以牺牲页面的下载速度为代价，图形、图像、声音、视频、大型表格等是界面中最常见的易造成传输速度缓慢的因素。在保证所需清晰度的条件下，尽量降低色彩位数，压缩图形图像文件大小；尽量将图形、图像分割成若干小图；尽量避免用大型表格，因为浏览器必须等待整个表格的内容全部到达客户端，才能显示这个表格的内容，而文本或图像则是一边下载一边显示；尽量减少客户端程序如 javascript 的应用。

8. 浏览器兼容

校园门户网站必须保证在不同的主流浏览器下所显现的页面与原设计作品一致，至少要测试两种以上用户较多的浏览器，例如 IE 与 Netscape。对于同一种浏览器，也要测试目前常用的版本兼容问题，例如 IE6.0，IE7.0，IE8.0 版本由于技术内核不同，也会导致页面显示差异很大。

二、教学支持平台

（一）教学支持平台概述

计算机技术的飞速发展，推动着教育信息化进程的加快，教学支持平台作为教育信息化的产物，目前已经在世界各国的普通高等教育、中小学教育和继续教育中得到了杰出的应用。这一方面对传统的教育形式提出了挑战，另一方面也为传统教学注入了新鲜的血液，成为了传统教学的有益补充。

具体说来，教学支持平台有广义和狭义之分。

广义的教学支持平台，也叫做教学支撑环境，由硬件环境和软件环境两部分构成，既包括支持教学的硬件设施，又包括支持教学的软件系统。狭义的教学支持平台只包括软环境，是指为教学提供全面支持服务的软件系统。这里讨论后者。

按不同的标准，可将教学支持平台划分为各种类型。

1. 根据学习内容的性质划分

（1）学科型。

学科型教学支持平台是为某一个特定学科提供服务的软件系统，对象主要是相关学科的教师、学生。

（2）综合型。

综合型教学支持平台不面对特定的某一学科，而是包括了各学科的基础知识，适用于各类学习者。

（3）专题型。

专题型教学支持平台针对性较强，通常是围绕某些特定主题展开学习，便于特定学习者进行交流，一般面向相关领域的学习者、专业研究人员。

2. 根据使用对象进行划分

（1）中小学教学支持平台。

顾名思义，中小学教学支持平台主要为基础教育而设计，对象是中小学的教师和学生，功能主要包括教师备课、教学设计、课件制作、成绩分析、资源库、模拟考试等。

（2）高校教学支持平台。

高校教学支持平台主要为高等教育而设计，对象是大学的教师、学生和管理者，可以建立网上虚拟教室，开展网络课程，网上测评，还可以进行智能答疑，网络组卷，在线提交作业等。

（3）网校。

网校主要为继续教育而设计，对象主要是网校中的教师、学生和管理者。网校作为一种独立的教育形式，其教学支持平台功能通常都非常完善，从课程开发、课程学习、作业提交、网络考试、教学评价、论文指导到课程注册、管理，都是一条龙服务。

（4）企业培训教学支持平台。

企业培训教学支持平台主要是为培训而设计，对象是参加企业培训的员工，功能通常随着培训的内容不同而变化。

3. 以学习模式为标准进行划分

（1）研究性学习平台。

（2）协作性学习平台。

（3）探究性学习平台。

（4）自主性学习平台。

（二）教学支持平台的设计

教学支持平台的设计是建立在用户对教学需求的调研以及细致分析基础上的，它是根据需求等具体情况，对平台的实用对象、功能需求、系统架构、组成模块、各个模块的具体功能、大致采用什么样的技术路线进行分析设计而成的。

1. 平台定位

平台定位，是教学支持平台设计的第一步，也是最关键的一步。

是学科教学支持平台吗？

是综合性教学支持平台吗？

是独立的学生学习平台吗？

是课堂教学的补充吗？

是培训平台吗？

是题库系统吗？

是在线考试系统吗？

…………

2. 确定使用对象

教师吗？哪类教师？特定学科教师，还是全体教师？

学生吗？面向某专业或者某学科的学生，还是和专业、学科无关？哪个年级的学生？年龄层次大致是怎样分布的？这些学生具有怎样的特点？

管理者吗？是教务老师，学科组长，教研室主任，还是校长？

3. 功能需求

是否需要呈现教学内容？

是否需要题库？

是否需要留言板？

是否需要讨论功能？
是否需要课程简介？
是否需要教师简介？
是否需要选课功能？
是否需要实现学生信息的导入导出？
是否需要管理功能？
是否支持上传或下载？
…………

4. 确定系统架构与组成模块

在前面综合分析的基础上，画出系统的架构体系图。
根据系统的功能需求，初步确定可以将系统分成几大模块？
每一模块具体要实现哪些功能？
每一模块的功能在菜单上怎样体现？
…………

5. 教学设计

教学支持平台中，各部分内容是如何组织的？例如，按照章节组织，按照知识点组织，还是按照任务组织？

内容之间怎样联系的？例如，通过知识点联系。
各部分内容是怎样表现的？
学习的学习过程、学习路径是怎样的？
…………

6. 确定大致技术路线

采用何种技术模式？C/S 模式还是 B/S 模式？
是委托开发吗？
是利用开源软件开发吗？选择哪一种开源软件？claroline，moodle，还是 xoops？

自己开发吗？采用何种语言？VB，C++，ASP，PHP，还是 JAVA？平台中数据量有多大？需要采用何种数据库？数据库模式如何设计？是否需要专门的数据库服务器？数据与代码是否分离？

（三）案例

1. 上海市××区 CIO 培训平台

上海××区为了推进中小学教育信息化工作，对全区的学校信息主管

（CIO）进行培训，培训以面授为主，同时提供网络平台，将培训中所涉及的内容以及一些拓展内容放入网络平台中，供学员学习和交流。

（1）平台定位：课堂培训内容的补充。

（2）使用对象：上海市××区各学校信息主管、培训主讲教师、管理员。

（3）功能需求：通过对学员和教师的调查分析，确定平台需要具备以下功能。

第一，需要教师将面授的讲义上传到平台中，供学员下载。

第二，由于面授时间有限，因此需要教师将面授时没能讲授的一些相关学习资料上传到平台中，供学员自学使用。

第三，面授时所讲授的知识，能够在平台中呈现，供学员课后复习。

第四，能够征集学员在学习过程中所遇到的问题以及对课程的要求。

第五，能够提供学习交流的功能，以便师生之间、学员之间进行学习讨论。

（4）确定系统架构与组成模块。

在该平台中，平台服务基于三个层次，即：资源层、知识层、应用层。用户把通过对资源的学习、分析产生的相关知识点，与教师提供的知识点相结合，来建构自己的用户知识结构，并进行知识应用（见图9—1）。

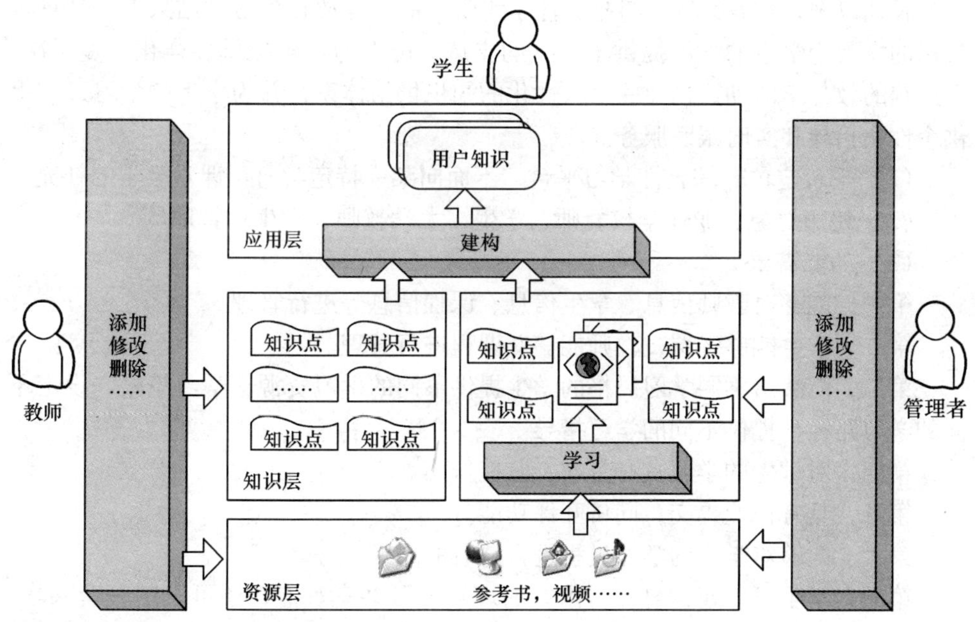

图9—1　上海××区CIO培训平台系统架构

通过对前面的功能需求分析，确定系统的组成模块分成四部分：知识学习，课程讲义及相关文献，学习讨论，相关作业。

其中，学习讨论包括两部分内容，一部分为课前学习问题征集，一部分为课后讨论。

(5) 教学设计。

整个学习过程，分类别进行，每个类别可以包含若干个模块。每个模块学习内容按照面授时的授课方式进行组织，主要包括两方面内容：模块知识学习和案例分析。

(6) 技术路线。

由于系统功能要求相对比较简单，可以采用比较成熟的开源软件来搭建相应的网络平台。目前，开源的教学支持平台很多，例如，moodle，xoops，claroline。假设，综合考虑后决定采用 claroline 的框架，并在此基础上进行二次开发来搭建。claroline 是“classroom on line”的简称，是比利时鲁汶大学（Katholieke Universiteit Leuven）设计的，用 PHP 语言开发，系统简单易用，接口相当直观，没有无谓的功能，并且支持 35 种语言，产品性能十分稳定。

2. 个性化学习平台

长期以来，教育系统一直把关注学生学习的焦点放在学习的结果上。计算机技术的发展为学生的学习提供了丰富的支持，可以为学生提供多样化、多层次、多进程的教与学活动，构建一个人性化的知识供给体系，并为学生的学习过程提供个性化指导和实时跟踪服务。

(1) 平台定位：综合性学习平台，不面向某一特定学科，课堂教学的补充。

(2) 使用对象：职业学校教师、学生；大学教师、学生；管理员。

(3) 功能需求。

第一，能够对教师信息、学生信息、课程信息等进行管理。

第二，学生能够选课，教师能够对课程进行管理。

第三，能够给不同学习风格的学生提供不同的学习资源，学习策略，设定不同的学习路径，提供不同的学习指导。

第四，对学生的学习具有督导、监控作用。

第五，具有作业提交，同侪互评功能。

第六，能够对学生的学习过程进行适时的跟踪服务。

第七，学生可以建构自己对内容的理解，可共享观点，还可设定一套共享、查看机制。

第八，具备学生学习的诊断机制，例如对其学习水平、学习兴趣、学习风格的判断。

（4）确定系统架构与组成模块。

通过对前面的功能需求分析，确定系统的架构如图 9—2 所示。

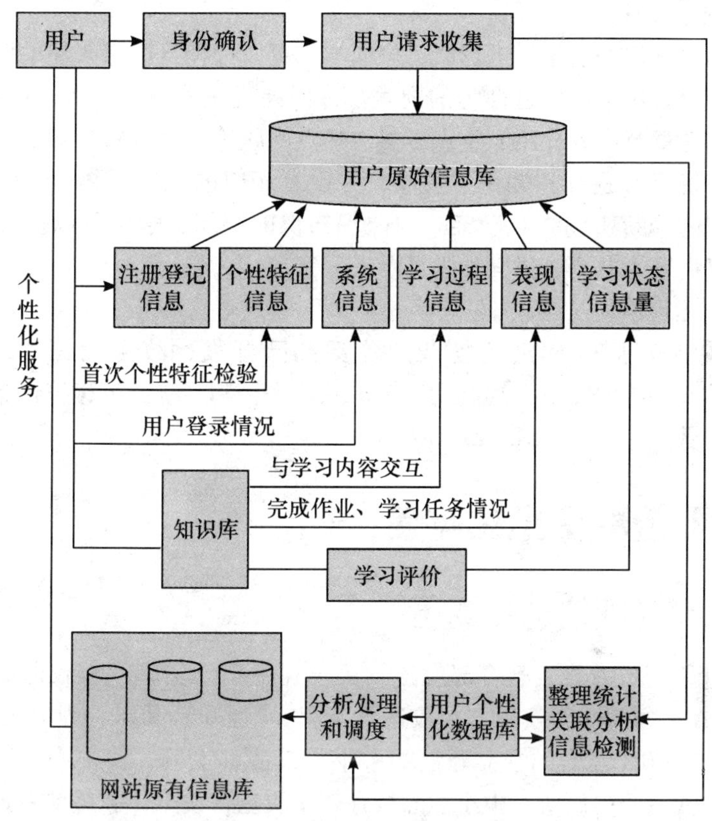

图 9—2　个性化学习平台系统架构

当学生登录到系统，通过身份确认后，系统的信息收集模块开始收集学生请求，跟踪学生的行为，然后送到原始信息库进行信息的预处理。个性分析处理中心根据最新采集的原始数据结合学生个性数据进行个性分析、产生结果，更新学生个性数据库，并把结果送往个性分析处理调度中心，调度中心根据个性化信息和学生请求对原有数据库群发出调度命令，提供个性化服务决策。

根据功能需求分析，确定系统的组成模块为：

教师应用单元：例如，教学设计，内容组织，批改作业，在线答疑，等等。

学生应用单元：例如，课程学习，习题测验，交流讨论，等等。

系统服务单元：例如，学生水平分析、评价，学习风格确定，跟踪服务，等等。

系统管理单元：例如，用户管理，信息管理，资源管理，等等。

系统数据单元：例如，学生模型，作业，信息，资源，任务，等等。

（5）教学设计。

整个学习过程按照学科进行，每位同学都可以选择自己感兴趣的课程。登录平台后，可以看见自己所选课程的列表。每门课程按照章、节、知识点来组织。每个章节包含章节内容介绍、重点难点、热点问题等信息。每个知识点都配有相应的习题，每个习题都和知识点关联，并设有相应的难度系数，学生答错的习题，有相应的诊断机制。对于某一门课程知识的组织，学生可以提出自己的观点，并可以设置为共享，供其他学员参考，等等。

（6）技术路线。

由于系统功能相对比较复杂，需要自己开发，故采用浏览器/服务器（BROWSER/SERVER，B/S）结构。考虑到跨平台和系统的可移植性，编程语言采用 PHP，数据库采用 SQL SERVER。

三、教育管理信息化平台

（一）教育管理信息化概述

2000 年 11 月 14 日，教育部发出《关于在中小学实施“校校通”工程的通知》，决定在全国中小学实施“校校通”工程。《通知》要求，力争用 5 到 10 年时间，使全国 90% 左右的独立建制的中小学校能够上网，使中小学师生都能共享网上教育资源，提高所有中小学的教育教学质量，使全体教师能普遍接受旨在提高素质教育水平和能力的继续教育。这为教育信息化提供了基础设施保障。

2010 年 2 月 28 日，教育部网站公布《国家中长期教育改革和发展规划纲要》征求意见稿全文，把教育信息化作为实现未来教育改革发展战略目标的重要保障条件，明确提出要加速教育信息化进程。面对教育改革发展的新形势和教育信息化的新要求，《规划纲要》提出了加速教育信息化的三项任务，“教育信息基础设施”、“优质教育资源”、“教育管理信息系统”三个概念第一次进入国家规划，管理信息化被摆上了教育信息化的重要地位，目前，教育管理信息化已成为一个发展与竞争的新热点。

1. 狭义的含义

教育管理信息化是信息技术在教育领域的具体应用之一。狭义的含义是指将信息技术应用到学校的管理过程中，通过信息技术手段来辅助学校的教育管理，利用计算机强大的数据处理功能来取代传统的人工管理方式，开发教育管理系统，例如学生管理系统、成绩管理系统、德育管理系统等，以此提高学校的管理工作效率。因此狭义的教育管理信息化是指软件建设。

2. 广义的含义

教育管理信息化的广义含义是指学校管理者从学校发展的全局出发，将现代信息技术与先进的管理理念相融合，用系统的观点和信息化的管理理念对学校管理工作进行调整，转变学校教学方式、管理方式，开发教育管理工具，重新整合学校内外部资源，建立健全学校的信息化管理体系，优化教育管理，增强教育工作的透明度，提高学校效率、效益和教学质量，增强学校竞争力的过程。从教学管理内容看，信息化涉及教学计划管理、教学过程的组织与管理、教学质量管理、教学行政管理和学科建设、专业建设、课程建设、教学队伍建设、教学管理制度建设等方面的工作。从管理者的角度看，教育管理信息化有利于其了解、掌握各项工作的进展状态，监测、调控、评价学校的管理过程，并在信息优化的状态下做出决策，最终提高学校管理工作的效果与效率。因此，广义的教育管理信息化包括了理念建设、硬件建设、软件建设三个层次的含义。

3. 学校管理信息化支持平台的结构形式

学校管理信息化支持平台的结构形式通常有四种，分别是职能结构形式、水平结构形式、垂直结构形式和综合结构形式。

（1）职能结构形式。

基于职能结构形式的管理信息化平台，是以管理职能部门的结构为基础的，每个管理部门作为平台中的一个子系统。这是目前应用比较广泛的结构形式。优点是结构简单，设计、实施容易。缺点是信息共享程度低，存在大量冗余信息。适用于职能部门之间横向联系较少，职能部门管理对象很少有业务交叉的情况。

（2）水平结构形式。

水平结构形式是指把学校内部同类信息集中管理，各个部门联合起来，开发一个统一的信息管理平台。优点是信息共享程度相对较高，能够在一定程度上克服信息冗余。比较适用于学校职能部门之间联系较多、有一定业务交叉的情况。

（3）垂直结构形式。

垂直结构形式主要用于同一个系统内部上下级之间进行信息传递和交流，例如财务系统。优点是上级能够及时将信息传递给下级，下级也能够及时将信息汇报交流，使每个管理部门都能及时掌握本系统的信息和动态。

(4) 综合结构形式。

综合结构形式是集成了水平结构形式和垂直结构形式的优点而构建的管理信息系统结构形式，在学校形成全面的信息网络。优点是信息共享程度高，方便上下级之间的信息传递和交流。缺点是系统复杂，设计、实施有一定难度。

(二) 教育管理信息化标准

随着管理信息化平台应用的日益广泛和教育信息化的不断深入，很多问题也逐渐暴露出来，例如，软件设计不规范，兼容性差，平台的建设缺乏标准等，甚至已经开始影响到教育管理信息化工作的健康发展。为此，国际上不少机构致力于教育管理信息平台相关标准的研究，并有了一些研究成果，比较有影响力的标准有：IMS-IMS Enterprise Specification，NCES-ANSI ASC X12，SIF 等。这些标准有的针对教育信息的数据标准化规范，有的针对处理数据的流程规范，还有的是为不同系统之间的互操作性而制定的接口规范。

在我国，从 1999 年开始，教育部成立了专家组、顾问组和课题组，历时 3 年，于 2002 年 9 月正式颁布了《教育管理信息化标准》中的第一个部分“学校管理信息标准”。

《教育管理信息化标准》的总体框架包含：学校管理信息标准、教育行政管理部门管理信息标准、信息交换标准、管理软件设计规范四个大的方面：

第一部分　学校管理信息标准

(1) 幼儿园管理信息标准

(2) 中小学管理信息标准

(3) 中等职业学校管理信息标准

(4) 高等学校管理信息标准

第二部分　教育行政管理部门管理信息标准

(1) 教育部管理信息标准

(2) 省（自治区、直辖市）级教育管理信息标准

(3) 地（市）级教育管理信息标准

(4) 县（区、旗）级教育管理信息标准

第三部分　信息交换标准

第四部分　管理软件设计规范

可见，该标准内容涵盖了教育行政管理部门和学校日常管理工作中的方方面面，包括教学、科研、体卫、设备、房产、办公等业务管理信息。为教育管理信息平台的建立，教育管理软件产品的研制、生产、检测、使用和技术服务等活动

提供了技术依据，也为将来实现全国范围内教育信息资源交流与共享提供了必要条件，是整个国家教育管理信息化建设的基础。

（三）教育管理信息化平台的应用

教育管理信息化平台主要应用在以下 13 个方面：

1. 排课管理

排课管理的内容为：

设置好学校班数、节数、课程、教师任课，就会自动排出所有课程表。

可以对某些特定课程、特定时间进行设置。

可以手动调课。

可以编排考试及监考的表。

可以自动统计教师的工作量。

可以支持导入 Excel 数据，生成漂亮的 Excel 课程表。

…………

2. 分班管理

分班管理的内容为：

用于学校、教育管理部门对新入学学生进行分班。

能对分班结果进行打印和导出为 Excel 文件。

可以平衡男女生比例和学生来源，能对分班结果进行详细的统计。

能对分班结果进行手工调整。

支持数据的导入、导出、打印等。

…………

3. 考场排位管理

考场排位管理的内容为：

对各类考试进行考场编排。

考场编排数据从 Excel 文件导入，可以设置登录功能，防止他人修改数据。

可灵活设置各考场的人数及考生来源，例如支持多个不同班级的考生混排。

能按考场输出编排结果，可手工调整编排结果。

能按要求自动生成考号。

可打印每个考场的首尾考号、考场地点，能制作打印准考证，可使用电子照片。

制作打印桌贴。

…………

4. 成绩管理

成绩管理的内容为：

适用于教师、年级段、学校、教育管理部门统计分析学生成绩。

可按设置好的比例合计学生全科总分、主科总分，可对任何一项进行班内排名、校内排名、区内排名。

可统计参考人数、平均分、最高分、最低分、及格率、优良率、优秀率、综合分等数据在班内、年级内、校内、区内的分布。

支持数据导入、导出。

支持 Excel 图表生成。

成绩跟踪、对比。

…………

5. 教材管理

教材管理的内容为：

教材的计划与统计。例如，指定订购教材计划，教材室审核，计划统计（按系统计，按年级统计，生成订单）。

教材订购。例如，确定供应商，订单查询，订单汇总。

教材管理。例如，教材验收，教材入库，未到齐教材，总体到货，日常信息维护。

交费。例如，学生交费，班级交费，交费查询，费用汇总。

领书。例如，领书登记，领书记录，领书查询。

发布通知与提醒。例如，撰写通知，查看通知，发布通知，提醒教材室，提醒系部。

…………

6. 学籍管理和学生管理

学籍管理和学生管理的内容为：

录入、输出或者导入、导出学生信息库。

学生和学籍信息的维护、更新等。

学生和学籍的异动管理，例如办理转班、办理转校、办理休学、办理复学、办理留级、办理退学。

对毕业生信息、升学信息的统计查询工作进行全面管理。

自动生成电子学籍卡。

…………

7. 班主任工作管理

班主任工作管理的内容为：

班级日常管理。例如，班级课程表，班干部管理，宿舍管理，谈话记录，座位表，班级照片，缴费记录，班级考核管理，学生保险，请假记录，返校记录，服装发放，贵重物品，证件发放，学生考勤。

班级工作管理。例如，主题班会，班级活动记录，班主任工作计划，班级工作计划，班级德育计划功能，班级考评管理。

家校联系。

还可以把学生的成绩管理、学籍管理的部分功能融入其中。

…………

8. 总务信息管理

总务信息管理的内容为：

仓库管理。资产管理。例如，对仪器设备、地产、房产、设施、教职工住房等进行管理。食堂管理。

…………

9. 办公自动化

办公自动化的内容为：

公告和通知。例如，最新公告，最新会议通知，最新的邮件通知，最新的日程安排，最新的公文签到通知。

工作月报。审批管理。收文和发文管理。电子邮件。信息和文件查询。个人通讯录。电子公文。视频会议。

…………

10. 教师管理或者人事管理

教师管理或人事管理的内容为：

基本信息管理。例如，教育履历，工作履历，教师所属部门，岗位变动信息，福利休假，奖惩管理等。

教师个人科研管理。例如，论文管理，著作管理，项目成果管理等。

教学管理。例如，所任课程的情况，自己所带班级的升学率情况等。

教师信息的查询。可以设置多种查询方式。

信息统计。可以按照表格方式统计，可以按照图形方式统计。

信息的导出、导入等。

…………

11. 科研信息管理

科研信息管理的内容为：

论文管理。著作管理。项目成果管理。竞赛获奖管理。统计分析。

…………

12. 图书信息管理

图书信息管理的内容为：

借书、还书、续借。图书信息查询。个人借阅管理。电子资源。文献检索。

…………

13. 财务信息管理

财务信息管理的内容为：

学生缴费管理。教师薪资管理。科研经费管理。

…………

小结

本章从校园网应用的角度，讨论了校园门户网站、教学支持平台和管理信息化平台。

第一部分讲述了策划一个校园门户网站，需要对同类学校门户网站进行调研，看一下是否有可供参考借鉴的地方，再对自己学校的需求进行综合分析，确定网站的功能模块，进行栏目规划和界面设计，从而选择合适的方法进行实现，同时也讨论了在网站实现方面一些需要遵循的技术规范。

第二部分主要介绍了教学支持平台。首先从不同的角度，对教学支持平台进行了分类。然后重点讨论了教学支持平台的设计。最后给出了两个教学支持平台案例。

第三部分从学校日常管理工作的角度出发，讨论了教育管理信息化平台。目前的管理信息化平台主要有四种不同的结构形式，随着应用的逐步深入，软件设计不规范、兼容性差等问题日益暴露出来。为此，2002 年 9 月，教育部正式颁布了《教育管理信息化标准》中的第一个部分“学校管理信息标准”，为各个学校管理信息化平台的开发提供了依据。最后介绍了在学校的日常工作中，教育管理信息化平台有哪些应用，举了排课管理、分班管理、成绩管理、学生管理等方面的例子。

思考题

1. 你所在的学校，校园门户网站是采用什么语言开发的？采用的是什么数据库管理系统？

2. 你认为校园门户网站具有哪些作用？

3. 你所在的学校，有哪些教学支持平台？有哪些管理信息化平台？

4. 请查阅相关资料，说明有哪些开源软件可以用来搭建教学支持平台？各自具有什么特点？

5. 有哪些开源软件可以用来搭建学校门户网站？各自具有什么特点？

6. 现在请你运用开源软件为自己学过的一门课程搭建一个网络课程平台。

7. 请查阅相关资料，为各种类型的教学支持平台查找比较典型的案例，并进行综合分析。

8. 你所在的学校校园网上有自己的教育资源库吗？如果有，包含了哪些资源？你所在的城市有城域层面的教育资源库吗？有哪些优秀的教育资源？有哪些可以借鉴的地方？

9. 我国在推进教育信息化工作方面颁布了哪些文件？

10. 我国在2002年9月颁布的《教育管理信息化标准》中的第一个部分“学校管理信息标准”包含哪些内容？

参考文献

1. lixiaoting1986. 校园网的发展史. http://publish. it168. com/2007/0621/20070621090801. shtml

2. 服务器分类. http://www. hackhome. com/InfoView/Article_10333. html. 2009-05-20

3. 刘宝旭，蒋文保，王晓箴，邢荣刚编著. 黑客入侵的主动防御. 北京：电子工业出版社，2007

4. 黄强. 网络操作系统发展回顾. 中国计算机报，1998（72）

5. 谢希仁. 计算机网络. 第5版. 北京：电子工业出版社，2008

6. 叶国芳. 校园网络布线中的五点注意事项. 中国教育信息化，2009（20）

7. 谢希仁. 计算机网络. 第4版. 北京：电子工业出版社，2005

8. 北京建筑工程学院建筑电气与智能化实验教学中心. 综合布线系统. http://syzx. bucea. edu. cn/dxxy/TeleBrowser/SBCL/datum/10016-31-f/10016-31-f-10. ppt . 2010-05-09

9. 百度百科. http://baike. baidu. com/

10. 甘肃基础教育资源网. http://www. gsres. cn/zhuantijijin/yuanchengjiaoyu800wen/disidanyuan/20080904/154912. htm

11. 胡春燕. 网络系统数据备份设计方案. 福建电脑，2002（2）

12. 马月. 网站界面设计. 北京：北京理工大学出版社，2006

13. 宋吉祥，吴学贤，杨成. 网络学习平台的功能与类型分析. 中国教育技术装备，2005（9）

14. 杨武，董力. 学校管理信息系统的几种结构形式. 教学与管理，2001（6）

15. http://www. microsoft. com/china/windowsserver2008/r2-differentiated-features. aspx

16. http://www. siemon. com. cn/upload/2010_04_14. 172007. pdf

图书在版编目（CIP）数据

校园网组建与维护/孟玲玲编著. —北京:中国人民大学出版社，2011
（21 世纪教育技术学系列教材）
ISBN 978-7-300-14420-7

Ⅰ.①校… Ⅱ.①孟… Ⅲ.①校园网-高等学校-教材 Ⅳ.①TP393.18

中国版本图书馆 CIP 数据核字（2011）第 190748 号

21 世纪教育技术学系列教材
校园网组建与维护
孟玲玲　编著
Xiaoyuanwang Zujian yu Weihu

出版发行	中国人民大学出版社		
社　　址	北京中关村大街 31 号	**邮政编码**	100080
电　　话	010－62511242（总编室）		010－62511398（质管部）
	010－82501766（邮购部）		010－62514148（门市部）
	010－62515195（发行公司）		010－62515275（盗版举报）
网　　址	http://www.crup.com.cn		
	http://www.ttrnet.com(人大教研网)		
经　　销	新华书店		
印　　刷	北京七色印务有限公司		
规　　格	170 mm×228 mm　16 开本	**版　　次**	2011 年 10 月第 1 版
印　　张	20	**印　　次**	2011 年 10 月第 1 次印刷
字　　数	363 000	**定　　价**	36.00 元

教学支持说明

（教学课件）

中国人民大学出版社公共管理出版分社秉承“出教材学术精品，育人文社科英才”的出版宗旨，多年来，出版了大批高质量的公共管理、教育学、政治学、政治理论公共课教材和学术著作。

为服务一线老师的教学工作，我们为本教材制作了相应的 PowerPoint 教学课件，任何一位采用本书为授课教材的老师都可免费获得课件。为保证这些课件仅为授课教师获得，烦请您填写如下材料并邮寄或传真给我们，我们将在收到信件或传真后 48 小时内通过 E-mail 给您发送有关课件。关于人大出版社公共管理出版分社的其他图书信息，请登录 http://www.crup.com.cn/gggl 查询。

我们的联系方式：

地址：（100872）北京市中关村大街甲 59 号文化大厦 1202 室

中国人民大学出版社公共管理出版分社

电话：（010）82502724　62514775（传真）

E-mail：gggl cbfs@vip.163.com

兹证明____________大学/学院____________院/系__________专业____________学年第____学期开设的________________课程，采用中国人民大学出版社出版的__________________（书名、作者）作为本课程教材。授课教师为____________，授课班级共_______个、学生_______人。授课教师需要与本书配套的教学课件。

联 系 人：__________________________

通信地址：__________________________

邮　　编：__________________________

电　　话：__________________________

E-mail：____________________________

系/院主任：____________（签字）

（系/院办公室章）

_______年_____月_____日